夏虞南 著

出土文献视野下的二十四节气探源

本书为『北京宣传文化引导基金』资助项目

本书为『古文字与中华文明传承发展工程』的研究成果

U0121935

北京出版集团
北京出版社

图书在版编目（CIP）数据

出土文献视野下的二十四节气探源 ／ 夏虞南著. —
北京 ： 北京出版社，2023.12
ISBN 978-7-200-18423-5

Ⅰ. ①出… Ⅱ. ①夏… Ⅲ. ①二十四节气—研究
Ⅳ. ①P462

中国国家版本馆CIP数据核字(2023)第242961号

出土文献视野下的二十四节气探源
CHUTU WENXIAN SHIYE XIA DE ERSHISI JIEQI TANYUAN

夏虞南 著
＊

北 京 出 版 集 团
北 京 出 版 社 出版
（北京北三环中路6号）
邮政编码：100120

网　　　址：www.bph.com.cn
北 京 出 版 集 团 总 发 行
新 华 书 店 经 销
中煤（北京）印务有限公司印刷
＊
145毫米×210毫米　9印张　210千字
2023年12月第1版　2023年12月第1次印刷
ISBN 978-7-200-18423-5
定价：59.00元
如有印装质量问题，由本社负责调换
质量监督电话：010-58572393

序
一

　　二十四节气是中国古代文明很有特色的组成部分，它关涉古人对天文历法和气候生态的认识；它也关涉人与自然界的和谐和养生；在"以天地为道"的宗旨下，它还关涉人的思想观念和世界观。它是扎根于民间、扎根于世俗生活、扎根于农耕文明而源远流长的优秀传统文化的一种凝练。因此，对二十四节气的研究价值和意义是多方面的。目前，学术界对二十四节气的研究，主要从社会生活史、民俗学的角度展开，依托传世文献和天文学理论进行梳理，尚缺乏结合出土文献对各类节气材料的整理、释读和结构性的研究。夏虞南博士这一专著，无疑填补了这一学术史空白。

　　过往学界对二十四节气系统形成过程的意见并不统一，大致有三种认识：一是东周之前说；二是战国说；三是秦汉说。在研究方法上，天文学派以竺可桢《论新月令》（1931）为代表进行界定："降及战国秦汉之间，遂有二十四节气之名目。"陈久金（1978）等前学集中于对先秦四分历法的探究，但并不涉及对二十四节气形成过程的具体考察；陈遵妫《二十四气》（1980）对其大致来源进行了梳理。考古学派以冯时《二十四节气与三十节令》（2011）、《律管吹灰与揆影定气》（2017）等专文对时令系统中的定气原则和不同节气系统做了辨析，认为二十四节气形成与先民对"节""气"的精密化测量有关。文献考据以李零（1988）对《管子·幼官》《幼官图》和银雀山汉简《三十时》等齐地节气系统关系考辨发端，为先秦因地域差异而存在不同节气，提供了研究新思路。辛德勇（2020）以《史记》《汉书》等两汉材料考证二十四节气的形成过程。刘晓峰（2023）对节气整体性称名进行了文献学梳理。此外，还有若干对月令文献的梳理涉及部分节气文献，但未具体论述，其中可以刘娇对时令的研究（2010）、薛梦潇《早期中国的月令文献与月令制度》（2018）、刘鸣《月令与秦汉时间秩序》（2022）为代表。海外汉学家中也有学者对早期中国天文历法颇为重视，如班大为（2008）等验证了《左传》《竹书纪年》等文献的纪历真实性，但一般不涉及对节气的研究。所以，无论从具体考证还是研究方法看，本书选题都具有较大的研究空间。

二十四节气的探源是本书的主要侧重点，着重强调其起源和形成过程。书中主要分析了出土节气类文献对天象、物候的观察记录，也涉及对时间的划分和节气系统构建过程的具体分析。难能可贵的是书中还深入细化到考证每一节气的名称来源和文献学意义上的形成时间，以及对其思想史背景的探究，这是二十四节气研究史上浓墨重彩的一笔。

翻阅本书我欣慰地发现，夏虞南博士在其博士论文的基础上系统地搜集和整理甲骨文、金文、战国秦汉简牍帛书中的节气材料，对清华简、北大汉简、胡家草场地汉简、岳麓简、敦煌文献等相关出土节气材料做了重新解读，并以二重证据法探究每一节气的形成过程。总体来看，夏虞南博士的这项研究已不仅仅是对这课题的大大推进，甚至是趋近于问题的解决。

首先，本书系统地搜集和整理了甲骨文、金文、战国秦汉简牍帛书中相关的节气材料，完成基础释读和资料汇编，并进行分类。根据先秦、秦汉时期的出土和传世文献材料，将节气相关文献分为节纲、时令、节令、月令、历书文献五大类，包括纯粹的"政治历"和各时期的"推步历"。本书的新见则是对节气类文献的五种分类：节纲文献，如清华简《八气五味五祀五行之属》等；时令文献，如《尚书·尧典》、清华简《四时》、北大汉简《阴阳家言》、银雀山汉简《迎四时》《禁》《五令》《三十时》《管子·七臣七主》《四时》等；节令文献，如《逸周书·时训》《管子·幼官》《幼官图》《淮南子·天文》、北大汉简《节》等；月令文献，如《夏小正》《礼记·月令》《逸周书·周月》《吕纪》《淮南子·时则》《四民月令》、长沙子弹库帛书《月忌》等；历书文献，如社会生活中运用的历谱、历书、历记、日书等。能与实际历谱相配合使用的节气系统，如新出胡家草场汉墓竹简《日至》，明确以"八节"配干支，这类历谱需要重点研究。

其次，在分类基础上对各类文献进行考释，深入分析不同文献记录不同节气系统所对应的节气结构和纪日等问题。

最后，在整理和释读相关文献的基础上，对先秦、秦汉时期的各类以日、时、节、月为纲，推演个体或社会的农事、政教、兵刑、礼制的规律，进而指导具体的社会生活的节气系统进行排谱和推演比对，完成对二十四节气形成过程的探源。

以往研究多集中于两汉以后的材料。丰富的新出材料为先秦、秦汉二十四节气形成史提供了依据，在夏虞南博士的意识中传承中华优秀的传统文化，溯源其历史来源是其首要任务。本书选题以出土文献研究为主，探究二十四节气的起源和形成过程，这在研究材料的选择和研究视角上的创新是显著的。夏虞南博士结合甲骨文、金文、简牍等材料对二十四节气的历史观念、文化来源、名称形成重新梳理，有极强的问题意识。习近平总书记明确提出，推动中华优秀传统文化创造性转化、创新性发展，为民族复兴立根铸魂。二十四节气在历史上的形成与发展过程需要进行结构性的文献排序和论证。本书从历史文献学、考古学、社会生活史等多重角度进行论证，深化了对人类非物质文化遗产"二十四节气"的历史学探源，为其文明意义赋能，也是中华文明探源工程逐步走向深化的一种具体展现。

夏虞南博士是我的博士后，也是我研究上的合作者。她本科毕业于清华大学人文学院人文科学实验班，获汉语言文学学士学位。因为学习成绩优异，免试推荐至清华大学人文学院历史系、出土文献研究与保护中心攻读硕士学位。其后又在清华大学由硕士转为博士，获清华大学历史学博士学位。她的主要研究方向为历史文献学和新出文献与先秦、秦汉史新证。此外，她的综合能力较强，语言学习能力更强，能够持续把握国际学术前沿的研究动态。夏虞南博士自从到中国社会科学院古代史研究所做博士后以来，我多次与她交流研究心得。

她的文献学功底非常好，对传世文献和出土文献材料的收集和整理都得心应手。自进站以来，她勤于思考，踏实工作，目前已取得积极的研究进展。在顺利通过开题报告后，现已完成出站报告的基础写作工作。她遵循古代史所和先秦史研究室一贯的研究传统，在博士论文的基础上，学习并掌握了对甲骨文、金文材料的运用，着力进行与《逸周书》相关的西周史研究。这本专著与她的博士论文和博士后出站报告均不同，但又是得益于她博士论文扎实的基础工作以及不断积累后的另一方向的阶段性成果。她的博士论文《〈逸周书〉文本与成书新论》近期亦将由中国社会科学出版社出版。2022年，她向我汇报《出土文献视野下的二十四节气探源》一书获申2023年北京市宣传文化引导基金项目"二十四节气的起源与传承：从传世经典与出土文献新证"的情况时，我虽然觉得该书可以成为我们先秦史研究室项目"古文字与中华文明传承发展工程"的研究成果，但又有对她能不能忙得过来的担忧。现在看来，"博观而约取，厚积而薄发"，时间仅仅经过了一年，夏虞南博士不但完成博士后出站报告六章中的三章、顺利通过博士后中期考核，而且还高质量地写出了《出土文献视野下的二十四节气探源》专著，我由衷地为这位初出茅庐的年轻学者感到高兴。

此外，本书中不少插图摄影作品皆由她亲手拍摄，为生僻枯燥的考据增添了普世的美感。这与她长期以来德智体美劳综合发展的学术、生活特点相关。除学研甲骨文、金文、简帛外，还雅好南琶琴瑟、汉唐乐舞、宋点瀹茶，并均有不俗的成就。我们中国历史研究院许多多才多艺杰出的学者是四川人，夏虞南博士也是四川人，我为她刻苦好学的精神和德艺双馨的品质而点赞，也希望她能够再接再厉，综合发展，成果不断。

"宜将风物放眼量"，本书的选题和写作是经过深思熟虑和长期规划的，我相信夏虞南博士的研究是可持续性的。囿于篇幅，本书内容除探源外仅涉及对春季六个节气起源的考察，还有夏、秋、冬三季的节气尚可讨论，期待在不久的将来能够看到夏虞南博士的又一力作。

王震中

癸卯年十二月大雪于寓所

序二

夏虞南《出土文献视野下的二十四节气探源》一书杀青，请我为其学术生涯第一本专著作序，作为其导师，我义不容辞，下面就我所知，介绍一二。

夏虞南从我治学已逾十载，勤学好问，长于思考，一直贯穿她的求学之路。2009年9月她进入清华大学人文学院人文科学实验班学习，经过一年半的文、史、哲三大学科的全面培养后，选择攻读汉语言文学专业，于2013年本科毕业。其各科成绩优秀，有些科目非常突出，比如曾在黄国营先生开设的"汉语语言学""语音学"课上获得接近满分的成绩，其他古文献相关课程成绩也名列前茅。2013年，免试进入清华大学历史系跟我攻读硕士学位。2013年免试硕士转博士，继续跟我攻读博士学位。在学习和生活中，她具有很好的团队合作精神，有很强的责任心，在学期间多次获得"赵元任"奖学金、创新精神奖学金、人文学院院长一等奖学金、"陈蒂侨"奖学金，还曾经作为2013年人文学院成立大会的学生代表发言。

初次了解到夏虞南对历史文献学感兴趣是在我的"《周易》导读"课堂上。当时她刚上本科三年级，对《周易》经义和字词考释表现出了浓厚的兴趣。见她才思敏捷，思维活跃，我便鼓励她要不惧权威，勇于发现问题，尝试解决问题。现在看来，她对老师的这些思想的吸收还是非常到位的。本科毕业论文选题时，我根据她的学习经历和专长，选定论文题目为《从语言学论〈鬼谷子〉成书的时代及地域性》，希望她从语音词汇层面对《鬼谷子》进行断代研究。这对于一个初入门的本科生来说，要求极高、难度很大。但她完成得很好，在《鬼谷子》的语言、词汇研究和篇章的断代研究方面得出了令人信服的结论。"寻章摘句老雕虫"——文献学的研究相对枯燥，但她似乎对此有超常的热忱和毅力。这就为她读博期间研究以《逸周书》《诗经》为代表的先秦古书打下了良好的基础。

我开设的"历史文献学""出土文献与先秦学术思想史研究""中国思想史研究"等课程也是夏虞南的专业必修课。在课堂上她认真、踏实，能够高质量完成课程作业并形成随堂随笔、读书札记。熟悉先秦经典和诸子之学后，进而了解先秦文献的构成特点和学术史脉络。本书就是她学以致用，对二十四节气"考镜源流"的新成果。

王观堂对殷商制度的探源能发现千古之秘，并开创了研究甲骨文和古文献的"二重证据法"，其重大的学术价值影响至今。现今学界对历史问题的探源，愈发要求把握多重证据。本书对二十四节气的探源除运用传世文献外，还注重甲骨文、金文和新出简帛等材料，尤为难得。这种结合出土文献研究历史问题的思路与她研究生阶段的学习经历密切相关。刚上研究生的夏虞南同随我读书的辛亚民、黄甜甜、陈鸿超等经常与我在老人文楼——文北楼进行讨论。除专业课外，每周有一到两次关于郭店简、上博简等新出材料的研读。读博期间作为历史系和清华大学出土文献研究与保护中心双向培养的学生，她选修了赵平安教授开设的"《说文》研读（上、下）"，李守奎教授开设的"楚文字解读""出土文献选读"等课程，这些课程的学习对她熟练掌握战国出土文献和运用出土文献研究历史问题，裨益良多。她的第二博士导师侯旭东教授带领她研究秦汉史和秦汉简牍，通过参与侯先生主持的清华大学简牍研读班，并作为主讲人，对里耶秦简、居延汉简、武威汉简等相关简牍进行了学习和梳理。除此之外，她还参与了2019年度国家社科基金冷门"绝学"研究专项"基于出土文献的《诗经》文本用字研究"的部分工作。本书写作中能够运用大量的战国秦汉简牍材料，应该与这些经历息息相关。

除此之外，夏虞南还能主动阅读大量海内外相关文献，梳理前沿热点问题，积极参加各类学术会议和工作坊进修。2009年冬天起跟随赵丽明教授做了为期两年寒暑假的田野调查。曾经为了探寻考古学家李济的相关碑铭和足迹，探访存世罕见的少数民族语言文字文献深入基层乡村驻扎。2016年春节前，她还跟我汇报要去台湾"中研院"历史语言研究所参加短期的访学，当时的研习主题是"'物'的历史"。我安排她去成功大学拜访黄圣松教授，熟悉台湾经学研究的前沿方法和具体思路。她从台南到台北沿路一边访学、一边参观博物馆，可以说是行万里路，读万卷书。

对真问题的研究，当扎死寨打硬仗。她与我商量博士论文选题时，我建议她啃《逸周书》这块硬骨头。她充分利用传世文献和出土文献资料，对《逸周书》的文本与成书进行了系统、全面的研究，取得了不俗的成绩。特别是从各篇篇题中的"解"字入手，将文本中的"传""注""数纪"等不同形态的解释性文字与正文剥离，重新考证《逸周书》的文本结构和成书过程，将研究引向了深入。在重新分类的基础上，夏虞南敏锐地发现《逸周书·周月》《时训》等篇对二十四节气、十二中气记载的特色，并从语言、文本分层的角度思考其成篇的时代，这是以往研究《逸周书》的学者所未能注意到的。博士毕业后她并未放下对《逸周书》相关问题的思考，在博士论文的基础上，重新思考《时训》篇的来源，并梳理二十四节气真正的起源，形成了这本专著，这是其厚积薄发的结果。

做学问，除天赋、勤奋外还需要好时机。"地不爱宝"，近年来相关的出土简牍越来越多，除胡家草场地汉墓出土简牍外，最近武隆西汉一号墓甚至还出土了珍贵的"干支木牍"，这无疑是难能可贵的好时机。研究节气和历法本身极难，需要花费大量的时间，投入较多的精力，但对于研究者而言却虽苦犹乐。我曾经提及孔子早年重视人道不重视天道，晚年对天道重视起来。事实上，孔子学说由实到虚，有个升华过程，不是从来就如此的，经历的多了，形而上的东西就多一些。本书刚好将这种虚与实结合起来，呈现出二十四节气形成史的具体过程，填补了目前二十四节气的研究空白。过往研究主要集中于两汉以后的材料，丰富的新出材料为先秦、秦汉时期二十四节气形成史的研究提供了依据，梳理发展脉络，廓清形成过程正解决了"探源"的问题。本书对"节气"类文献的分类和提出"中气"是形成二十四节气系统的基础无疑是颇有见地的。

回想夏虞南在清华读书之时，我曾批评她写东西太慢，出成果慢，她也未做辩解。如今看来，却是"君知天地中宽窄，雕鹗鸾凤各自飞"。文献学的研究需要时间，足够的积累才能够发现真问题，落实为好的研究成果。在本书的撰写过程中，我欣慰地看到她目前已有不少相关研究成果发表，似乎也没那么"慢"了。

癸卯年大雪于颐阳山水居养心园

目 / 录

王致伐于商改正異械以垂三統至於敬授民時延
符祭享猶自夏爲是謂周月以紀于政

時訓解第五十二

立春之日東風解凍又五日蟄蟲始振又五日魚上
冰風不解凍號令不行蟄蟲不振陰姦舒魚不上冰
甲胄私藏雨水之日獺祭魚又五日鴻鴈來又五日
草木萌動獺不祭魚國多盜賊鴻鴈不來遠人不服
庚鳴又五日鷹化爲鳩桃始華又五日倉庚不
草木不萌動果蓏不熟驚蟄之日桃始華又五日倉
庚鳴臣不口主鷹不化鳩寇戎數起春分之日玄鳥至

又五日雷乃發聲又五日始電玄鳥不至婦人不口
雷不發聲諸侯口民不始電君無威震清明之日桐
雨之日萍始生又五日鳴鳩拂其羽又五日田鼠化
有大寒田鼠不化駕國多貪殘虹不見又五日婦人藏亂穀
于衆澤不生陰氣憒盈鳴鳩不拂其羽又五日戴勝降
勝不降于衆政教不中立夏之日螻蟈鳴又五日蚯
蚓出又五日王瓜生螻蟈不鳴水潦漫溢蚯蚓不出
婁奪后王瓜不生困於百姓小滿之日苦菜秀又五
日靡草死又五日小暑至苦菜不秀賢人潛伏麋草

第一章

绪论

先民的天象观和时间观是逐渐形成的，经历了"混沌"到"分明"的过程。从混沌到清明，清明分而有天地，天地有而阴阳分，阴阳分而测四时，四时明而定四立，四立知而八节序，八节序而节气定，节气定则万物以时。《淮南子·天文》言："道始于虚霩（廓），虚霩（廓）生宇宙，宇宙生气。气有涯垠，清阳者薄靡而为天，重浊者凝滞而为地。清妙之合专易，重浊之凝竭难，故天先成而地后定。天地之袭精为阴阳，阴阳之专精为四时，四时之散精为万物。"[1]这与先民对宇、宙的感知和阴阳的分辨密切相关，阴阳分别才能明确四时，明确四时以成万物。在认知的过程中，先民逐渐建立了时空观念，这既是人类感受、探索自然的渠道，又与人类的生产、生活息息相关。

马王堆帛书《十六经·顺道》："黄帝问力黑曰：'大堂（庭）氏之有天下也，不辨阴阳，不数日月，不志（识）四时，而天开以时，地成以财。'"[2]《淮南子·齐俗》："往古来今谓之宙，四方上下谓之宇。"[3]所以，在描述任何事物时，都会涉及时间（宙）和空间（宇）的概念。李学勤先生认为古人对"宇宙论"的看法促进了若干科学在中国优先发展，并规定了它们的进程和特点，这类学科包括天文学、历法、物候学、数学、医学等。研究节气毫无疑问与时间概念关系密切，所涉内容亦包括天文、历法、物候、数学等方面，需要进行综合性的研究。[4]近年对战国秦汉"时令""月令""时空观念""纪历"

1　刘安编，刘文典撰，冯逸、乔华点校：《淮南鸿烈集解》，北京：中华书局，2013年，第79—80页。

2　湖南省博物馆、复旦大学出土文献与古文字研究中心编纂，裘锡圭主编：《长沙马王堆汉墓简帛集成》（第4册），北京：中华书局，2014年，第170页。

3　刘安编，刘文典撰，冯逸、乔华点校：《淮南鸿烈集解》，第362页。

4　李学勤：《古代中国文明中的宇宙论与科学发展》，《烟台大学学报（哲学社会科学版）》1998年第1期，收入氏著：《李学勤文集》，上海：上海辞书出版社，2005年，第28页。

类文献的研究逐渐丰富[1]，但对节气相关文献的专门讨论较少，为本研究留有充足的空间。

在出土文献视野下对二十四节气的起源和形成过程的探究是本书的重点，既包括对天象、物候的观察，也涉及对时间的具体划分。这一过程所涉各时段、各地域的先秦、秦汉的出土节气类文献博杂繁多，其体系富有变化，为便于行文论述，本书将涉及节气的相关文献大致分为节纲、时令、节令、月令、历书文献五大类。从文献性质看，既包含纯粹的"政治历"，也有基于推步演算所得的"推步历"。[2]

节纲文献指以天象、物候等各种方式进行观测得出的具有节气特征的文本，不包括政令、忌宜等。这类文献涉及的内容单纯，主要记录划分时、节的依据，相对少见。便于分类，将涉及以"节"和"气"划分的文本暂归为一类，如《逸周书·周月》第二部分"中气"之纲和清华简捌《八气五味五祀五行之属》（以下简称清华简

1　孔庆典：《10世纪前中国纪历文化源流：以简帛为中心》，上海：上海人民出版社，2011年；刘娇：《试说出土文献中的"时令"类内容》，《语言研究集刊（第七辑）》，北京：科学出版社，2014年；薛梦潇：《早期中国的月令文献与月令制度——以"政治时间"的制作与实践为中心》，博士学位论文，武汉大学，2014年；《早期中国的月令与"政治时间"》，上海：上海古籍出版社，2018年；周硕：《战国秦汉出土时令类资料辑证》，博士学位论文，复旦大学，2019年；夏世华：《周秦之际的月令政治模式及其政治理想——以〈吕氏春秋〉和〈周礼〉为例》，北京：人民出版社，2021年；刘鸣：《月令与秦汉时间秩序》，西安：西北大学出版社，2022年；林焕泽：《出土战国秦汉文献所见时空观念考论》，博士学位论文，中山大学，2023年；霍耀宗：《王制到民时：秦汉月令演变研究》，太原：山西人民出版社，2023年。

2　张闻玉：《说推步》，《铜器历日研究》，贵阳：贵州人民出版社，1999年，第3—6页。推步即以公式计算，与占验无关，不以观察星象云气预测吉凶，《史记·天官书》《汉书·天文志》即占验。而推步则是观测七政行度，以颁布历书，强调实际天象与制历相合，如《史记·律书》《汉书·律历志》即推步。但目前存在一部分难以判断是否符合当时天象和真实纪日的文献，且早期测算难以顾及岁差和闰余，又涉政令，这类当属"政治历"范畴。

《八气五味》)[1]。

时令文献指以"时"为纲，通过天象、物候等各种观测记录，对农事、政教、兵刑等社会活动进行指导和约束的文本，包括政令、忌宜、灾祥等其他内容，秦汉之时还有依"四时"为纲的律令文本。这类文本与十二月配伍不常见，而与"四时""五时"相搭配，通常与季节有关，比较典型的是《尚书·尧典》、清华简拾《四时》(以下简称清华简《四时》)、北大汉简《阴阳家言》、银雀山汉简《迎四时》《禁》《五令》《三十时》[2]《不时之应》、《管子·七臣七主》《四时》等，银雀山汉简《四时令》相对特殊，以一、四、七、十月划分四时，尹湾汉简《集簿》中有类似的表达[3]，但不系统。更晚的《春秋繁露·五行顺逆》等文本虽涉及以"五时"配令或五行谶纬，但属汉代纯粹的政治令与节气系统，和本书的关系不大，不在研究范围。

节令文献指以"节"为纲，通过天象、物候等各种观测记录，对农事、政教、兵刑进行指导和约束的文本，亦包括政令、忌宜、灾祥等其他内容，多以八节或五行(以木、火、土、金、水分节)为纲，某些文本也会以"四时"定点，但不以月系事。以《逸周书·时训》《管子·幼官》《幼官图》[4]《轻重己》《五行》《淮南子·天文》，还

---

1 本书涉及上海博物馆藏战国楚竹书、清华大学藏战国竹简等简牍材料皆以"上博简""清华简"等形式简称，不一一赘述。

2 银雀山汉简《三十时》以"十二日为一时，六日为一节"，故全年为三十时，暂归入时令系统讨论。本书"时令"概念为广义的时令文本，包括按季节制定农事的政令文本，但将明显的节令和月令的文本区别开。

3 江苏连云港尹湾出土的西汉成帝元延年间(前12年—前9年)东海郡《集簿》存"以春令"的内容，邢义田指出此简中"春令"即月令的"春令"，但因记述不成体系，仅能"证明作为四时月令之一的春令，曾对汉代地方行政发生指导的作用"，故本书暂将其归纳入"四时令"。详见邢义田：《月令与西汉政治——从尹湾集簿中的"以春令成户"说起》，《新史学》1998年第1期，第2页。

4 《管子·幼官》《幼官图》两篇篇题经考证，原应作《玄宫》和《玄宫图》，已成为定论，但为方便讨论且沿用旧称。

有北大汉简《节》为代表。

月令文献[1]指以"月"为纲,通过天象、物候等各种观测记录,对农事、政教、兵刑进行指导和约束的文本,亦包括政令、忌宜、灾祥等其他内容,秦汉之时还有依月为纲的律令文本。《诗·豳风·七月》、《大戴礼记·夏小正》(以下简称《夏小正》)、《礼记·月令》、《逸周书·周月》、《吕氏春秋·十二月纪》(以下简称《吕纪》[2])、《淮南子·时则》都具有"以月系事"的特征,崔寔《四民月令》更是东汉时期典型的月令文献。长沙子弹库帛书《月忌》是典型的月令文本,但地域色彩明显。随州孔家坡《日书·岁》篇与此性质相近。北大汉简《雨书》按月以二十八宿纪日,并解释雨不应时的物候、灾异情况。敦煌悬泉汉简《诏书四时月令五十条》以月施令,且每月之令不等,是"以太皇太后的名义颁布……是王莽篡位行动中的一个步骤"[3],内容与《礼记·月令》《吕纪》《淮南子·时则》相近。此外,秦汉田律也按月记令,如睡虎地秦简《田律》、张家山汉简〔247号墓〕《二年律令·田律》涉及一部分物候和农事政令,但并未形成完全按月循环的全年农政、令体系。还有青川木牍《更修为田律》等"以月系事"的律令文献,但并非本书研究的主要对象,若有必要,具体讨论。

---

1 传统观点以为"月令"当服务于人君,特别是战国后期的"阴阳五行说"直接服务于行政月历。杨宽《月令考》以为分月记述观测气候和生物,管理农作物生产,天子按月履职,是"月令"文本的核心内容。因受到《夏小正》《礼记·月令》《逸周书·周月》等文本性质的影响,且在实际中更多地强调正统律令与应时的关系,大量的官文书和来源于民间的文本都存在依月行令的现象,故本书采用更加宽泛的定义。杨宽:《杨宽古史论文选集》,上海:上海人民出版社,2003年,第463—510页。

2 为行文方便,以下简称《吕纪》。

3 中国文物研究所、甘肃省文物考古研究所编:《敦煌悬泉月令诏条》,北京:中华书局,2001年,第40页。

历书文献指实际社会生活中运用的历谱、历书、历记（包括日记）、日书等。这些文本均须投入实际社会生活运用，对于日数的计算远比东周时期的时、节、气相关文献严密精准，真实存在的"历谱"[1]系统其实与节气系统还存有差异，秦历谱见于周家台秦简、里耶秦简、岳麓书院藏秦简，但均不以具体的节气名称相配。汉历谱也多单独存行，如张家山汉简［247号墓］《历谱》等。还有一些属于"选择时日"的日书[2]，大多为占卜用书，与物候、星象有关的纳入讨论，如睡虎地秦简《土忌篇》，其他用于占卜近似皇历的历书文献暂不讨论。节气系统能够与实际历谱相配合使用的实物见于新出胡家草场汉墓竹简《日至》等，是明确以"八节"配干支的历谱。笔者目前的研究仅就这类简牍的结构系统进行讨论，尤其是与四、八、十二结构相关的部分。

以上文献除节纲文献外，皆可理解为中国古代的时宪之书。它们以日、时、节、月为纲，推演人类个体或社会的农事、政教、兵刑、礼制的规律，进而指导具体的社会生活。月令和节令文献在战国以后逐步结合，以《逸周书·时训》《淮南子·天文》为典型代表。

---

1 罗振玉、王国维首先将出土历简定名为历谱，这一定名基本一直被学界沿用。随着新出材料愈发丰富，学界逐渐认识到"历谱"定名还应更加准确。如邓文宽不同意将出土历本和《汉志》历谱相互混淆。刘乐贤从邓说，且将《汉志》"历谱"分为三类：出土历书、《汉志》历谱、算术书。郑传斌认为"历谱"包括"历日"和一部分可命名为"历记"的历简。赵平安亦主张"秦始皇三十四年历谱"应称为"记"。李零则对邓文宽"历日"说表示怀疑，他认为邓氏所谓的"历本"应按简文自书题名作"质日"或"视日"，为查看日子之义。邓氏所举的《论衡·是应》篇有关"历日"的记载相对较晚，并不是秦、西汉时的实际情况。陈松长则将"质日"简暂定名为"日志"，岳麓书院藏"卅四年质日"等简内容和形式都与湖北关沮秦汉简牍中的《历谱》内容相同，其主要功能是记事。故本文采用相对广义（或宽泛）的定义界定历谱，包括"质日""视日"等简牍材料。

2 李零：《待兔轩文存·说文卷》，桂林：广西师范大学出版社，2015年，第410页。

星分翼轸，地分南北，物候相差，国别不同，文化的区域分野体现在节气类文本中即天象、物候的差异，也体现在不同文本系统文字的差异中。自然环境相殊，就会产生因地制宜的月政时禁。《夏小正》的观测可能由居住在黄河中上游的人完成，《管子》《吕纪》更多地反映出黄河下游海岱地区先民对物候、节气的认知。除了地域差异外，在一定的气候周期内同一地域的物候特征、每一节气的划分也会产生周期性的变化。[1] 所以说认识和梳理早期中国所拥有的多样化时节系统，是了解上古先民的时节观念、节气意识，探究二十四节气真正来源的基础。

1　相关研究表明，在二十四节气每个节气的天文时段相对固定的情况下，随着气候变化，以若干年气候基准期的平均气温所界定的每个节气的气候时段有可能延长或缩短，即"节气气候时段的伸缩"。详见宋英杰、隋伟辉、信欣、王也：《二十四节气气候时段的伸缩与漂移》，《二十四节气国际学术研讨会论文集》，2022年，第32—36页。

第一节　节气概论说

　　"节气"的概念包含"节"和"气"两个概念，但这两者并不相同。天文学概念上最早的分至四时（冬至、春分、夏至、秋分）都属"气"，启闭四立（立春、立夏、立秋、立冬）皆属"节"。[1]由于"气"可以通过观测而得知，所以成为传统历法中的四个标准时点，于是古人又称之为"四时"。[2]以四气或四时划分毕竟相对疏阔，故陆续又创立了立春、立夏、立秋和立冬四节。由四气和四节所构成的分、至、启、闭"八节"，便是人们熟知的、最早的节气系统。

　　完整的节气观和天文历法观都是在充分认识到二分（春分、秋分）、二至（冬至、夏至）的基础上逐渐形成的。山西襄汾陶寺遗址考古挖掘出疑似"观象台"的ⅡFJT1基址，山西考古队在原址复制模型验证该建筑的天文观测功能，自2003年12月22日冬至至2005年9月23日秋分，进行了一年半的实地模拟观测。东2号缝对应冬至时的日出方位，东7号缝对应春、秋分时的日出方位，东12号缝对应夏至时的日出方位，其他各号缝对应一年之中两个时日的日出方位。[3]这说明，至晚在龙山文化后期，二分、二至已能依据"揆度测影"的方式观测出来。从其他新石器时代考古遗存中也能找到相关证据。[4]

　　随着对日、月、星运动的深入认识和时间体系的精确发展，古人又在不同的"八节""八气""六气"的基础上将每一段均分，最终

1　冯时：《中国天文考古学》，北京：中国社会科学出版社，2010年，第209页。

2　冯时：《中国古代物质文化史：天文历法》，北京：开明出版社，2011年，第217页。

3　中国社会科学院考古研究所山西队：《陶寺中期小城大型建筑基址ⅡFJT1实地模拟观测报告》，《古代文明研究通讯》总第29期，2006年，第3—14页。

4　竺可桢先生指出新石器时代人们已经认识到"二分""二至"，考古遗迹上也存在诸多线索，可参考竺可桢：《中国近五千年来气候变迁的初步研究》，《考古学报》1972年第1期，第18页；唐志强：《二至二分发现考》，《二十四节气国际学术研讨会论文集》，2022年，第60—63、66—71页。

形成不同的节气系统。譬如，二十四节气系统是以"地球绕日所行距离为尺度的阳历时间单位"[1]，属于较早以"太阳视运动"规律为核心的历法系统。二十四节气是相对完善和稳定的节气系统，也是我国历史上使用时间最长、适用范围最广的节气系统。自太初改历，二十四节气系统已受汉时律历观影响将启、闭四立在内的奇数位置的节气称为"节气"，如立春、惊蛰等，将包括分、至四气在内的偶数位置的节气称为"中气"，如雨水、春分等。事实上，节气强调的是对一个太阳周年视运动的等长分节。"气候"即气与候，包括气象变化与物候状态。每一节气强调一个时间段，每段时间都包含着该段时间内所对应的天文、物候现象，并通过其名称反映一二。

从陶寺遗址"观象台"模拟出来的观测水平看，要达到现在的时间精度，对于人类社会而言无疑是相当漫长的。在这一过程中节气系统、节气历有效地服务于农事生产和社会生活，意义重大。目前，人们所使用的完整节气历，是以十二月历配二十四节气，正是阴阳合历的综合体现。因为节气系统完全反映阳历年的划分方法，与阴历月并行，让每年的季节、气候、农事与这种划分的关系固定下来，这种历法非常实用。[2]由新出文献记载和考古遗存资料梳理，可以深化古人对天象、物候、气候感知过程的理解，并由此考察节气的形成，更好地指导当下的社会生活。

一、节、气分说

《周易·象传下》云："'节，亨。'刚柔分而刚得中……当位以节，中正以通。天地节而四时成。"[3]节卦为《周易》第六十卦，廖

---

1 唐群：《〈史记·天官书〉构建星空社会的原因探析》，梁安和、徐卫民主编：《秦汉研究（第十三辑）》，西安：西北大学出版社，2019年，第164页。

2 王玉民：《二十四节气——中国传统历法中的"阳历"》，《海内与海外》2017年第2期，第27页。

3 李鼎祚著，王丰先点校：《周易集解》，北京：中华书局，2016年，第363—364页。

名春先生理解其卦义为节制，强调其"礼"的部分。卦辞"节，亨；苦节，不可贞"，可理解为"有节制，就会亨通；不喜欢节制，则不能守正"[1]。《杂卦传》："节，止也。"《彖传》云："节以制度，不伤财，不害民。"即以制度来节制、规范、约束，做到"不伤财，不害民"。陆德明释文："节，止也。明礼有制度之名。"这都是说以制度、规则来节制、管理则是明礼。《大象传》："泽上有水，节。君子以制数度，议德行。"可理解为，上为兑泽，下为坎水，是为节制。以"节"约之，君子因此设立制度规定，论定行事准则。"节"除有"止"义外，还有"禁""制"之义，可引申为约束、规范的意思。所以"当位以节，中正以通。天地节而四时成"应该强调约束、规范或划分天地四时应该得当、得中，则"中正以通"。

"节"的早期天文学意义与先民的早期天象观测密不可分，以日、月、星象记录，角度测量，日数均分作为不同的对物质世界认知和测量的方式。根据已有研究，"时间和空间构成宇宙的基本物理维度"[2]，有别于牛顿线性、割裂的时空观[3]和爱因斯坦的狭义相对论[4]等古典学时空观，瓦尔特尔·霍利切尔则指出"从物质世界的空间与时间的相互关系的相对性得出与长度和时间间隔有关的许多其他物理量的相对性"[5]。所以研究者通常认为早期人类对空间和时间的认知是不可割

---

1 廖名春：《〈周易〉真精神》，广州：广东高等教育出版社，2019年，第434页。
2 彼得·J·泰勒：《时间：从霸权的变化到日常生活》，萨拉·L·霍洛韦等编，黄润华等译：《当代地理学要义：概念、思维与方法》，北京：商务印书馆，2008年，第121页。
3 牛顿认为空间是"sensorium dei"，他把空间称为上帝的"直接知觉的领域"，而上帝"永远延续着，到处出现，何时何地都存在，他创造了空间和延续性"。详见牛顿著，郑太朴译：《自然哲学之数学原理》，北京：商务印书馆，1923年，第953页。
4 爱因斯坦以批判牛顿的时空观出发，于1905年发表了狭义相对论。从根本上清除了对物理学中空间、时间与物质的形而上学的分割，指出它们辩证的相互依赖性。其相对论的时空观与古典物理学时空观的基本区别就在于前者承认了空间与时间是有机的相互联系。详见阿尔伯特·爱因斯坦著，张卜天译：《狭义与广义相对论浅说》，北京：商务印书馆，2017年，第1—36页。
5 瓦尔特尔·霍利切尔著，孙小礼等译：《科学世界图景中的自然界》，上海：上海人民出版社，2006年，第161页。

裂的。对于天象的观测也是时空同时的，但"天圆地方"的空间观念应该是人类早期已经达成的共识。从天象历法的角度而言，我国古代所用的地平坐标，最初只有地平经度，没有地平纬度。[1]在以日晷或圭表测量太阳出没运行的方位角时代，应用地平经度这种坐标最为广泛，它的产生时代是很早的。众多考古遗址显示了中国古人对方位角的早期探索。在汉代分为二十四方位或十二方位，二十四方位是用四维、八天干、十二地支来表示，而十二方位则用十二地支来表示[2]。

笔者认为以"节"测量的重点最早集中于空间层面，早期观测的实践经验为"选择了天空中特殊的二十八个星官，作为表示日月五星位置的标记，用日月五星行至某宿来说明其大概位置"[3]，故《左传》襄公二十八年记载"岁在星纪，而淫于玄枵"，即以"十二等分黄道的十二次为标准来表示岁星（木星）的位置"。[4]随后建立的观测方法首先是对空间的感知和划分。比如，《左传》昭公七年"日月之会是谓辰"和《汉书·律历志》"辰者，日月之会而建所指也"，都将"辰"视作日月运行位置的空间坐标。"十二辰"本义是指十二个以特定的恒星为标志的天空区域划分，是一种对空间的划分、位置的标注。又如太阳历所对应的是对太阳视运动（地球绕日运行，但古人观测是从地球上看太阳东升西落的运动）的测量，强调的也是地平经度。地平经度东西各180°，合计360°。这是追求空间经度准确的表现，而非追求时间层面的精确。隋代刘焯以黄道每15°等分定气，将黄道等分24份，天文上称之为定气，这是从空间的角度平分距离。[5]甚至到明清时期，西方天文学传入后还继续使用。[6]可见计算节气时，

1　陈遵妫：《中国天文学史》，上海：上海人民出版社，2016年，第502页。

2　同上。

3　同上书，第499页。

4　同上。

5　朱天纵：《汉代测定二十四节气交节气日的天文学方法》，《二十四节气国际学术研讨会论文集》，2020年，第83页。

6　肖军：《二十四节气中的宇宙观及其实测基础》，《二十四节气国际学术研讨会论文集》，2020年，第55页。

若不是必须讲求精确，不必以365¼这样的精确数值计算[1]。从现代天文学角度解释，按照开普勒定律，地球绕日运行的扫描面积与时间成正比。"在天文测量上，度的划分最早可能来自太阳在天球上行走的距离，古人规定太阳每天在天穹上移动的距离为1度，故周天以365¼度计算。"[2]但早期文献的精确度常常只能到360这个数值，特别是今人理解的农历已依科学测量合历，跟早期采用中气均分的理解和推步方式不同。

观天象而成历法，众多的新石器时代考古遗存和考古学所提供的线索都表明早期中国天文学起源与方位、空间、圆周密切相关。根据太阳判别方向，利用天然石方位标记等，都能表明古人对方位的测定较早。[3]河南舞阳贾湖及安徽蚌埠双墩两处新石器时代遗存，为我们了解中国传统天文学的早期发展提供了诸多重要依据。距今5800~5300年的安徽含山凌家滩遗址M4出土的玉器刻画了"四方八位"，时人已对"四方"相当熟稔，甚至开始从宇宙论的角度呈现天地方圆的八个方位[4]。距今约5500年的红山文化时代的红山祭天圜丘，是由粉红色圭形石桩组成的三个同心圆式的祭坛；约略同时或稍晚的淮水流域先民则创造出占验的式盘；山西襄汾陶寺遗址所见夏代或先夏时代的圭表仪具保存完整，这些都是先民从空间维度探索天象规律的明证。先民"不仅懂得四方五位，而且规划了八方九宫，建构了天地宇宙的完整模式"，主要得益于圭表一类天文仪器的发明和

---

1 程少轩：《论清华简（捌）所谓"八气"当为"六气"》，复旦大学出土文献与古文字研究中心网站，2018年11月19日，http://www.fdgwz.org.cn/Web/Show/4325。

2 王玉民：《以尺量天：中国古代目视尺度天象记录的量化与归算》，济南：山东教育出版社，2008年，第42页。

3 伊世同：《量天尺考》，中国社会科学院考古研究所编：《中国古代天文文物论集》，北京：文物出版社，1989年，第366页。

4 李学勤：《论含山凌家滩玉龟、玉版》，《走出疑古时代》，沈阳：辽宁大学出版社，1995年，第113—124页；英文版见 A Neolithic Jade Plaque and Ancient Chinese Cosmology, *National Palace Museum Bulletin*. Vol. xxⅡ, No.5-6. 1992-1993.

使用。[1]先民的天象观测遗存中反复出现的方圆图形，曾是古人使用最为广泛的几何图形，并且古人对圆形的熟悉也使他们逐渐认识了直径与圆周的关系。[2]《周髀算经》云："方属地，圆属天，天圆地方。方数为典，以方出圆。"[3]结合早期的观象活动遗存，可以归纳为"圭表致日造就了勾股，勾股是方图的基，而圆图则由方图所从出"[4]，而圆、方本可融通，在早期中国哲学和天象观中成为规范天地的象征。自数而勾股、而方图、而圆图当是依次递进的关系。汉画像中常出现伏羲、女娲手持规、矩的形象，朱存明指出"规是作圆

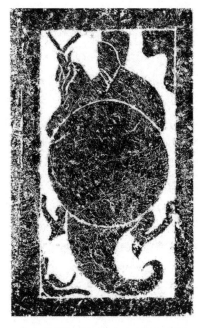

山东伏羲执规汉画像拓本（采自《中国画像石全集3 山东汉画像石》）

1 李鉴澄：《圭表的构造和它的应用》，《天文爱好者》1960年第2期，后收入北京天文馆编：《李鉴澄百岁华诞志庆集》，北京：中国水利水电出版社，2005年，第57—59页。

2 冯时：《红山文化三环石坛的天文学研究——兼论中国最早的圜丘与方丘》，《北方文物》1993年第1期，第9—17页；《红山文化三环石坛的天文学研究》，《中国天文考古学》，第464—480页；《中国古代的天文与人文》（修订版），北京：中国社会科学出版社，2009年，第332页。

3 钱宝琮等校点：《周髀算经》，《算经十书》，北京：中华书局，1963年，第22—23页。

4 冯时：《中国古代的天文与人文》（修订版），第290页。

的工具，矩是造方的工具"[1]，以规矩象征圆方是对古人"天圆地方"认识的应和，以规测圆则是古人对于日、月、星等天象，特别是对这类天体视运动的最初丈量。

先民对空间的划分方法和描述方式越发精细，从四方、四隅，到八方的方位标识逐渐丰富。如睡虎地秦简《日书》中的《直室门》一篇指出，在同一空间内包含二十二个门，分别对应着二十二个朝向。[2]这些朝向是在同一平面，还是在立体空间不同维度，还可以讨论。为表示空间的准确位置引入八天干、十二地支进行搭配，与四维组合表示二十四方位。《淮南子·天文》："斗指子则冬至……加十五日指癸……加十五日指丑……加十五日指报德之维……"即以四维、八天干、十二地支组合表示二十四方位，这类组合在后世数术理论或命占文献中较为常见，而其根本上是对空间的深入认知。

在某些节气文献中，以"节"均分三百六十不是太阳周年视运动的日数，而近似太阳周年视运动的度数。如清华简《八气五味》《四时》，其合计日数三百六十，并不提岁余。《逸周书·时训》以二十四节气划分，以五日为一候，共七十二物候，共计三百六十日，不计岁余。《淮南子·天文》："两维之间，九十一度十六分度之五而升，日行一度，十五为一节，以生二十四时之变。"[3]按"十五日为一节，以生二十四时之变"，理想状态也是三百六十日。但《淮南子·天文》为合历，已经注意到岁余问题，其文记载"故曰距日冬至四十六日而立春""故曰有四十六日而立夏""故曰有四十六日而夏至""故曰有四十六日而立秋""故曰有四十六日而立冬"，其余

1　朱存明：《汉画像之美：汉画像与中国传统审美观念研究》，北京：商务印书馆，2017，第336页。

2　关于这些"门"的用处有住宅说、修筑说、命占说等不同说法，并不统一。可参考刘乐贤：《睡虎地秦简日书研究》，台北：文津出版社，1994年，第150—151；张春梅：《〈日书〉与中国古代建筑风水》，浙江大学，硕士学位论文，2005年，第37—39页；陈伟：《放马滩秦简日书〈占病祟除〉与投掷式选择》，《文物》2011年第5期，第87页。

3　刘安编，刘文典撰，冯逸、乔华点校：《淮南鸿烈集解》，第98页。

诸节间皆为十五日，共计三百六十五日。这说明随着时间概念更加明确，且计算历日需要将日数与角度对应，所以出现了以"日""旬""节"指代"度"的情况。自此，时间和空间的概念有混用的趋势，"九十一度十六分之五"亦非整数，实有岁差。自汉以后，不管是称"时"，

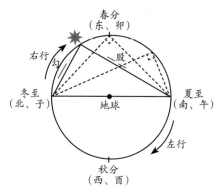

日地关系中太阳视运动轨迹模型图
（采自《论阴阳概念的科学属性及其对人类的终极关怀》）

还是称"气"，或者是像现在一样称"节气"，都是表示这些时段的刻度[1]。

陈克恭曾论证了勾股定理与日地关系之间的内在联系，日地关系中的昼夜交替所形成的晨昏线与太极定理S曲线当有一致性。[2]日地关系认识下的四季更替、阴阳消长与勾股定理中勾股相变有充分的一致性。由《周髀算经》运算本质可知勾股生矩，矩生方，方生圆。对太阳周年视运动的测量与《逸周书·时训》理想化的十五日为一节，二十四节气，五日为一候，七十二候的系统，以及"十二日一时，六日一节"[3]共三十时的理想纪历方式而言，皆以三百六十度或日数为纪。

北京大学藏西汉竹书《节》篇完好地保留了汉代对"节"的理

1　辛德勇：《话说二十四节气》，《天文与历法》，北京：生活·读书·新知三联书店，2020年，第55页。
2　陈克恭：《论阴阳概念的科学属性及其对人类的终极关怀》，《西北师大学报（社会科学版）》2022年第4期，第5—19页。
3　银雀山汉墓竹简整理小组编：《银雀山汉墓竹简（贰）》，北京：文物出版社，2010年，第211页。

解，据整理者介绍"篇首第三支简的背面书有'节'字，即本篇的篇题。'节'指时节。本篇的第一和第二章即以二分、二至、四立为节点，将全年分为八个时节，每节四十六日"[1]。其说虽可与《管子·轻重》《淮南子·天文》《礼记·月令》互相印证，但事实上以每节四十六日均分八节，是举成数而言，而并非八节各节的日数实为四十六日。全篇内容基本是讲阴阳、刑德的原理及相关的政事、军事宜忌。这些原理、宜忌都在八节之下，是对这一小周期内各种规律的总结。可以说西汉之时，"节"已成为划分太阳年日数的基本单位，在这一框架下划分三十时是汉初的一种节气系统。两汉之际还可见以"八节二十四气"指代节气系统的情况。与北大简《节》篇相同，《周髀算经》以八节均分全年合以二十四气，故称"八节二十四气"。《汉书·律历志》提及元凤三年（前78年）太史令张寿王上书汉昭帝："历者天地之大纪，上帝所为。传黄帝调律历，汉元年以来用之。今阴阳不调，宜更历之过也。"[2]昭帝遣派主历使者鲜于妄人诘问张寿王，而率治历者们校验"日月晦朔弦望、八节二十四气"以比较太初历和其他历法，本"历本之验在于天"之责，最后依旧以太初历经受住核验，进一步肯定其权威性而告终。月之"晦朔弦望"与太阳在"八节二十四气"中的运行变化，成为当时重要的参考依凭。

"八节"先而时节分，"八节"是节气系统的重要框架，也是节气系统的骨干支点，形成时间不会太晚。春秋战国之际已经有相对系统的"八节"观念，如《左传》僖公五年云："五年春王正月辛亥朔，日南至。公既视朔，遂登观台以望，而书，礼也。凡分、至、启、

---

1 北京大学出土文献研究所编：《北京大学藏西汉竹书　伍》，上海：上海古籍出版社，2014年，第37页。
2 班固著，颜师古注：《汉书》卷二十一《律历志》，北京：中华书局，1962年，第978页。

闭，必书云物，为备故也。"[1]鲁僖公在这几节之时登台观测，为预防灾荒做准备。《左传》昭公十七年也记载了"分""至""启""闭"这八个节气："玄鸟氏，司分者也；伯赵氏，司至者也；青鸟氏，司启者也；丹鸟氏，司闭者也。"[2]《左传》僖公五年、昭公二十年、昭公二十一年、昭公二十四年等都有关于分、至、日南至的记载。由《左传》记载可知春秋时期已由四时发展为八个节气，但节气名称还未完全统一。譬如，晋杜预注"日中"既指春分也指秋分，日南至应指冬至，但启、闭对应哪些节气尚无定论。清华简《四时》记载了不晚于战国时期的三十七时系统，且已有八节概念基本可以对应，但其名称并不与后世八节相同。《吕纪》所载八节名称中的"四立"与后世相同，但二分、二至亦尚未分明。最早完整记录与后世八节相同名称的出土文献是汉文帝时胡家草场汉墓竹简《日至》简3929+2723+3880依次记录冬至、立春、春分、立夏、夏至、立秋、秋分、立冬"八节"。虽然与胡家草场汉墓《历》简一样，由于太初改历的缘故，《日至》简在西汉实际使用的时长也只有59年[3]，但也为了解汉初改历之前的节气系统提供了重要依据，并明确了"八节"名称产生的时代下限不晚于汉文帝之时。

"气"与"节"本是两个不同的概念。春分、秋分、夏至、冬至都属于"气"，"四气由于可以通过观测而取得"[4]是传统历法中的四个标准时点，古人于是又称之为"四时"。四气与空间体系的东、西、南、

1 杜预注，孔颖达疏：《春秋左传正义》，阮元校刻：《十三经注疏》，北京：中华书局，2009年，第3893页。

2 同上书，第4524页。

3 蒋鲁敬认为汉文帝时期的胡家草场M12，出土的自题为"历"和"日至"的两类竹简，分别记录了前163年—前64年的每月朔日与每年的八个节气，反映了至少在汉文帝时期，历书与节气还是分开记录的。详见氏著：《胡家草场M12出土竹简中的"历"与"日至"初探》，《简帛》2021年第2期，第53—66页。

4 冯时：《中国古代物质文化史：天文历法》，第217页。

北四方相应和，“气”也可指东、西、南、北四方向之风，也就是卜辞中的四方风系统。《周礼·春官·保章氏》：“以十有二风。”贾公彦《疏》：“风即气也。”[1]唐人理解“十有二风”为十二月当有十二“气”。有观点认为春秋战国之际，古人已经测定了十二月的“初”“中”，即二十四节气的“节气”与“中气”[2]，这标志着二十四节气天文定位的完成。节气、中气共同组成二十四节气，其实也符合置闰的需要[3]。

《逸周书·周月》记载了十二“中气”，据诸本合校[4]、梳理、句读，胪列原文如下：

> 凡四时成岁，有春夏秋冬，各有孟仲季，以名十有二月，中气以著时应。春三月中气：雨水、春分、谷雨。夏三月中气：小满、夏至、大暑；秋三月中气：处暑、秋分、霜降；冬三月中气：小雪、冬至、大寒。

以此说《周月》所记当为二十四节气系统，而中气位置处一月之望日，孟春中气为雨水，说明元刊本所见底本已将“雨水”“启蛰（惊蛰）”顺序调换。因物候和地域差异，汉初改历前“启蛰”位于“雨水”之前，且《周月》所记“中气”系统完善，其成篇时代不会

---

1 郑玄注，贾公彦疏：《周礼注疏》，阮元校刻：《十三经注疏》，北京：中华书局，2009年，第1770页。

2 盛立芳、赵传湖：《二十四节气形成过程——基于文献分析》，《气象史研究》2021年第1期，第133页。

3 李勇：《中国古代节气概念的演变》，中国农业博物馆编：《二十四节气研究文集》，北京：中国农业出版社，2019年，第163页。

4 《逸周书》各家注本校本所据底本不同，句读、校释各有差异，本文所用《逸周书》原文根据笔者博士论文工作，以元至正十四年（1354年）刘廷干刻嘉兴路儒学本（简称元刊本）为底本，参以元至正十四年（1354年）序刊明印本，即静嘉堂文库藏本（简称静嘉本）、卢文弨《抱经堂丛书》等20余本合校，对照黄怀信等先生《逸周书汇校集注》增订补讹，下不一一出注。参见黄怀信、张懋镕、田旭东撰：《逸周书汇校集注》（修订本），上海：上海古籍出版社，2007年；夏虞南：《逸周书文本与成书新论》，博士学位论文，清华大学，2022年；章宁疏证，晁福林审定：《〈逸周书〉疏证》，西安：三秦出版社，2023年。

早于两汉。

《史记·历书》记载了"十二节":"物乃岁具,生于东,次顺四时,卒于冬分。时鸡三号,卒明。抚十二节,卒于丑。日月成,故明也。"[1]可知,汉人实际采用的是夏正,每月排序由建寅之月开始,由建丑之月岁终。"抚十二节"即每月有一节,一岁有十二节。正如《史记·封禅书》"陈宝节来祠",即应节而来,当已知"节"。秦并天下后,曾对全国祠祀"天地名山大川鬼神"的活动进行整顿,祭祀陈宝神即在这一背景之下产生,具体方法《封禅书》也有提及"及四仲之月(祠若)月祠,[若]陈宝节来一祠"[2],此句上文为"故雍四時,春以为岁祷,因泮冻,秋涸冻,冬塞祠,五月尝驹","及四仲之月(祠)"当属上文,即春、秋、冬、夏(五月,即仲夏)皆为"四仲之月",则下文当断为"(若)月祠,陈宝节来一祠",即祭祀陈宝神当按月祭祀,并需要应节,每月一节[3],此与《历书》"抚十二节"所述一致。

自太初改历后,汉代律历基本稳定成熟,并且测量更加精准,对于"节""气"的区分就更加明确。董仲舒于《春秋繁露·官制象天》云:"故一岁之中有四时,一时之中有三长,天之节也……如天之分岁之变以为四时,时有三节也。天以四时之选与十二节相和而成岁。"[4]"三长"即三段[5],即以三节分四时,四时三长共"十二节",

1 司马迁撰,裴骃集解,司马贞索隐,张守节正义:《史记》卷二十六《历书》,北京:中华书局,1982年,第1255页。

2 司马迁撰,裴骃集解,司马贞索隐,张守节正义:《史记》卷二十八《封禅书》,第1376页。

3 辛德勇对"陈宝节来祠"有详细论证,见于氏著:《话说二十四节气》,第69—72页。

4 董仲舒著,苏舆撰,钟哲点校:《春秋繁露义证》,北京:中华书局,1992年,第218—219页。

5 有观点认为此"三长"为"三辰",长为辰字讹形,虽有道理,但尚无版本依据。见辛德勇:《话说二十四节气》,第76—77页。

与《史记》记载相近。《后汉书·律历》也记述了古时人通过仪表观察日、月而制定历法，这种观测方法从有夏之时延续而来[1]：

> 以除一岁日，为一月之数。月之余分积满其法，得一月，月成则其岁［大］。月四时推移，故置十二中以定月位。有朔而无中者为闰月。中之始［曰］节，与中为二十四气。以除一岁日，为一气之日数也。[2]

土圭测量法在春秋时期已较为普遍，已能够测量出一个回归年的日数，及至战国时期，测量改用度数较精确的浑仪，更能精细测定四象，进而精细地测定十二次，测出每一次的"初"与"中"。[3]《律历》其言"中之始［曰］节，与中为二十四气"，"中"即"中气"，一月一中气，"中"之开始即为"节"或称"初"，共有十二"节"和十二"中"，合称为二十四气。需要特别指出，"中之始［曰］节"与"八节"之"节"并非同一概念，前一"节"比"八节"概念晚出。有观点认为《汉书·律历志》每一组之首，先标以所属的星次，而每组内含两个节气，分别以"初""中""终"三字来标识太阳视运动进入这两个节气以及最后出离这一星次时所对应的二十八宿的"距度"。《汉书》对"中气"的定义为："启闭者，节也。分至者，中也。"所以《尚书·尧典》所指"四仲中星"，即用四颗星找春、秋二分跟冬、夏二至，找四季的"中"，找时间的"中"，正如肖军所说"用黄昏时在正南方天空出现的四组恒星来定四个节气的方法"[4]。刘晓峰以为与"节"相比，"气"才是总体概括二十四节气时古人更重视的根本属性。[5]这一观点与皆属"气"的分至四时比其

1　刘晓峰：《二十四节气的形成过程》，《文化遗产》2017年第2期，第1—7页。

2　范晔撰，李贤等注：《后汉书》志第三《律历下》，北京：中华书局，1965年，第3058页。

3　盛立芳、赵传湖：《二十四节气形成过程——基于文献分析》，第135页。

4　肖军：《中国人的历法是源于对时间文化的精细理解》，清华大学科学博物馆（筹）网站，http://tsm.tsinghua.edu.cn/?p=11636，2022年12月2日。

5　刘晓峰：《论二十四节气的命名》，《华东师范大学学报（哲学社会科学版）》2023年第2期，第95页。

他节气早出的客观历史情况相符合。

《史记·律书》："气始于冬至，周而复生。"[1]古人认为一岁之间，"本一气之周流耳"，一太阳年的节气变化就是"一气"的循环。《春秋繁露·五行对》云："起气为风。""风"由"气"生，于节气而言当是同一意义的不同表达，这也是理解四方、四时需要从甲骨卜辞中四方风体系而展开的原因。

河南登封古测象台
（采自《中国古代天文文物图集》）

二、从文献称名看"节气"由来

"节气"之说，至迟在汉代已有使用。《论衡·寒温》云："寒温，天地节气，非人所为，明矣。"[2]《续汉书·律历志下》"历法"条"节气"有六见，可知汉人的"节气"观已日臻成熟。在此之前，其名称相对混杂，有相近几类称名法。与"二十四节气"最相近的古称为"二十四时""二十四节""二十四气"等。

"二十四时"最早见于《淮南子·天文》："两维之间，九十一度十六分度之五而升，日行一度，十五日为一节，以生二十四时之

1　司马迁撰，裴骃集解，司马贞索隐，张守节正义：《史记》卷二十五《律书》，第1251页。
2　王充著，黄晖撰：《论衡校释》，北京：中华书局，1990年，第629页。

变。"[1]又云:"日冬至,音比林钟,浸以浊。日夏至,音比黄钟,浸以清。以十二律应二十四时之变。"[2]《天文》对"节"的界定很清晰,以十五日为一节,前文已讨论这并非强调某一节当日,而是对这一时间段的恰当划分。《释名·释天》:"时,期也。物之生死,各应节期而止也。"[3]每日行一度,将太阳周年视运动的三百六十度划分为二十四段,即"二十四时",强调兼顾物候规律的同时均分一太阳周年,从而指导历日。"时"者乃可谓之曰日之"寺"也,也就是以"时"来表示太阳经行的各个廷舍。就其动态过程而言,与《白虎通义》所说的"时者,期也,阴阳消息之期也"相同。以"时"定名是清楚地表达地球围绕太阳公转所造成的周期变化,也即古人实际感知的太阳视运动的变化。

"二十四节"则见于《史记·太史公自序》,其论阴阳家云"夫阴阳、四时、八位、十二度、二十四节各有教令"[4]。在《礼记·月令》《大戴礼记·夏小正》等相对完整和系统的历法官文书,以及《逸周书·周月》篇中皆不见二十四节气之名。《逸周书·月令》[5]按篇次当为第五十三篇,可惜早已亡佚,今存诸本皆不见,故不知其面貌。《逸周书·时训》篇虽出现了二十四节气名称,但不以二十四节气或二十四节称之。

"二十四气"集中出现在西汉以后。《逸周书·周书序》"辩二十四气之应,以明天时,作《时训》",根据研究该篇当为刘向、歆父子校书前后出现[6],汉儒整理、校订、作序之时称"二十四气"实属

---

1 刘安编,刘文典撰,冯逸、乔华点校:《淮南鸿烈集解》,第98页。
2 同上书,第254页。
3 刘熙撰,愚若点校:《释名》,北京:中华书局,2020年,第3页。
4 司马迁撰,裴骃集解,司马贞索隐,张守节正义:《史记》卷一百三十《太史公自序》,第3289页。
5 《逸周书》目前存世最古版本为元至正十四年(1354年)嘉兴路儒学刻本《汲冢周书》,亦不见此篇,可知此篇元代已亡佚。
6 夏虞南:《逸周书文本与成书新论》,第127—128页。

应当。成书时间大约在战国至汉初[1]的《周髀算经》云："凡八节二十四气，气损益九寸九分、六分分之一，冬至晷长一丈三尺五寸，夏至晷长一尺六寸。"[2]即以"二十四气"称之。《汉书·律历志》在《史记·律书》《历书》的基础上形成了当时的律历观，但也没有产生"二十四节气"的名称，仅以"二十四气"称。《后汉书·律历》《祭祀》称"二十四气"共六次，并说明其由来，认为"二十四气"由"中气""节气"构成。

"二十四节气"是由"二十四时""二十四节""二十四气"等名称长期综合演化而来的。隋唐以前并无"二十四节气"的叫法，晚唐敦煌文献Дx.05924V《星历杂抄》中存有二十一节气名称[3]，但不以二十四节气称之。宋元时期偶见，北宋高僧灵芝元照《四分律含注戒本疏行宗记》为《四分律含注戒本疏》注释："一年十二月，奇月为律，偶月为吕。律为阳，吕为阴。一律一吕各有二气，六律六吕，共二十四节气。"[4]宋人陈著《次韵王得渊长至》诗云："二十四

1　《周髀算经》的成书时代相对复杂，有众多学者持不同意见，大致分为四种，周代旧说：房玄龄、长孙无忌等；春秋战国说：李俨、陈遵妫等；汉初说：辛德勇等；两汉之际说：钱宝琮等。全面梳理参考陈遵妫：《中国天文学史》，第75—76页。

2　钱宝琮等校点：《周髀算经》，第63页。

3　敦煌文献中的《星历杂抄》由Дx.00506+Дx.05924V分别存于一纸，分上、下两截，连缀而成，属于敦煌文献中的历法类文献，与秦汉日书性质相近。其内容有残，与"月刑德者"、"压者"、"反者"、二十四节气名及"十二月壬气"相关，该文书强调择吉避凶。对二十四节气的抄写，说明《星历》是将"二十四节气"作为重要内容的，也能够说明节气概念在敦煌社会生活运用中的普遍性。Дx.00506图版见俄罗斯科学院东方研究所圣彼得堡分所、俄罗斯科学出版社东方文学部、上海古籍出版社编：《俄藏敦煌文献》（第6册），上海：上海古籍出版社，1996年，第325页；Дx.05924V图版见俄罗斯科学院东方研究所圣彼得堡分所、俄罗斯科学出版社东方文学部、上海古籍出版社编：《俄藏敦煌文献》（第12册），上海：上海古籍出版社，2000年，第278页。两截缀合后的文献题名诸家意见不同，存《十二月壬气》《星历释名、十二壬气》《十二月壬气》等。关长龙综合诸说，以底卷内容之庞杂性拟作《星历杂抄》，参见氏著：《敦煌本数术文献辑校》，北京：中华书局，2019年，第148—151页。

4　灵芝元照：《四分律含注戒本疏行宗记》，河村孝照等编：《卍新纂大日本续藏经》（第40卷）No.714，东京：国书刊行会，1976年，第166页上栏。

节气，来自混元前。老息他无分，新阳例有缘。"[1]元代海昌养生家贾铭编撰《饮食须知》亦提及"节气水，一年二十四节气，一节主半月"。可见以节气指导实际的日常生活仍旧普遍，这条笔记也被李时珍收入《本草纲目·节气水》中。明代名将王鹤鸣《登坛必究》辑录有"定太阳过宫游二十四节气歌"，史学家、经学家黄宗羲《日月经纬》卷一名为《推庚辰历元后二十四节气日率》。由以上诸例，可见中古以后民间已使用这一说法，但更多典籍和官书，如北宋经济学家陈祥道《礼书》、音乐理论家陈旸《乐书》皆以"二十四气"称之。《岁时广记》称其为"二十四气"，由李昉、李穆、徐铉等学者奉敕编纂的《太平御览》亦沿用《汉书·律历志》以来的称呼。同时还有称"廿四气"的情况，隋代杜台卿《玉烛宝典》转引《易通卦验》"廿四气始于冬至，终于大雪"，及至晚唐时代敦煌文献P.2624（2-1）题名为《卢相公咏廿四节气诗》，可见"廿四节气"为民间纪历和占卜问卦所用俗名，但不以"廿四节"称之。直至清人偶见，如瞿中溶《古泉山馆题跋》所言"立春至大寒，廿四节"。

可以说从文献层面考察，"二十四节气"更像民间普遍、通俗的用法，而"二十四气"产生较早，且更近于正规、专业的用语。

三、观测对象与早期节气的系统划分

早期古代天文学的萌芽和观测为创制历法提供了条件，历法本身就是实用天文学的组成部分。"星历，星算，天历，星术，总是结合着说的"[2]，先民观象授时，制历依据天象。星辰的隐现、太阳的运行、月相的盈亏，都成为人们观测、记录的对象。追求实际天象与纪日相合，是推步的目的，但汉儒若刘歆之类尚未竟，故众多记录当时人以为的实用坐标的还原工作，须待今人毕。

1　陈著撰，樊锦瑞辑：《本堂集》，清文渊阁四库全书本。
2　张闻玉：《说推步》，第4页。

在太初改历之前存在体系、结构不同的多种节气系统，究其产生原因是除太阳以外的辅助观测对象不同，或推步模型不同。《周礼·春官·宗伯》云："保章氏：掌天星，以志星辰日月之变动，以观天下之迁，辨其吉凶。"日、月、星辰的变动与人世活动、社会生活息息相关，所以对日、月、星辰的观测往往是综合的，因为对太阳周年视运动的观测有一定的局限性，特别是周期性和观测点夜晚太阳位置的确定需要借助对月亮和星象的观测完成。古代的政治统治者非常重视天文观测和历法的制定，观测技术的进步和古典算学、天文学的推进，时人观测天文气象，制定历法息息相关。这都需要对时间的把握更精准，对刻度的标注更具体。同时也产生了众多专业概念和多样的名称，为方便阅读，本书所涉古历基本概念以图表示意，见表1.1。

从古六历（黄帝历、颛顼历、夏历、殷历、周历、鲁历）的差异看，它们的历元、月建不同，但本质上都不属于纯太阴历。这与我国对日观测较早、干支纪日法产生较早不无关系。在节气和历法系统上

表1.1　古历基本概念示意图表

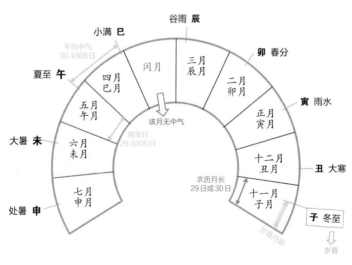

存在差异和岁差的数值，是因为"太阳光耀夺目，不能直接观测它在恒星间的位置"[1]，因此使用不同的主要辅助观测对象。虽然它们记录的天象、物候和标注时间各不相同，但其实际作用没有根本的区别，正如《尚书·洪范》"五纪：一曰岁，二曰月，三曰日，四曰星辰，五曰历数"所说，存在各种观测方式。现对以太阳视运动为观测基础的辅助观测方式进行分类，虽不能穷竭，但结合秦汉之前的代表性材料加以总结。部分材料，如《左传》、侯马盟书等虽只言片语，不成体系，因真实可信亦胪列于此。

1. 以恒星、行星运行辅助观测

甲骨卜辞

> 七日己巳夕间［庚午］，有新大星并火。
>
> 《合集》11503反
>
> 乙巳卜争，火今一月其雨？火今一［月］不其雨。
>
> 《合集》12488甲、乙

《诗经》

> 《诗·豳风·七月》（除"七月流火"几章外，所用为周历）

《左传》

> 《左传》僖公五年：八月甲午，晋侯围上阳，问于卜偃曰："吾其济乎？"对曰："克之。"公曰："何时？"对曰："童谣曰：'丙之晨，龙尾伏辰，均服振振，取虢之旂。鹑之贲贲，天策焞焞，火中成军，虢公其奔。'其九月、十月之交乎！丙子旦，日在尾，月在策，鹑火中，必

1　李鉴澄：《岁差在我国的发现、测定和历代冬至日所在的考证》，崔振华主编：《北京天文馆文集（1957—1997）》，北京：北京科学技术出版社，1997年；后收入北京天文馆编：《李鉴澄百岁华诞志庆集》，第235页。

是时也。"

《左传》襄公九年："陶唐氏之火正阏伯，居商丘，祀大火，而火纪时焉。"

《左传》襄公二十八年："岁在星纪，而淫于玄枵。"

《夏小正》

以星象定历日，以北斗星旋转斗柄所指的方位来确定月份十二月区分。

清华简《四时》

《史记·天官书》

《汉书·律历志》

睡虎地秦简《岁》《星》

长沙马王堆帛书《五星占》

对金星、木星、水星、火星、土星、流星的运动规律的观测，保存了始皇元年到汉文帝三年的木星、土星、金星《行度表》。

北大汉简《雨书》

以二十八宿纪日的，每月自期日起，依二十八宿顺序排列，每日一宿，且记录其他的物候现象。期日无论有雨无雨，皆记其日及宿。他日有雨则记，无雨不记。学界普遍称之为"二十八宿纪（记、配）日法"。

2. 以月亮运行辅助观测

西周金文

庚嬴鼎（《集成》02748）：佳（惟）廿又二年三（四）月既望己酉，王叡（格）琱宫，衣（卒）事。金文多涉及对月相的观察，出现"初吉""既生霸""既望""既死霸"等概念。

《尚书》

《尚书·召诰》：越若来三月，惟丙午朏。

《诗经》

《诗·小雅·渐渐之石》：月离于毕，俾滂沱矣。

《左传》

侯马盟书

宗盟类一.16.3：十又一月甲寅，朏。乙丑，敢用一元□，［丕］显皇君晋公。

3. 以物候辅助观测

清华简《八气五味》

北大汉简《节》

银雀山汉简《三十时》

《逸周书·时训》

《淮南子·天文》

4. 天文现象的综合观测记录（日位、星象、物候）

《尚书·尧典》

《礼记·月令》

《逸周书·周月》

《吕氏春秋·十二月纪》

《淮南子·天文》

《史记·律书》

《史记·历书》

以上文献或为纪事，或为制历，但为制定节纲而单独存在的文献相对少见，多见于综合性观测总结制定的律历文献中。还有一些文献相对散见，但充分反映出观测天象对政治生活的指导作用。《左传》庄公二十九年曰："春，新作延厩，书，不时也。凡马，日中而出，日中而入。"[1]此处说的是春季新造延厩不合时令而被《春秋》记录的事，文中的时令"日中"指春分和秋分，"中"本强调此时日夜均分、昼夜等长。在这一阶段，古人对节气的认识处于动态的变化之中，除了观测日月星辰的天文现象并总结其规律性之外，古人还明显地表现出对气候（如气温、降水）和物候的关注。《左传》昭公二十五年所记"为政事、庸力、行务、以从四时"的原则，无论是政策政令的制定还是农工管理、家国祭祀，都必须顺遂四时，方才符合制定节气的意义。

综合性的观测以《淮南子·天文》为例，有观测"风象"的"八风"一段，亦有斗柄划分四时以纪历的二十四时，还有以阴阳刑德以分诸月的材料，整篇明显由各类材料编纂而成。这与战国以降的子书杂抄、汇纂的特点相符，但主要目的是建立综罗百家，自成一体的政治时间秩序。汉初思想相对自由，吸收各家学说之长建立一个相对完整的综合性思想体系，不仅是帝王的政治理想，亦是刘安等拥有一定政治话语权的思想家的共同冀望。胡适认为《淮南子》是以无为思想为中心，包罗、混合了各家思想，既属于道家，也是杂家，是思想混一趋势的体现，[2]也是秦汉道术统一的产物[3]。其对节气的划分和顺遂四时思想的传播也是显而易见的。战国秦汉之间是思想勃发，文化和科技进步的变革时期，也是从分裂走向统一的历史阶段，更为不同地域的先民感知时间、空间变化提供了历史契机，综合观测的历法系统正于此时应运而生。

1 杜预注，孔颖达疏：《春秋左传正义》，第3867页。
2 胡适：《淮南王书》，郑大华整理：《胡适全集》（第6卷），合肥：安徽教育出版社，2003年，第121页。
3 冯友兰：《中国哲学史新编》（中卷），北京：人民出版社，1998年，第153—155页。

第二节　《逸周书》与二十四节气考辨

完整的节气系统应当与物候信息相结合。目前所见最早同时完整记述二十四节气和七十二物候的传世文献是《逸周书·时训》，简称《时训》篇。《逸周书》作为先秦"书"类文献的重要组成部分，是非常宝贵的历史文献材料，其成篇、成书情况复杂，笔者有专文讨论其文本的分层和成书时代。《逸周书》各篇章的主体部分有西周、春秋战国之际、战国时期的内容，还有少量的秦汉及以后的内容。[1]元刊本《汲冢周书》中的《时训》篇为《时训解第五十二》，其篇题中

元至正十四年（1354年）嘉兴路儒学刻本《汲冢周书》
（铁琴铜剑楼旧藏，现藏国家图书馆）

1　夏虞南：《逸周书文本与成书新论》，第291—295页。

的"时训"即时令之教,"解"字含义相对复杂,可理解为对"经"文的阐释。从正文看其内容既涉及二十四节气,又论及七十二物候,且与《诗·豳风·七月》《大戴礼记·夏小正》有几处相似的文例。其余概念则与《礼记·月令》《吕纪》《淮南子·时则》《天文》相近,此数篇或有相同来源,但对其时代的推测尚需讨论。

《时训》为《逸周书》第五十二篇,《周月》为第五十一篇。《周月》文本中腹段落提出了十二"中气"。《时训》的划分则更加细致,完善地列析了十二月、二十四节气,以及七十二物候,并且整篇文意连贯,释物候之处皆为韵文,但此篇不存孔注。唐代白文本古本《逸周书》中有《时训》。唐代以后,《时训》一方面仍然保留在白文本古本《逸周书》中,另一方面被摘出单篇流行,如《太平御览》屡引该篇。《太平御览》有引称《周书》之时,亦有引称《周书·时训》之时,可见其在中古时期的重要性。[1]

传世文献中有大量记载与节气相关的文献,但事实上大部分研究者比较关注《礼记》《淮南子》《吕氏春秋》等相关文献,对《时训》篇的重视远远不够。得益于近年来对古书、篇章形成的流动性和分层形态的认识,学界开始重新审视《逸周书》的文献学和史学价值。

一、《逸周书·时训》文本分析

本节仅就此篇的文本分层和具体内容加以分析,并且梳理《时训》篇和其他文献的生成关系,为研究"二十四节气"的形成提供思路。基本上,可以将《时训》整篇文本分为两层。以立春一节为例:

> 立春之日,东风解冻。又五日,蛰虫始振。又五日,

1　张怀通:《〈逸周书〉新研》,北京:中华书局,2013年,第88页。

鱼上冰。风不解冻，号令不行，蛰虫不振，阴奸（奸）阳，
鱼不上氷（冰），甲胄私藏。

（1）立春之日，东风解冻。又五日，蛰虫始振。又五
日，鱼上冰。

（2）风不解冻，号令不行，蛰虫不振，阴奸（奸）阳，
鱼不上氷（冰），甲胄私藏。

上以"立春"为例，引文中所涉二十四节气以五日为界分为七十
二物候。每一节气的每段第（1）层皆为对一个节气中的三个物候的
特征进行描述。第（2）层则更近阐发、经解之说。两部分的分层纵
贯全篇，且整篇文本二十四节气、七十二物候的第（2）层皆存有强
烈的"天人感应"色彩，即由某物而阐发推及时政。《吕纪》等其他
时令文献的内容除节气名称和物候信息外，还包括五行、五政、政
令、时禁及灾异、嘉祥等。这种传统在汉初出土文献银雀山汉简《四
时令》[1]中已有体现，以一、四、七、十月划分四时并配合行令，此
外亦见于同属时令文本的清华简拾《四时》、北大汉简《阴阳家言》、
银雀山汉简《迎四时》《禁》《五令》《三十时》《不时之应》《管
子·七臣七主》《四时》等。《四时令》的内容与《管子·五行》《吕
纪》等传世时令、月令之"令"部分比较相符。《四时令》属于标准
的"四时节令"，而银雀山汉简中还有属于"五行节令"的《五令》
篇。两者皆包含政令、时禁，但内容却与《时训》第（2）层不完全
相同。可知，在同一系统中除节气名称、物候信息外，还存有其他内
容，如对"灾异嘉祥"等现象的描述。银雀山汉简中这部分内容相对
独立，《时训》则融于一体，呈现出"节气名称+物候描述+不应灾
异"的组合形态。

1　银雀山汉墓竹简整理小组编：《银雀山汉墓竹简（贰）》，第224—225页。

以"风不解冻，号令不行"一句为例，"风不解冻"与"号令"实际上并无关联。《国语·楚语上》解释"令"为"教之令，使访物官"。韦昭注："令，先王之官法、时令也。"[1]战国出土文献中常见官政法令之"令"，如上博简五《鲍叔牙与隰朋之谏》中的"九月除路，十月而徒梁成，一之日而车梁成"，即以月应"令"，但并不一定与节气相结合，大部分属于月令文献。青川战国秦木牍《田律》、张家山汉简《田律》等法律文书中亦有将"时令"类内容与成文法结合的，还有秦汉日书如睡虎地秦简《农事》《土忌》等亦涉及"时令"内容[2]。

"时令"类文献本是农业社会生产经验的总结，存在于众多早期文献中。传世的月令书包括《夏小正》《吕纪》《淮南子·时则》《礼记·月令》等，前三者的成书时间要早于《月令》[3]。杨宽《月令考》已将《月令》与《诗·豳风·七月》《夏小正》进行比较，指出从周初到战国这三种文献所记载的"物候"系统和认知一脉相承，按时令对农事进行指导，本质差异不大。[4]但《七月》《夏小正》并未将五行直接与"时"配伍，"令"的部分也仅只与农事活动有关，与政治无涉，没有出现像《月令》一类要求依月更换天子起居、方位、着服等内容。《夏小正》《吕纪》《月令》虽也配五行[5]，但一年360天是按四季四分为90天各三月，中央土行不占天数。李零先生指出"这种时令是以实际应用的历法为主，只把五行当作点缀"[6]，《幼官》三十时则以实际历法牵合五行。这类以五行配伍、属于阴阳五行思想

1　左丘明撰，徐元诰集解：《国语集解》，北京：中华书局，2002年，第485页。

2　刘娇：《试说出土文献中的"时令"类内容》，第299页。

3　张小稳：《月令源流考》，《中国史研究》2020年第4期，第39页。

4　杨宽：《杨宽古史论文选集》，第463—510页。

5　春为"甲乙木行"，夏为"丙丁火行"，中央为"戊己土行"，秋为"庚辛金行"，冬为"壬癸水行"。中央土行不占天数，采用的是一种严格按一月两节分配节气的方法，与二十四节气结构相近。

6　李零：《〈管子〉三十时节与二十四节气》，《管子学刊》1988年第2期，第22页。

的内容有后来增益的可能，并且逐渐从点缀转变为实际牵合历法。

所以，《时训》篇每一节气的第（2）层文本都以此物候所涉之物"起兴"，并转向对社会活动、国家政治等相关的叙述，此处即以物候之"风"与政治"号令"直接关联，以物候现象表达政治灾祥，这是与政令相近的概念。《后汉书》中存"风为号令""风者，天之号令"之说，其思想来源可能不会太早。而这种关联在《吕纪》《淮南子·时则》等篇中也有体现，以夏月月令文献为例，见表1.2[1]。

从表1.2可知，《管子》时令文本的逻辑相对简单，以季为单位，即某季行某政，否则有灾异。《吕氏春秋》《淮南子》中的"违令灾异"相关文献都是以十二月令划分的，每一季按孟、仲、季三月分配，而《时训》已经按照二十四节气对应的七十二物候划分，在时间划分和对节气的认知上更加精准，逻辑上基本一致，但不能以此为判断其晚出的依据。若《吕纪》的灾祥文字是从《管子》衍化而来的[2]，则《淮南子·时则》与《时训》的文本来源也应综合考虑。语言凝练，高度概括，系统性强必有晚出的可能。

从文本分层的角度来看，《时训》全篇无论按韵文还是内容都可以分为两层。[3]理解这种分层的情况，必须与解释性文字对正文或原

1　《大戴礼记》《管子》《吕氏春秋》《礼记》《淮南子》等相关内容本书常引为比较，当据以下版本，后述行文若无特别必要，不一一出注。王聘珍撰，王文锦点校：《大戴礼记解诂》，北京：中华书局，1983年，第24—48页；黎翔凤撰，梁运华整理：《管子校注》，北京：中华书局，2004年，第152、847、995页；吕不韦编，许维遹集释，梁运华整理：《吕氏春秋集释》：北京：中华书局，2009年，第5—261页；郑玄注，孔颖达疏：《礼记正义》，阮元校刻：《十三经注疏》，北京：中华书局，2009年，第2927—3006页；刘安编，刘文典撰，冯逸、乔华点校：《淮南鸿烈集解》，第159—184页。

2　薛梦潇：《早期中国的月令与"政治时间"》，第74页。

3　参见笔者博士论文5.2.3、7.3.3两节详细讨论，《逸周书文本与成书新论》，第208—213、283—289页。

表1.2 《时训》夏月与传世文献相关"违令灾异"比较

	《逸周书·时训》	《管子》	《吕氏春秋》	《淮南子》
孟夏	蝼蝈不鸣，水潦淫漫；蚯蚓不出，嬖夺后；王瓜不生，困于百姓。苦菜不秀，贤人潜伏。靡草不死，国纵盗贼。小暑不至，是谓阴慝。	《幼官》：夏行春政风，行冬政落；重则雨雹，行秋政水。《四时》：夏行春政则风，行秋政则水，行冬政则落。《七臣七主》：夏政不禁，则五谷不成。	《吕纪》：孟夏行秋令则苦雨数来，五谷不滋，四鄙入保。行冬令则草木早枯，后乃大水，败坏城郭。行春令则虫蝗为败，暴风来格，秀草不实。	《时则》：孟夏行秋令，则苦雨数来，五谷不滋，四邻入保。行冬令，则草木早枯，后乃大水，败坏城郭。行春令，则蝼蝗为败，暴风来格，秀草不实。四月官田，其树桃。
仲夏	螳螂不生，是谓阴息。䴗（鵙）不始鸣，令奸（奸）壅偪。反舌有声，佞人在侧。鹿角不解，兵革不息。蜩不鸣，贵臣放逸。半夏不生，民多厉疾。		《吕纪》：仲夏行冬令则雹霰伤谷，道路不通，暴兵来至。行春令则五谷不孰（熟），百螣时起，其国乃饥。行秋令则草木零落，果实蚤（早）成，民殃于疫。	《时则》：仲夏行冬令，则雹霰伤谷，道路不通，暴兵来至。行春令，则五谷不孰（熟），百螣时起，其国乃饥。行秋令，则草木零落，果实蚤（早）成，民殃于疫。羸五月官相，其树榆。
季夏	温风不至，国无宽教。蟋蟀不居壁，急怕（迫）之暴。鹰不学习，不备戎盗。腐草不化为萤，谷实鲜落。土润不溽暑，物不应罚。大雨不时行，国无恩泽。		《吕纪》：季夏行春令则谷实解落，国多风欬，民乃迁徙。行秋令则丘隰水潦，禾稼不孰（熟），乃多女灾。行冬令则寒气不时，鹰隼蚤（早）挚，四鄙入保。	《时则》：季夏行春令，则谷实解落，多风欬（咳），民乃迁徙。行秋令，则丘隰水潦，稼牆（穑）不孰（熟），乃多女灾。行冬令，则风寒不时，鹰隼蚤（早）挚，四鄙入保。

属于"经"文部分的诠释相联系。重新解释经典并非孤例，也并非仅见于"书"类文献中。《诗经》的经学化历程在汉代达到了巅峰。并且汉儒除了对经籍进行复原整理，还建立了适用于当时的解释系统。刘毓庆认为："汉初儒者一方面要做经典复原工作，一方面还必须有一套适用于时代的解释系统，以建立其与时代之间的联系，确立经典的权威地位。而解经体系的建构既然以适应现实为目的，就

不能不服从现实政治及伦理道德的需求。"[1]改造原典事实上也是一种新的解释系统的建构，在对《诗经》等其他经典的阐释中非常显著。可从汉儒对《诗经》篇目的阐释与发挥进行了了解，比如《毛诗序》和郑玄的《毛诗笺》几乎一脉相承，均强调用《诗经》进行政治和伦理道德教育。阐发原典实则是"把古说传递下来"，甚至是加工"一些在古说招牌之下的新产品"[2]。"《毛诗序》和郑玄笺的突出特点便是不将《诗经》当作文学作品，分析作品本身的思想性和艺术性，而是通过对《诗经》的阐释和论述，附会引申儒家的教义，将一部古代诗歌总集变成了一部充满伦理道德说教的儒家经典"。[3]可见，汉儒对于经典的改造和阐发是相对普遍的现象。传统观点认为汉初经、传单独流传，东汉才出现了经传合编的现象。海昏侯墓新出土的《诗经》《春秋》简则为西汉时期经、传已经合编提供了明证[4]。经文和解释性的传注文字同时出现于一个版本中，是"口传""师说"在秦火后保留先秦典籍方式的最好注脚。从今传本《逸周书》成书的过程而言，这种现象伴随着汉武帝、成帝及之后的大规模校书、图书编纂活动而产生。事实上，汉儒对《诗经》本义的解释也有很多穿凿附会的痕迹，这种阐释性文字正是"书"类文献和今传本《逸周书》中基于原典或"经"文发挥的产物。对原本经义的阐发和将其与天象相互关联的做法，是汉儒在阐述、解构典籍过程中的常态。

1 刘毓庆：《〈从文学到经学〉序》，《诗经研究丛刊（第十七辑）》，北京：学苑出版社，2009年，第32页。
2 胡念贻：《论汉代宋代的"诗经"研究及其在清代的继承和发展》，《文学评论》1981年第6期，第68页。
3 马媛媛：《两周秦汉社会对女性特质的建构过程研究》，博士学位论文，南京大学，2011年，第137页。
4 曹景年：《海昏侯墓新出文献与汉代"经传合编"问题》，《管子学刊》2021年第1期，第108—114页。

二、《时训》物候观与二十四节气的时代特征

　　《时训》中所涉内容，不仅就二十四节气进行阐发，并且有一些明确指代性的"天人感应"。正如李约瑟所言："在人类了解自然和控制自然方面，中国人是有过贡献的，而且贡献是伟大的。"[1]所谓"控制"与《时训》所记载对观象的"阐发"相近，准确地说是通过阐发自然现象与人类社会的联系，进而更好地"控制"人类社会的运行，这种信息已经远超出传统的月令、时禁和灾异的含义，甚至带有明显的"女祸"色彩。譬如，将物候与女子德行相关联，并且带有一定的批判和"祸论"倾向。这种思想倾向与汉儒认为夏、商和西周三代皆亡于女宠的共识相关。早在春秋时期这类思想已有雏形，而后也经历了漫长的演变。如《左传》僖公二十四年："女德无极，妇怨无终"，《左传》昭公二十八年"且三代之亡、共子之废，皆是物也"，杜预注曰："夏以妹喜，殷以妲己，周以褒姒，三代所由亡也。共子晋申生以骊姬废。"[2]杜预注认为"是物"即指"美色"，而女宠则被认为是三代灭亡的"祸乱"。类似的也见于《国语·晋语一》："昔夏桀伐有施，有施人以妹喜女焉，妹喜有宠，于是乎与伊尹比而亡夏。殷辛伐有苏，有苏氏以妲己女焉，妲己有宠，于是乎与胶鬲比而亡殷。周幽王伐有褒，褒人以褒姒女焉，褒姒……周于是乎亡。"《国语》此说法是"女祸论"的重要来源，但为人广知的当见于《史记·外戚世家》：

　　　　自古受命帝王及继体守文之君，非独内德茂也，盖亦有外戚之助焉。夏之兴也以涂山，而桀之放也以末喜。殷

1　李约瑟：《中国科学技术史》，北京：科学出版社，1990年，第8页。

2　杜预注，孔颖达疏：《春秋左传正义》，第1492页。

之兴也以有娀，纣之杀也嬖妲己。周之兴也以姜原及大任，而幽王之禽也淫于褒姒。[1]

刘向作《列女传·孽嬖》也记录末喜、妲己、褒姒、公姜等事，多有批判，其中多持女以色事君的观点，又兼涉以色乱政的批评。如其所言："惟若孽嬖，亦甚嫚易。淫妒荧惑，背节弃义。指是为非，终被祸败。"[2]其中对鲁国文姜乱伦害死鲁桓公，骊姬陷害太子引发晋国内乱，夏姬丧陈国，郭姜祸乱庄公等"祸国乱政"的事件进行了集中批判。这种"恶女""厌女"之风炽盛难平，影响了以后的政治性别观念。王充《论衡·言毒》曰："妖气生美好，故美好之人多邪恶……美色之人怀毒螫也。"[3]已经不局限于对"女"，已经是对"色"及"美好之人"的同忾了。所以，在古书中不乏对女性在政治活动或者说对国家统治影响的评价，但事实上这种评价带有明显的批判色彩，甚至是带有权威色彩的"祸水"论调。《初学记》转引《别录》所录《列女传》亦画于屏风四张上，即"臣向与黄门侍郎歆所校《列女传》，种类相从为七篇，以著祸福荣辱之效、是非得失之分，画于屏风四堵"[4]。书于屏风与书于竹帛，虽看似同形，实则质异。屏风是"天子当屏而立"之倚靠，既是礼器，更是天子于庙堂之上陈设的威仪象征。礼乐制度所强调的训诫作用使其具有了充分的警示意味，并需要被放置于显眼位置。譬如，屏风往往居于庙堂或家居的显著之处，所以屏风同时兼具了审美和权威的性质。《后汉书·宋弘传》："光武帝时，弘常谳见，

1　司马迁撰，裴骃集解，司马贞索隐，张守节正义：《史记》卷四十九《外戚世家》，第1967页。

2　刘向编撰，顾恺之图画：《古列女传》，北京：中华书局，1985年，第9页。

3　王充著，黄晖撰：《论衡校释》，第1114—1115页。

4　徐坚等著：《初学记》，北京：中华书局，2004年，第599页。

御坐新屏风，图画列女，帝数顾之。弘正容言曰：'未见好德如好色者。'帝即为徹之。"[1] 宋弘之谏与屏风内容无关，更近于对"君德"的要求，以孔子之言批评光武帝对"女色"的关注，充分体现了汉儒对"女祸"的提防。而书于屏风的《列女传》《列女图》无一不彰显着这种颂扬"女德"，避忌"女祸"的风尚。《汉书·叙传》载班伯、成帝屏风论道一事，亦是以"女祸"论政的典型[2]。班伯以"酒"之乱政讽谏成帝不应荒淫酒色，而商之倾覆更是与"女祸"无关，所以对曰"《书》云'乃用妇人之言'，何有踞肆于朝？所谓众恶归之，不如是之甚者也"。可见班固记载此则故事时也并未完全以"女祸"论王政之失，算是一次对"女祸"的正名。《列女传》《列女图》或各类屏风壁画当是当世妇德的集中表现，反映亦影响着典论导向。创作于太和八年（484年）之前的山西大同石家寨北魏司马金龙墓漆屏风是难得一见的实物，其所绘《列女母仪图》《列女仁智图》《列女贞顺图》皆赞列女德行。

值得一提的是，此屏风上的班婕妤事迹图基本上遵循了传统绘画的象征性原则，如巫鸿指出"漆画将主角班婕妤画得犹如巨人，而抬轿的轿夫则如侏儒。画面构图静止而死板，其作用仅是左方所附长篇题记的图像索引"[3]，这实则是从艺术的绘画技法和审美批判的角度对司马金龙漆屏风的政治、宣化作用提出了质疑。

汉代是我国礼教形成的重要时期，汉代的妇德女行有着时代性、多元化的标准[4]。东、西两汉相比，东汉对"女德"的标榜和对贞洁

1　范晔撰，李贤等注：《后汉书》卷二十六《伏侯宋蔡冯赵牟韦列传》，第904页。
2　班固著，颜师古注：《汉书》卷一百上《叙传上》，第4201页。
3　巫鸿：《中国绘画：远古至唐》，上海：上海人民出版社，2021年，第128页。
4　刘丽娜：《〈列女传〉与汉画像列女图的图文关系》，朱存明主编，《雕文刻画》，北京：生活·读书·新知三联书店，2018年，第337页。

山西大同石家寨北魏司马金龙墓漆屏风（局部）

节妇的推选远超西汉。[1]始终以纣王、妲己之形象入屏风并不能起到警示作用，甚至汉成帝之事还有反向之功。故后世明君贤臣莫不以贤明、慧美且道德完美的典范女性入画或作为楷模形象加以供奉。这明显是对"女祸"避之不及和盛世明君们对"女德"的标榜、构建。此类形象和道德的构建甚至对后代影响深远，譬如历代产生的女性题材艺术作品都与当时的政治形势密切相关，甚至出现在极其积贫积弱的时代。南宋高宗时重建新都，面临来自其政治合法性的挑战，制作了大量的教喻性作品[2]，譬如《女孝经图》《织图》《胡笳十八拍》，此三者甚至与《孝经图》《耕图》《中兴瑞应图》构成了庞大的官方艺术项目，以助其重建天命或稳定政治统治[3]。

《时训》所载二十四节气已明确到七十二物候，且对每一物候不应时的解释中体现出对"女祸""女德"的宣扬，直接将妇人德行操守与物候天象相关联的节气有春分、清明、立冬、小雪、大寒，胪列原文如下：

> 春分之日，玄鸟至。又五日，雷乃发声。又五日，始电。玄鸟不至，妇人不□（娠）[4]；雷不发声，诸侯□民。不始电，君无威震。

1　据统计《后汉书》《东观汉记》《华阳国志》等相关记载，两汉时期贞节烈妇共54人，西汉仅2人，东汉有52人之多。详见陈丽平：《刘向列女传研究》，北京：中国社会科学出版社，2010年，第478页。其中不乏大量为了守节而自杀、自残的女子。可知，及至东汉对女性的道德和评价已相对固化统一。如刘丽娜指出，甚至可能将《列女传》"贞节观"不断强调，并成为东汉晚期妇德评价的唯一标准。详见刘丽娜：《〈列女传〉与汉画像列女图的图文关系》，第341页。

2　Julia K. Murray, Didactic Art for Women: The Ladies' Classic of Filial Piety, in M. Weidner ed., *Flowering in the Shadows: Women in the History of Chinese and Japanese Painting*, Honolulu: University of Hawaii Press, 1990, 27-53; The Role of Art in the Southern Sung Dynastic Revival, *Bulletin of Sung-Yüan Studies*, No.18, 1986, 41-59.

3　巫鸿：《中国绘画中的"女性空间"》，北京：生活·读书·新知三联书店，2019年，第243页。

4　"妇人不"后脱字卢文弨校从《太平御览》补作"娠"。

清明之日，桐始华，又五日，田鼠化为驾。又五日，虹始见。桐不华，岁有大寒。田鼠不化驾，国多贪残。虹不见，妇人苞乱。

立冬之日，水始氷（冰）。又五日，地始冻。又五日，雉入大水为蜃。水不氷（冰），是谓[1]阴负。地不始冻，咎征之咎。雉不入大水，国多淫妇。

小[2]雪之日，虹藏不见。又五日，天气上腾，地气下降。又□日，闭塞而成冬。虹不藏，妇不专一。天气不上腾，地□不下降，君臣相嫉。不闭塞而成冬，母后淫佚。

大寒之日，鸡始乳。又五日，鸷鸟厉。又五日，水泽腹坚。鸡不始乳，淫女乱男。鸷鸟不厉，国不除兵。水泽不腹坚，言乃不从。

二十四节气从春分开始，若不应时，则出现各种乱象。春分不应时，则"妇人不娠"，即不妊娠。清明节气亦与"女德"有关，但与春分不同，清明节气所言为"虹始见"，而"虹不见"，则妇人"苞乱"，即形容妇人德行有失。《太平御览》卷三十引此作"乱色"，此版本晚出，而此处当从全篇文例押韵，但寒、残、乱，皆属元部，色属职部，可推测此版本不精，疑似当作"色乱"。色乱，即言以容色为乱，作状语从句，如晋之骊姬、陈之夏姬皆以容色为乱。《孟子·尽心上》"形色，天性也"，赵岐注云："色，谓妇人妖丽之容。"[3]关于妇人容色的规范，从《礼记·昏义》"教以妇德、妇言、妇容、妇功"，但其具体所指《礼记》并未详言。刘向《列女传》中不仅批判了"祸国乱民"

1　元刊本漫灭不可识，据静嘉本补。
2　此处元刊本漫灭不可识，静嘉本有补录作"小"。
3　赵岐注，孙奭疏：《孟子注疏》，阮元校刻：《十三经注疏》，北京：中华书局，2009年，第6027—6028页。

的"孽嬖"，还树立了上至后妃下至平民妻妾的女性榜样。其中，"贞顺""节义"这两卷对女性的贞节、品德要求很高，而并不强调对女性外貌的襃扬、赞美。至东汉班昭时，于《女诫》中做了相对明确的阐释："妇容，不必颜色美丽也……盥浣尘秽，服饰鲜洁，沐浴以时，身不垢辱，是谓妇容。"可见东汉之时，身为女性的班昭亦开始强调对女性容貌的要求不需要追求过分的美丽，只要保持自身整洁、衣服得体干净就行。刘向、班昭作为"女教两圣人"[1]，他们对妇女的礼教观念在两汉时期可以作为代表。而无论《列女传》，还是《女诫》都不提倡对"色""容"的追求，更遑论以"色"乱，这简直是汉儒所难以容忍的。

更有甚者直言立冬之节野鸡若不入水，则国家会出现很多淫妇，即"雉不入大水，国多淫妇"。小雪之节，则言若"虹不藏"则"妇不专一"，而若"不闭塞而成冬"，则后妃淫乱。观察上下文意，母、后当为并举，如《礼记·曲礼下》"天子之妃曰后"，即为君之母及其妻。淫佚，则可谓淫乱放纵。无论是何种理解，这种以天象论女子私德的现象都不曾见于先秦其他古书。大寒之节，还有相对明确的以女子私德而论男女关系的文句"鸡不始乳，淫女乱男"，即指鸡若不开始孵育，则意味着淫荡的女人迷乱男人。淫女乱男，并非言男女行淫乱之事，而是女以"淫"乱。立冬、小雪、大寒三节气都涉及对"淫"的定义，这种对"淫"的具体定义事实上与汉人对"淫"的节制思想相关，北大汉简《反淫》篇题中的"淫"本身应作为"过度"理解，"反淫"似乎可理解为"反对过度地放纵欲望"[2]。此篇内容与枚乘《七发》相近，并且其中简1875、1599缀合有"夏即票（飘）风雷【1875】辟（霹）曆（雳）之所缴也，冬即蜚（飞）雪焦霓（霰）之所杂。朝日

---

1 陈东原：《中国妇女生活史》，北京：商务印书馆，2017年，第36—39页。
2 傅刚、邵永海：《北大藏汉简〈反淫〉简说》，《文物》2011年第6期，第78页。

即离黄盖且〔旦〕鸣焉，募（暮）日即……【1599】"类似文句，其中也隐约对应了季节和物候的关系。整理者傅刚先生认为《反淫》应写成于《七发》之前，《反淫》是祖本而《七发》是改写本。[1]《反淫》和《七发》虽在内容上与"女德"无涉，但《反淫》表达出对"十三事"过分追求的反对和对过度欲望的反思，而《七发》所言的"要言妙道"亦是对游观、宴饮、射猎等事，特别是包括眼、耳、鼻、舌、身、意这几方面享受的节制。亦有学者认为，《反淫》中所塑造的两个形象皆是精神性的角色，还表达出对"人肉体欲求与心灵诉求的斗争，激化了物质享受与精神追求的矛盾，使得本文更具有强烈的思辨色彩"[2]。可见，这种对过度欲望的节制在汉代的思想观念中是相对普遍的。

以上五例皆是以天象异变而言说女子私德淫乱，并且除对女性本身"欲望"的评价外，还言其"乱男"之害。这种批判与汉儒所言"女宠""女祸"倾向非常相近，有理由质疑这一部分的解经之说，经历了汉儒之手，且相对晚出。周玉秀根据对《时训》思想和韵文的分析，认为《时训》中每一节气的第二层的写定时代当在东汉中晚期[3]，此说甚是。若以思想来源而言，汉儒特别是今文学家在这一过程中起到了不可磨灭的作用，他们对这种因祸水而亡国的朝代更迭、政治失利大加阐发，不断对这类"女祸"现象进行追述。并且从押韵看，全篇的第（1）层没有通篇押韵，而第（2）层则通篇押韵，第（2）层的创作时代可能比第（1）层更晚，与第（1）层不一定出于一时一人之手，甚至从其谶纬及纯熟的"天人感应"和"女祸"之说，恐晚至刘

1　傅刚：《北大藏汉简〈反淫〉简说》，北京大学出土文献研究所编：《北京大学藏西汉竹书　肆》，上海：上海古籍出版社，2015年，第160—172页。

2　蔡先金：《简帛文学研究》，北京：学习出版社，2017年，第396页。

3　周玉秀：《〈逸周书〉的语言特点及其文献学价值》，北京：中华书局，2005年，第43页。

向、歆校书之后。但就第（1）层的内容看，二十四节气、七十二物候已经是完备统一的整体了，从用韵和文法习惯看这部分文本的形成时间，笔者揣测当至少在战国末年后，其具体时间恐不能确定。而第（2）层的文本无疑当完善于秦汉以后，甚至不能排除晚至东汉的可能。葛觉智（Yegor Grebnev）认为《时训》中的七十二物候是汉人的创新，但其余部分是依据《月令》而来。这种说法与此似不谋而合。[1]

三、《逸周书》中的其他节气类文献

《逸周书》中除《时训》篇外，还有其他与节气相关的材料，包括《月令》《周月》等篇。从今传本《逸周书》目录结合《月令》篇的序录来看，诸篇章次序变动不大，但经过刘向、歆父子校书后的文本变动较多，有附益的可能。《月令》篇是今传本的第五十三篇，正文已经亡佚，孔晁有无作注亦不得而知。此篇存两条佚文，一处见于《论语》"钻燧改火，期可已矣"，马融注："《周书月令》有更火之文：春取榆柳之火，夏取枣杏之火，季夏取桑柘之火，秋取柞楢之火，冬取槐檀之火，一年之中钻火各异木，故曰改火也。"[2]《太平御览》引《周书》曰："夏食郁，秋食橘、柚，冬食菱、藕。"[3]佚文所见《月令》内容或与改火和时令、节俗有关，仅作参考。若马融所言《周书月令》即此《月令》篇，《月令》其篇或存于东汉之时。从篇名判断《月令》当与"月令"属一类文本，与秦汉时期常见的"月令"

---

1 Yegor Grebnev, Confining nature to a diagram: origins and evolution of the system of 72 hou 候, forthcoming.

2 何晏集解，邢昺疏：《论语注疏》，阮元校刻：《十三经注疏》，北京：中华书局，2009年，第5487页。

3 李昉等撰：《太平御览》，北京：中华书局，1995年，第4313—4314页。

文书作用相同。理论上而言，《大戴礼记·夏小正》即夏"月令"，今传本《逸周书》的《月令》即是周"月令"；《吕氏春秋》中的《十二纪》则当属秦"月令"；《淮南子·时则》与《礼记》郑玄注屡次提到的"今《月令》"则属于汉"月令"。虽不见《月令》篇正文，但以其他"月令"文书推论，这类"月令"文书本身也能够指导实际的社会生活，其作用与《时训》篇相近。蔡邕《明堂月令论》"《周书》七十二（一）篇，《月令》第五十三"[1]，即刘向、歆校书之后，蔡邕所见的校本当出于兰台（汉代宫内藏书处），而且与今传本《月令》的顺序相吻合，此时也是第五十三篇。不难推测，《月令》篇在《逸周书》中的次序可能相对稳定，始终没变。由此推测，即便是后世补入或篡改篇章内容，也须按照《周书序》和校书定本目录次序增改附益。则当时校书之时这组文本亦被刘向、歆父子等整理者视为一类文本。

《册府元龟》卷五百七十一、卷五百八十四皆有引称《周书月令》的，《周书月令》或是《周书·月令》可作为单独流行之版本，大概是当时所传《逸周书》中《月令》的单行本。《玉海》卷十二《律历》之《时令》记载："《崇文总目》：《周书月令》一卷。"[2]此处《月令》以单篇别行，则可以说早在北宋之时《月令》已单独流行。《册府元龟》为宋真宗朝所编，《崇文总目》为宋仁宗时期类书。无论两书是否存有承续关系，均可见当时《月令》已从今传本《逸周书》中分离出来，而从元刊本、日本静嘉堂本所存篇目看，《月令》篇皆阙，可以旁证。

与《月令》篇作用相关的还有《周月》篇。《周月》篇题大概取自正文"是谓周月，以纪于政"，其文本分析详见本章第四节。其中一部分可概括为四时十二月的"节纲"，且存有完整的十二"中气"，

---

1 蔡邕：《蔡中郎集》，文渊阁《四库丛书》集部别集类第1063册，台北：台湾商务印书馆，1983—1986年，第180—183页。

2 王应麟：《玉海》，南京：江苏古籍出版社，1990年，第220页。

并已将十二中气之名列析：惊蛰、春分、清明、小满、夏至、大暑、处暑、秋分、霜降、小雪、冬至、大寒，此十二中气皆位于每月月中，且已成系统。以"中气"节月，想必作者亦知节气来源。由上文梳理可知，中气、节气的划分最早见于《后汉书·律历》。《周月》的中气顺序已与后世二十四节气相近，但其名不全，且以月为节，故当属月令系统，与《时训》篇有别。清华简《四时》以天文历法分十二月为三十六时[1]，即以每月第一、四、七、十、十四、十七、二十、二十四、二十七日的天文星象分全年[2]。其中的星象名称本身与传统二十八宿迥异，但也是黄道附近的坐标体系，与二十八宿有关[3]，其三十七时与二十四时差别较大。当然因为其属于战国时期的文本，其中的星象系统又与传世文献迥异，其抄写也造成辨识不便或多有错误，对于当时天象历法的推演有所阻碍。但这并不影响《四时》帮助我们对《周月》第（1）（2）段的断代。[4]结合《四时》文本考虑，《周月》第（2）段文本并非战国早期及以前的说法，其中所见"中气"之说，当与《国语》所载"武王伐纣"的星象所见"岁星纪年"

1　子居在《北大简〈雨书〉解析》一文中就已提及："《雨书》的朔日，只是借用朔望月的月首为朔。指称每月初一日，因为二十八宿纪日法是用的节月（节气月），因每月初一日与天象中的日月合朔无关。"见子居：《北大简〈雨书〉解析》，中国先秦史网站，2016年1月8日首发。清华简《四时》所载天象系统所用每月朔日与睡虎地秦简《日书》、北大汉简《雨书》的推演方式基本一致。不难判断，这一时间段的历法设计虽然来源于实际的观测基础，但随着使用时间的增加，其与实际天象的偏差自然会越来越大，因此清华简《四时》中的星象记述，被视为是一种理想化的推演，不可能作为实际的天象实录。

2　由于二十八宿纪日法并不遵循每月三十日的等长日数，清华简《四时》篇的作者对天文历法的理解或有偏差。《四时》作者一方面使用二十八宿纪日法的每月朔日，另一方面又在三十六时之后单列出了三十七时，由此可以判断，作者可能拼合了几种不同来源的"月令"材料。清华简《四时》篇对各时的记述，在天象物候方面与传世文献有别，可证战国时期天文星象历法系统的不同面貌。

3　石小力：《清华简〈四时〉中的星象系统》，《文物》2020年第9期，第77—81页。

4　对《周月》文本的分段和具体的断代见本章第四节，本书第63页。

的方法相似[1]，而且这反映出作者已然见识了战国时提及"四时"的各类文献。《周月》第（1）（2）段文本应当在战国中晚期及以后所成，第（3）段文本则与天象、历法全无关系，其主旨在于以天象之变说明夏商的历法与改正朔之间的政治关系，此类说法更接近汉时谶纬之言，定非先秦作品。从全篇的成书来看，有汉儒加工演绎的成分，应是《逸周书》中编次较晚的篇章，但保留了一部分战国及以前的思想观念，以"四时"为代表。所以《周月》整篇前半部分所言历法或为战国时物，然"天地之正"之后所论，与前文纯论历法有别，或为后人附益，以所论"三统""改正"之说观之，其时代当在战国晚期乃至更晚之时，甚至刘向、歆父子校书之时附录其中，亦未可知。

邹衍汇合阴阳与五行学说以解释宇宙现象，至汉代开花结果，形成了天人合一的高潮。[2]故战国、秦汉时期，产生了大量的礼制、政令类文献，包括针对天之应德、灾异祥瑞、治国之策的"月令"类文献，《周月》是典型的代表。《逸周书》中还包括谥法、朝贡、官人之法，亦有对明堂之位、职方之职的整理。说明这一历史阶段古人不断思考社会生活与四时之间的关系。从目录次序看，序录靠前的第五篇《籴匡》、第十一篇《大匡》两篇，时代相对较早，文本的主体部分存有战国早期甚至更前的痕迹。而以《周月》为代表的这一组文本，则呈现较多战国及以后加工的痕迹。一方面，此篇语言文字层面有大量的传注之文混入正文；另一方面，思想层面或与较为晚出的《礼记》《大戴礼记》《周礼》等同出一源，故多见以"天人感应""谶纬"思想解经的痕迹。在了解"节气"的起源和逐步产生的真正原因时，这一类现象也不容忽视。

1　新城新藏：《〈周初之年代·逸周书〉》，《东洋天文学史研究》，京都：临川书店，1989年，第373—377页。
2　许进雄：《中国古代社会：文字与人类学的透视》，台北：台湾商务印书馆，2013年，第646页。

第三节　出土文献与物候信息

一、卜辞中的风、雨、雹、虹、雷天象

厘清节气与物候的学术关系，需要明确物候学的概念。物候学是研究自然现象与季节关系的学科，主要关注自然界中植物和动物的季节相生现象同环境的周期性变化之间的相互关系。无论是现代天文气象科学还是对古人观象推步智慧的总结，都包括了一年中植物的生长荣枯、动物的迁徙繁殖和环境各类变化的观测、记录描述。受制于观测地点、纬度、区域地形等众多变量因素，环境对动植物的影响是复杂且极具变化的。以出土、传世文献的物候记录推测各地气象、节气状况，都需要考虑文献形成的区域环境条件等众多因素，也不能以某一地区的观象、物候记录反映中国古代完整的物候状态和信息。

卜辞中已存在部分对气象现象的记载，与后世节气文献的物候系统并不相同[1]，除春、秋两季的概念外，主要集中于对风、雨、雹、虹、雷等自然天象的观测，列举相关卜辞如下：

1. 风、雨

（1）其明（朝）雨，不其夕……

《合集》6037反

（2a）癸卯，贞：旬。[戊]申大风自北。十月

（2b）癸亥卜，贞：旬。乙丑夕雨。丁卯明雨。戊小采日雨，烈风。己明（朝）启。三月

1　常玉芝先生对甲骨文中的气象卜辞的分类研究表明，殷历岁首所在季节应属夏季，所以建首非丑，而更像建午。参见常玉芝：《殷商历法研究》，长春：吉林文史出版社，1998年，第385—409页。

《合集》21316（乙0397）+《合集》21321（乙0428）+

《合集》21021主体（乙0012+乙0303+乙0478）（宋雅萍加

缀）+《合集》21016（乙0163）

卜辞中单独卜雨的情况见本书第三章谷雨一节的相关讨论。风雨同占的情况比较常见。商人对风雨的观测有具体问某一天的，见风、雨卜辞（1）。也存在连续性的问占，比如风、雨卜辞（2a）条记载十月癸卯日卜，[戊]申日有大风自北方来，明确记载了风的强弱和方向。（2b）条于三月癸亥日卜，问未来一旬（十天）的天气。结果第三天乙丑夜间下雨，第五天丁卯天亮下雨，第六天戊辰下午小采时也下雨且有风，这场雨一直下到第七天己巳天亮才放晴，可见殷历三月时风雨兼作且相对连续。

2. 雹

丙午卜，韦贞：生十月雨，其隹雹。

丙午卜，韦贞：生十月雨不其隹雹雨。

《合集》12628（《京》1）

对卜辞中"雹"字的释读得益于胡厚宣、沈建华先生对形义的阐释。[1]宾组卜辞以"𝌆"表示"雹"，自组小字类卜辞则用"𝌆"字表示。其字形皆从雨降下的快速凝固状态得来。《说文》"雹，雨冰也"，冰雹常见于夏季，伴随着大雨降落。《管子·幼官》："夏行春政风，行冬政落，重则雨雹，行秋政水。"《礼记·月令》："仲夏行冬令，则雹冻伤谷，道路不通，暴兵来至。"《吕纪》《淮南子·时则》作"雹霰伤谷"，可见仲夏之时雹、霰等极端天气容易出现。但这类现象已经引起了商人的注意，需要防患。

3. 虹

王占曰：有求（咎）。八日庚戌有各云自东，冒母（晦）；戾亦有出虹自北，饮于河。

《合集》10405背

---

1 胡厚宣：《殷代的冰雹》，《史学月刊》1980年第3期，第15—17页；沈建华：《甲骨文释文二则》，《古文字研究（第六辑）》，北京：中华书局，1981年，第207—210页。

《合集》10405背彩照　　　　　　　　　《合集》10405背拓片

这版甲骨藏于国家博物馆，叙事老练，脉络清晰，记述了庚戌日发生的两件奇异的气象现象，一是"各云自东，冒晦"，二是"昃亦有出虹自北，饮于河"，各云、出虹甚至形成了对仗。卜辞记载商王看了卜兆认为有灾祸，而验辞记录第八天庚戌日，有黑云自东而来，乌云蔽日，白昼因冒（蒙覆）而晦暗，变成了黑夜，伸手不见五指。之后雷轰电掣，暴雨倾然，雨过天晴，太阳过午西斜，东北出现飞虹。之前的暴雨，似是虹饮水于河（黄河）所致，可能是将虹与龙之形进行关联，加以想象的结果。[1]

4. 雷

（1）癸亥卜，贞：旬。昃雨自东，九日辛未大采各云

---

[1] 黄天树：《甲骨文气象卜辞精解——以"各云""冒晦""出虹"等气象为例》，《书法教育》2019年第5期，第66—68页。

自北，雷征。大风自西制云，率雨。毋蒐（缓）日。一月

《合集》21316（乙0397）+《合集》21321（乙0428）+

《合集》21021主体（乙0012+乙0303+乙0478）（宋雅

萍加缀）+合集21016（乙0163）

（2）癸未卜，争贞：生一月帝其强令雷。

贞：生一月帝不其强令雷。

贞：不雨。

《合集》14128正（丙515、丙516）+乙补0380（乙补

0381）

风雨大作往往与雷电相交，如雷卜辞第（1）条所记载一月辛未日上午有云从北来，并打雷。"征"即"延"，延训长，是连绵、继续之义[1]，形容震雷之后大风不绝，连绵不断。此时天象当为浓云滚滚，大风自西而来狂作不休，并吹击雨云而降大雨。而第（2）条则表示商王对于什么时候打雷非常重视，所以贞问帝是否在一月命令响雷。而询问雷似乎是判断是否下雨，对雷、雨的观测、探查应当服务于农事。

除了观测天象外，因为商王需要对王朝的农业生产负责，且具有"授民以时"的职责，所以农事卜辞中也有一部分对农作物和耕作时间的记载，为了解卜辞中的农业生活、时间节点及其他相关信息提供了线索。胡厚宣、裘锡圭等学者已经对商代农业卜辞进行了集中梳理，在这类卜辞中出现了商王问贞人"屎（选）田""皇（壅）田"，令众人"劦（协）田""耤""畊（耕耘田地）"[2]的农事相关行为。虽

---

1 叶玉森、郭沫若、赵诚均持此说。

2 胡厚宣：《卜辞中所见殷代农业》，《甲骨学商史论丛》二集，成都：齐鲁大学国学研究所，1945年；裘锡圭：《甲骨文中所见的商代农业》，《裘锡圭学术文集》（甲骨文卷），上海：复旦大学出版社，2012年。

然，这一阶段并未产生系统的节气划分概念，四时概念也并不分明，但商人对气象、农事的重视，源自风、雨、雹、虹、雷的变幻对祭祀、农耕、畋猎、征伐等活动有较大的影响。它们在一定程度上影响着商代统治者的政治行为和社会活动，也促进了商周之际先民对天象、物候的整体观察和认知深化。

二、基于农时的周人物候观

时令意识来源于人们对自然现象运动变化的长期经验与思考，物候历的编制就是古人依据时令意识对自然时序的观测、记录的描述和历史总结。对物候现象的描述与农耕文明的发展密不可分，"我国农业气象学，至迟在西周时代已经萌芽了"[1]。与商人对天象、农事相关的问卜不同，周人更加重视农业生产，并且长于耕种，通过观察自然时空的物候现象，促进对时间的精细化掌握都是周人掌握农时的证据。《夏小正》《诗·豳风·七月》等记述了两周甚至更早物候信息的文献，充分记录了早期的物候状态和依月应时的各类反应。这类物候信息从零散分布到逐渐按月总结，最后与二十四节气配合一体，经历了变化的过程。主要的物候信息和特点基本已经见于《夏小正》，将《礼记·月令》《吕纪》《淮南子·时则》《逸周书·时训》的物候文献整理统计，见文末附录一。战国以降对物候现象的总结基本由《夏小正》而来，《月令》《吕纪》《时则》在物候方面的记录是对《夏小正》的继承和发展。

传世文献中较早的物候历可以追溯到《夏小正》。《夏小正》是经传合编的文本，朱熹《仪礼经传通解》卷二《夏小正》一章已将

1　梁家勉主编：《中国农业科学技术史稿》，北京：农业出版社，1989年，第73页。

其解析为经传两部分，在文末附录类似《逸周书·周月》对"改正朔"的记载。《国语·周语》单子称述《夏令》的文字，《国语·鲁语》里革称述有类于《月令》的文字，《孔丛子·杂训》县子问子思，子思言"三统之义，夏得其正"的文字，据此可以对传文来源与断代信息进行补充。从语言、词汇系统的研究观察，《夏小正》传文部分极有可能是孔子弟子及再传弟子相传，经秦汉经师"师说""口传"不断附益，最后至戴德整饬经文、传文，略加补苴并入《大戴礼记》的结果。[1] 从经、传分剖的结果看，《夏小正》每月的文本大致符合以"月名+物候现象+政令+以物候记事的节点+星象"为主体的结构。以正月为例，正月为月名；启蛰、雁北乡、雉震呴、鱼陟负冰、田鼠出、獭献鱼、鹰则为鸠、柳稊、梅杏杝桃则华、缇缟、鸡桴粥等皆为物候现象；农纬厥耒、初岁祭耒、农率均田、初服于公田、寒日涤冻涂、采芸为政令，皆与农事相关，且采芸还用芸蒿献于宗庙，乃祭祀需要；囿有见韭、时有俊风、农及雪泽则以这些物候强调时节，需要从事某事，如"农及雪泽"则是农事开始的信号，故后言"初服于公田"；鞠则见、初昏参中、斗柄县（悬）在下等皆为星象。每月的详略不同，但大致内容应包含以上几类总结，六月、十月的记载似有缺失，其物候信息和政令内容都不甚丰富，十二月中以正月的记述最为详细，可见春之于年的重要性，也是先民重农思想的文字呈现。

《夏小正》经传部分的成书时代还需要讨论，但毫无疑问保留了至少春秋之前的物候和农政信息，是反映这一阶段物候观的文献依凭。传文部分虽然掺杂了一些后来因素，但总体上保存了中国早期的

1　虞万里：《从〈夏小正〉传文体式推论其作者》，《中国经学》2012年第1期，第69—86页。

时令物候知识，是难得的古代时令文献。这些后来因素通过比较可见一些端倪，比如《夏小正》记载正月即"雉震呴"，"正月必雷，雷不必闻，惟雉为必闻。何以谓之？雷则雉震呴，相识以雷"。《月令》《吕纪》《时则》《时训》则皆为二月春分之时玄鸟至、雷乃发声、始电、蛰虫咸动等物候并出。可知《夏小正》所载物候相对较早，与后来文献的记述确有不同。每月记述了一定的与农事、祭祀相关的政令，胪列与春三月相关部分，并分析其农事行文：

正月：农纬厥耒。初岁祭耒。农率均田。农及雪泽。初服于公田。采芸。

二月：往耰黍，禅。初俊羔，助厥母粥。绥多女士。丁亥，万用入学。荣堇采蘩。剥鱓（鳝）。以为鼓也。荣芸，时有见稊，始收。

三月：摄桑。委杨。羝羊。颁冰。采识。妾子始蚕。执养宫事。祈麦实。

正月整理农具（农纬厥耒）、检查农具（初岁祭耒）是为了破除杂草准备春耕；农人按时整理田亩（农率均田）；降下雨雪之时，先到公田耕种（农及雪泽、初服于公田）；采摘芸蒿，奉于宗庙（采芸，为庙采也）。

二月前往种稷，播种覆土，身穿单衣（往耰黍，禅）；帮助母羊重新孕育，为祭祀做准备（初俊羔，助厥母粥……夏有煮祭，祭者用羔）；堇菜、皤蒿、芸蒿繁盛茂密，做酢菜用以祭祀（荣堇采蘩……皆豆实也，皆记之）。

三月采桑（摄桑）；羊群聚起来（羝羊）；分赐冰块（颁冰）；采摘识草（采识）；蚕妾命妇开始养蚕，操持养蚕之事（妾子始蚕……执养宫事）；祈祷麦子结籽（祈麦实）。

春三月的农事活动非常重要，且延续后世，相关文献中并没有较大的差异。对其余三季九月的物候记载与其他文献也相对统一，可以认为此时的农时观念基本趋于稳定。出土文献中对两周时期的系统性物候记载还比较少见，清华简《四时》虽是星象观测，但提供了很重要的物候、节气信息，详见第二章第四节。

三、战国秦汉简帛文献所见物候与政令的结合

《逸周书·时训》是典型的将二十四节气与七十二物候相结合的传世文献，物候应时与政治活动、社会活动密切相关。出土文献中有多篇将物候与政令相结合的篇章。银雀山汉简《禁》篇有一段夏之月的政令，涉及"野禁""田禁"的记述，依据当时的物候生发而行令，是为典型：

> 是故方长不折，启蛰不杀，不搴荣华……【1698】不
> 杀，不尽群，诸侯出邋（猎）不合围，夫＝（大夫）不射鷇，
> 士庶人不麛不卵……【1699】

"方长不折""启蛰不杀"为语义互文。整理者指出："《大戴礼记·卫将军文子》'开蛰不杀，方长不折'，'开'字当是汉代人避景帝讳所改。"[1] 麗壮城指出"方长不折"与《吕氏春秋·音律》"仲吕之月，无聚大众，巡劝农事，草木方长，无携民心"相应，即不要阻断草木的生长。[2] 依据四时物候而制定相关具有保育概念的政令常见于秦汉之时。因为春生、夏长，作为万物生长的季节，在不破坏自然规律的情况下保护生态平衡是非常重要的时令智慧。《后汉书·方术列传》"幼有仁心，不杀昆虫，不折萌牙"，《大戴礼记·卫将军文

1　银雀山汉墓竹简整理小组编：《银雀山汉墓竹简（贰）》，第210页。
2　麗壮城：《银雀山汉简术数类文献整理与研究》，台北：万卷楼图书股份有限公司，2022年，第139页。

子》"开蛰不杀则天道也，方长不折则恕也，恕则仁也"，银雀山汉简《曹氏阴阳》简1656"春夏者方启"等说法，皆可与此条相对照。

"……不杀，不尽群"其义与《淮南子·时则》"禁伐木，毋覆巢、杀胎夭，毋麛，毋卵，毋聚众"[1]相近。整理者指出，《礼记·曲礼下》"国君春田不围泽，大夫不掩群（群），士不取麛卵"[2]，《诗·小雅·鱼丽》毛传"是以天子不合围，诸侯不掩群（群），大夫不麛不卵，士不隐塞，庶人不数罟"[3]，皆与《礼记·月令》"禁止伐木。毋覆巢，毋杀孩虫、胎夭、飞鸟。毋麛，毋卵。毋聚大众，毋置城郭"[4]相近。而简文"不尽群"也是在说"不掩群"。《淮南子·主术》"故先王之法，畋不掩群，不取麛夭"，高诱注"掩犹尽也"[5]，即强调勿杀生，是"猎不尽杀"的时令。一方面银雀山汉简《禁》是依据四时进行的政令宣教，另一方面要归功于对四时物候的掌握和认知，才能形成四时禁令。战国秦汉间的简牍材料中保留了大量与时令、月令相关的政令文献，简单梳理其中具有代表性的春、夏、秋、冬四时材料见表1.3、表1.4。

战国秦汉之时已经从以物候定季节的阶段，迈进了利用物候知识指导政治、农事、社会各方面生活的全面普及阶段。有涉及关市、徭役的节令见于北大汉简《节》，有关于改水、改火规律和方式要求的诏令，见于居延汉简《元康元年诏书》，还有官员任命、修建道梁的律令，见于张家山汉简《二年律令·田律》。汉人枚乘诗云："野人无历日，鸟鸣知四时。"《后汉书·乌桓鲜卑列传》亦记其人"见鸟兽乳，以别四节"，以鸟类的活动节律标示时间。这些常见的纪时形

---

1 刘安、刘文典撰，冯逸、乔华点校：《淮南鸿烈集解》，第161页。
2 郑玄注，孔颖达疏：《礼记正义》，第2726页。
3 毛亨传，郑玄笺，孔颖达疏：《毛诗正义》，阮元校刻：《十三经注疏》，北京：中华书局，2009年，第891页。
4 郑玄注，孔颖达疏：《礼记正义》，第2938页。
5 刘安编，刘文典撰，冯逸、乔华点校：《淮南鸿烈集解》，第308页。

表1.3 秦汉简牍所见春、夏时、节令文献

	睡虎地秦简《秦律十八种·田律》	北大汉简《节》	银雀山汉简《不时之应》	张家山汉简《二年律令·田律》	居延汉简《元康五年诏书册》	肩水金关汉简
春	春二月，毋敢伐材木山林及〈雍〉堤水不〈泉〉。	日至卅六日，阳冻释，四海云至，雁始登，田修封疆，司空修隄，乡□除木，伐枯夺青，天将下旱气[1] 又卅六日，虾蟆鸣，燕降，天地气通，司空彻道，□空征赋[2]轻征赋[3]	孟种不孰 二种不孰 三种不孰 四种不孰 五种不孰 不出三岁降如青	禁诸民吏徒隶，春夏毋敢伐材木山林，及进〈雍〉堤水泉，燔草为灰，取产翳（麛）卵（鷇）；毋杀其绳（胎）、重者，毋毒鱼[249]		入春时，其令郡诸侯皆通沟渠道及冲木，及枯木□格枯木□二月甲午下[73EJT30:202]
夏	夏月，毋敢夜草为灰，取生荔（卵）鷇，毋□□□□（网）□到七月而纵之。唯不幸死而伐绾（棺）享（椁）者，是不用时。邑之㠯（近）皂及它禁苑者，麛（麛）时，毋敢将犬以之田。百姓犬入禁苑中而不追兽及捕兽者，勿敢杀；其追兽及捕兽者，杀之。河（呵）禁所杀犬，皆完入公；其它禁苑杀者，食其肉而入皮。	又卅六日，阴乃壞，百泉始□，降下大，以小为大[3] 又卅六日，夏至，日[3]夏至，草木蕃昌，人主利居高明[4]	四足脊 四足入邑 有表 见血兵 乱 不出三岁降如青		御史大夫吉昧死言：丞相相上大常昌书言，大史文言二月三日壬子夏至，宜寝兵，鸣鸡辟井，更火火进，大官抒井，布当用者。臣谨案：比原泉御者，水衡抒大官御井，中二千石、二千石令各抒别火。[10·27]官先夏至一日以除隧取火，授中二千石，二千石官在长安、云阳者，其民皆受，以日至易故火。庚戌，寝兵，不听事，尽甲寅晏五日。臣谨布，臣昧死以闻。[5·10]	

表1.4 秦汉简牍所见秋、冬时、节令文献

	睡虎地秦简《秦律十八种·田律》	青川秦牍《田律》	北大汉简《节》	银雀山汉简《不时之应》	张家山汉简《二年律令·田律》	肩水金关汉简
秋	县所葆（保）禁苑之博（薄）山，远山，其土恶不能雨，夏有[119]坏者，勿稍补缮，至秋毋（无）雨时而以籍（籍）补之[120]。	以秋八月，修封埒，正疆畔，及芟阡陌之大草。 九月大除道及阪险。	又世[四]六日，凉风至，露降，令国虚，枸潘（藩）闭[四] 又世[四]六日，（蟊）蛰，令暴布，收敛[五] 蛰虫（蛰）蛰，欲禁，始言盗贼	多妖言 多□□□ 多蛰死 四足脊 疾 不出三岁降如脊	田广一步，袤二百步，为畛，亩二畛，一佰（陌）道；百亩为顷，十顷一千（阡）道，道广二丈。恒以秋七月除千（阡）佰（陌）之大草[246] 九月大除[246]道及阪险	秋风至、树木凉、宦老……[73EJT8:64]
冬		十月为桥，修波堤，利津梁。	又世[六]日，天气始并，地气始藏，毋有天殃[六] 又世[六]日，日冬至，大寒之隆，毋作事，天地绝众，毋动之时也[七]	国多风 多螟虫 旱 水 初旱后水 不出三岁降如脊	十月为桥，修波（陂）堤，利津梁之时，虽非除道之时，而有陷败不可行，辄为之。乡部主邑中道，田主田道……[248]	

式，一方面是以感知物候以察四时，一方面也通过不断观测天象、四时的物候现象而反过来作用与调和人与自然、人与天地的关系。大到天子易服改制，小至芸芸众生的一口粮、水之食，皆当应时而行。

因不应时，或政令不从，都会导致产生一系列的"违令灾异"现象（以夏季为例，见表1.2）。《逸周书·时训》把全年分为七十二物候，记有每候五天的物候，是非常完善的物候历，并于北魏时附于当时历书。非常重要的一点，与《月令》《吕纪》《淮南子·时则》相比较，首先，《时训》已经以五日为一候，每节气三候，所以每年有七十二候；其次，若不应时产生的"违令灾异"皆是以一物候五日为周期的降灾，比较精密。目前的研究表明，二十四节气物候现象具有显著的周期性变化规律，每一候都会出现一种特定的物候现象，每一节气则包含三种不同的物候现象。尽管这些物候现象最初是针对中原地区而提出的，但它们对现代天文气象研究具有重要的学术价值和贡献。

《月令》《吕纪》《淮南子·时则》等月令文献是依月记载全年的物候历。《时训》篇的文本断代虽有争议，但笔者以为涉及物候的文本相对晚出，应该成于汉代。汉人重农时，且增添附会谶纬、五行之说，创造了中古以降对物候、时间和节气的感知方式。《氾胜之书》作为农学专书，也有以物候为标识来确定耕种时令的记载，如"杏始华荣，辄耕轻土弱土；望杏花落，复耕"，以杏花荣、落为耕种时令。从农学发展的历史上看，以物候定农事政令，促进了我国对动植物的研究和保护，也为后世文人提供了应时审美的绝佳欣赏角度。南宋浙学代表人物吕祖谦详细记述了南宋淳熙七年至八年（1180—1181年）金华地区的物候，其中包含了大量的植物讯期，还有对春莺初到和秋虫初鸣时间的记录。蜡梅、桃、李、梅、杏、紫荆、海棠、兰、竹、蓼、芙蓉、莲、菊、蜀葵和萱草等二十四种植物开花的节点，正与二十四节气相应，不失为一种浪漫而天然的时间观。

第四节 节气与阴阳五行说

一、五行时令的阴阳五行观

节气中的五行学说受到战国邹衍学派的阴阳五行思想影响，又以《淮南子·地形》"位有五材，土其主也。是故炼土生木，炼木生火，炼火生云（金），炼云（金）生水，炼水反土"的"五行相生"理论为基础。但事实上，对后世理解产生广泛影响的却是受到阴阳五行学说影响的董仲舒学说。史华慈（Benjamin I. Schwartz）称这一类阴阳五行宇宙观为"'中国式思维'之原始与本质性表达"或"中国式'思想结构'"中国政治制度的理想模式。[1]《春秋繁露·五行之义》云："天有五行：一曰木，二曰火，三曰土，四曰金，五曰水。木，五行之始也。水，五行之终也。土，五行之中也。此其天次之序也。木生火，火生土，土生金，金生水，水生木。此其父子也。木居左，金居右，火居前，水居后，土居中央，此其父子之序，相受而布。是故木受水，而火受木，土受火，金受土，水受金也。诸授之者，皆其父也；受之者，皆其子也。"[2]在特定的时代背景下，董仲舒因为政治统治、意识形态的需要而人为制定出阴阳相生、相克的顺序，并使之绝对化，《春秋繁露》正是这一阶段的作品。这是"三统说"产生的时代背景，此时的阴阳、刑德不可避免地成为一种政治手段和理政工具。董仲舒对阴阳五行的推演都伴随着其对"天人合一"思想的阐释，张岱年先生对董氏这类思想基本以"粗陋形式""非常粗浅""牵强附会""穿凿

---

[1] Benjamin I. Schwartz, *The World of Thought in Ancient China*, Cambridge, Mass.: Harvard University Press, 1985.

[2] 董仲舒著，苏舆撰，钟哲点校：《春秋繁露义证》，第321页。

附会"来评价，其思想体系整体上属于唯心主义哲学，且具有浓厚的宗教迷信色彩。[1]故本书讨论节气形成的阴阳五行逻辑，择取其中唯物主义和辩证思维的合理因素，加以利用。

周汉之际的历法变革与阴阳五行说是辅车相依的关系，但五行时令是不同于四时节令的独立系统。汉代之前，历朝历代所采用的历法各异，岁首不同。战国末期齐国人邹衍等倡立五行学说，论著终始五德之运。周德属火，水能胜火，当以水德替代火德。秦始皇一统六合，秦以水德代周德，遂变更历法，采用颛顼历，相应地改变正朔，已在积极改变历日制度。顾颉刚先生认为这是一种"五德终始"的正统循环之说[2]，即秦始皇改制依据的是"五德终始说"，故"衣服旄旌节旗皆上黑"。汉高祖于前206年冬十月至灞上，受秦王子婴降，遂西入咸阳；当时律令废弛，故少作变更，承袭秦制。最为明显的是汉初"袭秦正朔服色"，沿用了秦朝的服色制度，及至太初改历。汉武帝太初元年（104年）改历"以正月为岁首，而色上黄，官名更印章以五字，为太初元年"。除更换岁首外，其"色上黄"的变化是服色制度上也沿用"五德说"的体现。但董仲舒为了改历和正统需要提出"三统说"以改

1　张岱年：《中国哲学中"天人合一"思想的剖析》，《北京大学学报(哲学社会科学版)》1985年第1期，第1—8页。

2　顾颉刚：《五德终始说下的政治和历史》，顾颉刚主编：《古史辨》(第五册)，上海：上海古籍出版社，1982年，第404—617页；范文澜：《与颉刚论五行说的起源》，顾颉刚主编：《古史辨》(第五册)，上海：上海古籍出版社，1982年，第640—649页；童书业：《五行说起源的讨论》，顾颉刚主编：《古史辨》(第五册)，上海：上海古籍出版社，1982年，第660—669页；范毓周：《"五行说"起源考论》，艾兰、汪涛、范毓周主编：《中国古代思维模式与阴阳五行说探源》，南京：江苏古籍出版社，1998年，第118—133页。部分关于"五德终始"的研究都注意到"福""德"与五行、五音、五色等"数纪"概念的对应关系，还有一些甚至主要讨论这类概念与秦汉政治的问题，不一一赘述，近年来的相关新见可参考臧明：《近八十年"五德终始说"研究综述——从思想史视域的考察》，魏彦红主编：《董仲舒与儒学研究(第十二辑)》，成都：巴蜀书社，2021年，第663—679页。这种与政治结合的研究不失为了解从天象到人文社会之间关系的某种切入角度。

制，实际上是儒家理想化的制度，是董仲舒的假托而非真正的历史制度。"三统说"也是从"五德说"分化而来的，但历代帝王的改制并未完全遵循"五德说"或"三统说"，且不断随时改造。这两种改制方式本质上都是五行哲学的政治运用，更是时间政治的重要体现。

二、《逸周书·周月》所见阴阳五行说与三统观

从《逸周书·周月》篇可窥见这种将历法与正朔、五行相关联的思想内涵。《周书序》云："周公正三统之义，作《周月》。辩二十四气之应，以明天时，作《时训》。周公制十二月赋政之法，作《月令》。"

《周月》篇按照《周书序》的说法，是周公旦所作，但《周书序》之看法明显难以借鉴，更不能成为篇章写作时代的依据。此篇题取自最末句"是谓周月，以纪于政"，看似如小序存于文末的形态。在上一章讨论其文本类型时，已经发现是篇内容驳杂，可以将其文本大致分为三段：（1）"惟一月既南至，昏，昴、毕见，日短极，基践长，微阳动于黄泉，阴惨于万物"至"周正岁首[1]，数起于时一而成于十，次一为首，其义则然"。（2）"凡四时成岁，有春夏秋冬，各有孟仲季，以名十有二月，中气以着时应"至"天地之正，四时之极"。（3）"夏数得天，百王所同"至"是谓《周月》，以纪于政"。第（1）段分明以冬至为岁首，与《淮南子·天文》以斗柄划分四维以定四时的逻辑相近；第（2）段类似节纲文献，强调对纯粹的"政治历"的划分；而第（3）段更近于政治阐发，很有可能存在不同的来源。

此篇第（1）段以"惟一月既南至"开端似有周初天文星占文本特点，并且讲述周历的来源。虽然讲述了冬至是阴阳的转折之处，所

1　元刊本、静嘉本等诸本皆作"道"，从卢文弨校改为"首"。

涉或有"昴、毕"星象，但与清华简《四时》所见星象描述完全不同。第（2）段则分为四时十二月，并且存十二"中气"，且已经将十二中气之名列析：雨水、春分、谷雨、小满、夏至、大暑、处暑、秋分、霜降、小雪、冬至、大寒。此十二中气皆位于每月月中，已成系统，此系统与《汉书·律历志》顺序有差别。后者以惊蛰、雨水、谷雨、清明为序，所以若以中气论则应该是春三月中气"雨水、春分、清明"。《后汉书·律历》十二中气、二十四节气顺序与《时训》相同，但因以斗柄之象划分，仍由冬至始。清华简《四时》以天文历法分十二月三十七时[1]，并非以中气定月，而是以星象纪日，其中的三十七时从物候现象看与《时训》的二十四时差别较大。种种迹象说明，似乎《周月》第（2）段文本与《时训》篇一样有并非早于战国时期的说法。第（3）段则与天象、历法全无关系，其主旨似乎在强调天象之变，言说夏、商的历法与改正朔之间的政治关系。且出现了"改正朔""以垂三统"的概念。原文如下：

> ①夏数得天，百王所同。②其在商汤，用师于夏，除民之灾，顺天革命，改正朔，变服殊号，一文一质，示不相沿，以建丑之月为正，易民之视，若天时大变，亦一代之事。③亦越我周王致伐于商，改正异械，以垂三统。④至于敬授民时，巡狩祭享，犹自夏焉。是谓《周月》，以纪于政。

将第（3）段文本分为4句，其中第①句是指夏历，第②句指商汤对夏用兵，然后改正朔，正月建丑，第③句指武王伐商，改变正月，使用不同的礼乐器物，而延续夏、商、周三代的正朔，第④句指"民时""狩猎""祭享"等都仍旧依照夏历。此处提及了三种不同的正

---

1 子居认为清华简《四时》中的星象记述，当被视为一种理想化的推演，不可能作为实际的天象实录。见子居：《北大简〈雨书〉解析》，中国先秦史网站，2016年1月8日首发。

朔，以及两次正朔的变更。

"改正朔""垂三统"于战国以前文献并不常见，而今传本《逸周书》所见各篇也不存有"正朔"，也未见别篇言及"三统"，独见于《周月》篇。从新出文献看，如清华简《四时》亦不存"改正朔"的概念。当然这与文献的性质也有关系，《四时》本多记载星象与天文观测结果，并附有政令色彩。传世文献中，《礼记·大传》明言改正朔以变革的思想："立权度量，考文章，改正朔，易服色，殊徽号，异器械，别衣服，此其所得与民变革者也。"孔颖达疏："改正朔者，正谓年始，朔谓月初，言王者得政，示从我始改，故用新，随寅、丑、子所损。周子，殷丑，夏寅，是改正也。周夜半，殷鸡鸣，夏平旦，是易朔也。"[1]孔疏所言周历建子，以仲冬之月为正，以夜半为朔；殷历建丑，以季冬之月为正，以鸡鸣为朔；夏历建寅，以孟春之月为正，以平旦为朔，其本质与《周月》相近。以正朔改而变服，即变易服色，如《礼记·檀弓上》言"夏后氏尚黑……殷人尚白……周人尚赤"。因"正朔"而改易服色的概念相对也非战国以前说法，甚至更晚。而"殊徽号"又见于《礼记·大传》，孔颖达疏："殊徽号者，殊，别也。徽号，旌旗也。周大赤，殷大白，夏大麾，各有别也。"[2]《礼记·明堂位》言："夏后氏之绥，殷之大白，周之大赤。"无疑，改正朔、服色、徽号都是变革的具体体现。而《礼记》之说从时代上看是战国秦汉之间的增附之物。《礼记》对"改正朔""三正"之说的影响较大，但《礼记》成书时代也非常复杂。虽必然成书于战国与两汉之间，亦不能单以《礼记》的成书时代考证。

"三统"之说当是在"三正""正朔"观念基础上的发展。《尚书

1　郑玄注，孔颖达疏：《礼记正义》，第1002页。
2　同上。

大传》卷三"天有三统"，郑玄注"统，本也"。但"三统"之说应该是在"三正"基础上的演变，从汉时的"三统"观念考察，其注重强调先代圣王受命更嬗，遵循黑、白、赤三统循圈更替的规律运行，并匹配相应的政教符号，以应天命。这种论点不免让人联想起董仲舒的"三统说"，且此当与汉武帝时期的治经态度相关。汉武帝时"广开献书"之言，又广举贤良文学，董仲舒是在武帝锐意改善汉初黄老之学的统摄，而经书不全、解经体系不完备的情况下上书进言的。《汉书·董仲舒传》云："武帝即位，举贤良文学之士前后百数，而仲舒以贤良对策焉。"[1]其背景为：

> 道者万世亡弊，弊者道之失也。先王之道必有偏而不起之处，故政有眊而不行，举其偏者以补其弊而已矣。三王之道所祖不同，非其相反，将以救溢扶衰，所遭之变然也。故孔子曰："亡为而治者，其舜乎！"改正朔，易服色，以顺天命而已；其余尽循尧道，何更为哉！故王者有改制之名，亡变道之实。然夏上忠，殷上敬，周上文者，所继之救，当用此也。孔子曰："殷因于夏礼，所损益可知也；周因于殷礼，所损益可知也；其或继周者，虽百世可知也。"此言百王之用，以此三者矣。夏因于虞，而独不言所损益者，其道如一而所上同也。道之大原出于天，天不变，道亦不变，是以禹继舜，舜继尧，三圣相受而守一道，亡救弊之政也，故不言其所损益也。繇是观之，继治世者其道同，继乱世者其道变。今汉继大乱之后，若宜少损周之文致，用夏之忠者。[2]

1　班固著，颜师古注：《汉书》卷五十六《董仲舒传》，第2495页。
2　同上书，第2518—2519页。

董仲舒将先王政教谱系大致分为两种形态，即"继治世"和"继乱世"。"天人三策"则指禹以前圣王时代为治世，治世相因，笃志守道，政治无弊。而自禹以降三王时代为乱世，道有偏弊，故末年常有乱政之事。继起之王须作损益，以道之失，但是王道本身是"万世无弊"的。无论是"继治世"还是"继乱世"，王者始受命，皆当改正朔，进行象征性的仪式改造，明其受命于天，故正朔之改实为常道，当贯彻始终。其目的有二：一为"显扬天志"；二为"革民耳目"。[1]董仲舒《春秋繁露·三代改制质文》云："《春秋》曰：'王正月。'《传》曰：'王者孰谓？谓文王也。曷为先言王而后言正月？王正月也。'何以谓之王正月？曰：王者必受命而后王。王者必改正朔，易服色，制礼乐，一统于下，所以明易姓非继人，通以己受之于天也。"[2]可知董仲舒此论当本于《春秋》和《礼记》的思想，《春秋》于周春三月（即建子、建丑、建寅）每月书王，分别代表夏、商、周三王之正朔，此即所谓"三正说"。既体现出重本尊始的政教意涵，又溯其源当本于天道。

　　《周月》的行文，文辞上有同于《礼记》者。如"异械"《礼记》作"异器械"。但此类说法更接近董仲舒之时以一代之事，而一统天下的感应之说，即"夏数得天，百王所同"而后"商汤用师"，即《春秋繁露》所言"王者必受命而后王"，因此而当改正朔。整体观察，全篇的语言文字中定有汉儒加工演绎的成分，应是《逸周书》中编次较晚的篇章，但也保留了一部分战国及以前的思想特点，如"四时"的概念。前文已指出《周月》篇前半部分所言历法或为战国时物，然"天地之正"之后所论，与前文纯论历法有别，或为后人附益。以所论"三统""改正"之说观之，深受阴阳五行之说影响，其时代当在

1　高瑞杰：《汉代三统论之演进——从董仲舒到何休》，《哲学分析》2021年第3期，第93页。

2　董仲舒著，苏舆撰，钟哲点校：《春秋繁露义证》，第185页。

战国晚期乃至更晚，甚至于刘向、歆父子校书之时附录而成。

及至战国中期《管子》，时人始将"五行"和"四时"进行了彻底的融合，说明完整地建立五行与四时、二十四节气的关联性和系统性应该不早于战国时期，清华简《八气五味》仅是并存了不同的时令系统。秦汉简牍中存在大量将阴阳五行与日占、历书结合的情况，如北大汉简《阴阳家言》等篇。秦汉之间，节气、历法文献中存有阴阳五行的概念，已属寻常，但并非因其属太阳历而合五行。"五行"之说思想来源甚早，西周、春秋、战国用"五"已是流行。清华简拾壹《五纪》为鸿篇巨制，借托后帝之口，以五纪（日、月、星、辰、岁）、五算为中心，明确天地万物的常规和法度，其中具有明显的以五为数、为纪的思想倾向，但其逻辑与实际的天象历法相去甚远。而银雀山汉简《三十时》和《管子·幼官》虽也呈现出这一特点，但其节气系统相对完善，与节令系统也相合。《幼官》开篇："五和时节，君服黄色，味甘味，听宫声，治和气，用五数，饮于黄后之井，以保兽之火爨，藏温儒，行欧养，坦气修通。"[1]天文学史家以为《幼官》所记每一节气以十二天为周期，而三十节气总共以三百六十五日纪年，也符合太阳历性质。[2]李零先生对此指出：《玄宫》和《玄宫图》虽与彝族十月历有某些相似之处，即它们都应属于五行时令。但我们却不能认为它们与二十四节气所代表的时令系统在实际的历法应用上有根本不同。它们虽然在节气的天数分配上照顾到与五行相配，但实际所配季节仍然只有四个，与二十四节气仍有大致对应的关系，实际上并不是一种"以36天为一月，72天为一季，一年5季10月的历法"。[3]以此

1　黎翔凤撰，梁运华整理：《管子校注》，第135页。
2　陈久金：《阴阳五行八卦起源新论》，《自然科学史研究》1986年第2期；刘尧汉、卢央：《文明中国的十月太阳历》，昆明：云南人民出版社，1981年；陈久金、卢央、刘尧汉：《彝族天文学史》，昆明：云南人民出版社，1984年。
3　李零：《〈管子〉三十时节与二十四节气》，第23页。

为基础，指出银雀山汉简《三十时》的时节名、物候、框架等都"要比《幼官》更接近于二十四节气"[1]，可能从《幼官》发展到《月令》的状态与《三十时》有一定关联[2]。旧学"疑为孔子以前术数家作，其时远在邹衍诸人之前"之说，不能说毫无道理。二者同以三十为节，以五为纪，明显受到了战国时代的宇宙观和思想观的影响，但并不代表真正的节气系统和纪历逻辑是从阴阳五行说而来。

根据上文对《周月》的分析可知，其中依据天文物候制定节气、以日升月潜确定的朔望周期一直在不断细化直至稳定，并为人长期所用。《史记·太史公自序》记载："夫阴阳四时、八位、十二度、二十四节各有教令，顺之者昌，逆之者不死则亡，未必然也，故曰'使人拘而多畏'。夫春生夏长，秋收冬藏，此天道之大经也，弗顺则无以为天下纲纪，故曰'四时之大顺，不可失也'。"[3]二十四节气等节气系统的确立也经过了漫长的历法周期和认识阶段，最终广泛应用于人们的生产生活，上至历朝统治者，下至底层百姓，无不依从季节、时令的变化而生活作息。这种独特的生活方式在各个方面均留下很深的印记，在历代文献中也散发着耀眼的光芒。

司马迁强调无论是"阴阳""四时""八位""十二度""二十四节气"都各有体系，并且有内在各不相同的生成、发展逻辑。但都是"顺之昌""逆之亡"的"天下纲记"，"春生夏长，秋收冬藏"是其根本的精神纲要，甚至强调"四时之大顺"的概念。其重视程度，不得不引人深思。

1　李零：《读银雀山汉简〈三十时〉》，武汉大学简帛研究中心主编：《简帛（第二辑）》，上海：上海古籍出版社，2007年，第194—210页。

2　张固也：《论〈管子·幼官〉与〈幼官图〉》，《齐鲁文化研究（第三辑）》，济南：山东文艺出版社，2004年，第207页。

3　司马迁撰，裴骃集解，司马贞索隐，张守节正义：《史记》卷一百三十《太史公自序》，第3290页。

第二章 二十四节气起源的初步探究

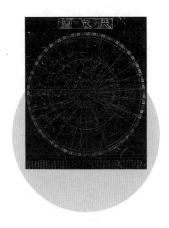

第一节　观天象、成四时

天象历法、授时之学一直被视作秘而不宣的王官之学。其学玄妙艰深，且能满足时王（当世政治统治者）和统治集团对祭祀、授时的政治需求，并对社会的生产、生活产生重要的指导意义。小至布衣其身的起居，大至家国天下的运行，整个社会的兴衰治乱无一不受到天象、节气的影响。冯时指出，人类在摆脱了原始的野蛮状态而进入文明之后，最早积累的知识体系只有三种，即天文学、数学和力学，这三大知识体系构建起了人类文明的基石。[1] 也正因为这三种知识体系直接服务于早期先民的生产和生活，所以具有较长的文明史。由于天文学知识决定着原始农业的出现与人类的生存，因而有着更为重要的意义，其产生本身就是为了更好地适应农业生产的需要。所以，节气的产生并不是一种偶然，而是先民对自然规律的掌握和总结[2]。但若要建立系统的节气观念，更好地指导和服务生产、生活，就必须熟悉历法、授时这类基础知识，所以我国先民花费了大量的时间观察、记录自然时序和四季变化，不断完善对天象的观测和认识。加之时王的高度重视，先民混沌的宇宙观逐渐通过观测星象、日影、月影，感知时间，体察物候而日臻成熟，对节气的划分必然愈发细致深入。

一、观天授时与时间政治

自古以来观象授时之法除地位显要，还具有鲜明的正统官营底

---

[1] 冯时：《中国古代物质文化史：天文历法》，第1页。

[2] 对自然规律的掌握得益于在原始农业生产实践中四季变化对农业耕作的决定性影响的深刻认识，节气历法体系的建立对精准掌握气候变化、探索太阳历非常重要。参见毕旭玲、汤猛：《重估中国二十四节气在人类历法体系中的地位》，《中原文化研究》2023年第1期，第96页。

色。《史记·天官书》云：

> 太史公曰：自初生民以来，世主曷尝不历日月星辰？及
> 至五家、三代，绍而明之，内冠带，外夷狄，分中国为十有
> 二州，仰则观象于天，俯则法类于地。天则有日月，地则有
> 阴阳。天有五星，地有五行。天则有列宿，地则有州域。三
> 光者，阴阳之精，气本在地，而圣人统理之。幽厉以往，尚
> 矣。所见天变，皆国殊窟穴，家占物怪，以合时应，其文图
> 籍禨祥不法。是以孔子论六经，纪异而说不书。至天道命，
> 不传；传其人，不待告；告非其人，虽言不著。昔之传天数
> 者：高辛之前，重、黎；于唐、虞，羲、和；有夏，昆吾；
> 殷商，巫咸；周室，史佚、苌弘；于宋，子韦；郑则裨灶；
> 在齐，甘公；楚，唐眛；赵，尹皋；魏，石申。[1]

司马迁认为"世主"对日月星辰的观测和记录非常重视，并逐
渐完善其体系。政治昌明则有三光之象，昏聩之世则天变无常，强调
"至天道命"的重要性，且专设官职传授其道，实指先秦时期已有天
文职官的设置。天文职官需要世传其业，如高辛之前的重、黎，唐尧
之时的羲、和等。但是这类职官的服务对象往往相对局限，多为"时
王"，可知这类学科和方法论都带有浓厚的官学色彩。除《史记·天
官书》外，《后汉书·天文志》《晋书·天文志》的相关记载皆明言
先民对日月星辰的观察由来已久，三皇五帝时代就已经有专司观测天
象的官员，星官之书至迟到黄帝时业已问世[2]。甚至在"仰则观象于
天，俯则法类于地"的时代，就能观测流星雨之类的天文异象，在
甲骨卜辞中已有明确记载，见于《甲骨文拼合三集》608（《合集》
17282+16124反+6017反）、《合集》11507、18649等。可以说，"夏商
时期，人们在长期的生活和生产活动中，逐渐积累了许多季候年岁方

1　司马迁撰，裴骃集解，司马贞索隐，张守节正义：《史记》卷二十七《天官书》，
　　第1342—1343页。
2　王子杨：《武丁时代的流星雨记录》，《文物》2014年第8期，第40页。

面的知识，已经由观象授时进入到'四时成岁'建立历法的阶段"。[1]

　　一般认为"四时"当指春、夏、秋、冬四季，但其实四季概念的出现较"四时"晚，由"四时"的含义分化而来。除"四时成岁"所指分至成岁外，还有如《左传》昭公元年"君子有四时：朝以听政，昼以访问，夕以修令，夜以安身"[2]所指的"朝、昼、夕、夜"；《礼记·孔子闲居》"天有四时，春秋冬夏"[3]之春、夏、秋、冬四季概念。商代和西周前期，一年只分为春秋两季，卜辞之中仅见春秋而无冬夏，如"更今秋。于春"（《合集》29175）一条，其中"更""于"为虚词相对，"秋""春"为实词相对。[4]春季相当于殷历的十月到三月（夏历二月到七月），秋季相当于殷历的四月到九月（夏历的八月到一月）[5]，故而将"春秋"喻为一年，古代编年体史料文献也称一年的周期为春秋。不过，商人已有对"日南"和"南日"的记载，有观点认为可能是"冬至"的雏形。[6]

　　"四时"的确立与立杆测影对四方和分至的揆度有关，本质是对二分、二至四个中气的测度。测定中气与四方方位的确定有关，方位概念的最早出现虽难以确定，但有把握说，东、西、南、北四方位的概念绝不会出现于人类的"童年时代"，而是人类智能与社会发展达到一定阶段的产物。[7]从文字记载看，甲骨卜辞中的四方等方位概念才开始明确。

1　宋镇豪：《夏商风俗》，上海：上海文艺出版社，2018年，第110页。
2　杜预注，孔颖达疏：《春秋左传正义》，第4394页。
3　郑玄注，孔颖达疏：《礼记正义》，第3510页。
4　陈梦家：《殷墟卜辞综述》，北京：中华书局，1988年，第227页。
5　常玉芝：《殷商历法研究》，第366—369页。
6　肖良琼：《卜辞中的"立中"与商代的圭表测景》，《科学史文集（第10辑）》，上海：上海科学技术出版社，1983年，第27—44页。
7　卢央、邵望平：《考古遗存中所反映的史前天文知识》，中国社会科学院考古研究所编：《中国古代天文文物论集》，北京：文物出版社，1989年，第8页。

相较之下，古人对温度和物候的认识、记录稍晚，历法渐趋周密后，才将一年（商人称岁）分为春、夏、秋、冬四季。此后，"四季"的概念依旧含混于"四时"概念中，但仍旧有文献记列其早期顺序为"春秋冬夏"，如《墨子·天志中》"制为四时春秋冬夏，以纪纲之"，《礼记·孔子闲居》"天有四时，春秋冬夏"等，这是春、秋概念早起，冬、夏晚出所致，但春、夏、秋、冬四季概念应不晚于春秋时期出现。[1]从仰观天象到俯察物候，"四时"既是社会的，也是政治的。它之所以具有社会性，是因为先民认知"时"的方向性、测量方式、均分意识皆具有历史和地理的双重特征。但"时"或者说节气、历法系统并不是日、时、月、年之间线性的递进。可以说，社会生活的时间秩序是由先民的思维结构和政治权威共同决定的，时间秩序与权力关系交织在一起，难以单一地去看待，此所谓"以纪纲之"。

先秦以前"四时"相关的材料众多，目前学界已能针对不同时代材料进行分析，且有相对成熟的认知。[2]以"四季"专门代指春、夏、秋、冬见于东汉蔡邕《月令问答》，而同时代《白虎通·四时》亦云：

> 岁时何谓？春夏秋冬也。时者，期也，阴阳消息之期也。四时天异名何？天尊，各具其盛者为名也。春秋物变盛，冬夏气变盛。春曰苍天，夏曰昊天，秋曰旻天，冬曰

1　西周金文中不存明显的春、夏、秋、冬四季之名，而《诗·唐风·葛生》"夏之日，冬之夜，百岁之后，归于其居"已出现夏、冬之名，《左传》隐公五年载臧僖伯所云："春蒐、夏苗、秋狝、冬狩"亦可为佐证。

2　近来吕传益、孙梦婷撰文表示先秦文献不同阶段对"四时"的理解有所不同，但学界研究尚未厘清，尚可商榷。事实上，对甲骨文中的"四时"，简牍帛书等"四时""时""节"研究已经表明学界并非从后起的"春夏秋冬"概念理解"四时"，而是根据不同文本的断代信息单独分析。且该文所引《礼记·孔子闲居》的引文有误，部分观点尚可讨论。详见氏著：《四时=四季吗？中国古代的四时春夏秋冬及其认知》，《自然辩证法研究》2023年第5期，第140—144页。

上天。尔雅曰"一说春为苍天"是也。四时不随正朔变何？

以为四时据物为名，春当生，冬当终，皆以正为时也。[1]

可见，东汉时期仍以"四时"指代春夏秋冬，依旧存在"四时""四季"混用的情况，难怪今之人亦不识。特此梳理"四时"相关文献，考察其内涵变化和形成过程。

二、考古遗存与"四时"观测

《尚书·尧典》（以下简称《尧典》）最早记载有仲春、仲夏、仲秋、仲冬"四时成岁"，依据赵庄愚的观点，其中"日中星鸟""日永星火""宵中星虚""日短星昴"的观测地纬有东南西北地域大范围之别，星象出现的真实年代当是距今4000年的夏代之初，《尧典》的下限应在距今4100—3600年，不能晚到夏末。[2]有了《尧典》的"敬授人时"，即所谓的"观象授时"，进而能进入"以闰月定四时成岁"建立历法的阶段。[3]《尧典》所载"四时"云：

乃命羲和，钦若昊天，历象日月星辰，敬授人时。分命羲仲，宅嵎夷，曰旸谷。寅宾出日，平秩东作。日中星鸟，以殷仲春，厥民析，鸟兽孳尾。申命羲叔，宅南交，曰明都。平秩南讹，敬致。日永星火，以正仲夏，厥民因，

---

1 陈立撰，吴则虞点校：《白虎通疏证》，北京：中华书局，2018年，第429—433页。

2 赵庄愚：《从星位岁差论证几部古典著作的星象年代及成书年代》，中国天文学史整理研究小组编：《科技史文集（第10辑）》，上海：上海科学技术出版社，1983年，第69—92页。

3 有观点认为《月令》所记"四立"祭祀自殷商"又出日""又入日"的典礼演变而来。《尧典》"出日""入日"只是天子祭日的礼仪，保留了殷商政治祭祀的特点，但与历法无直接关系。参见丁山：《中国古代宗教与神话考》，上海：龙门联合书局，1961年，第80—81页。

鸟兽希革。分命和仲，宅西，曰昧谷。寅饯纳日，平秩西成。宵中星虚，以殷仲秋，厥民夷，鸟兽毛毨。申命和叔，宅朔方，曰幽都。平在朔易。日短星昴，以正仲冬，厥民隩，鸟兽氄毛。帝曰："咨！汝羲暨和。期三百有六旬有六日，以闰月定四时，成岁。允厘百工，庶绩咸熙。"[1]

《尧典》这段记述尧将逊位于舜，命羲和依据天时而定历法的文本被李约瑟（Joseph Needham）评价为"中国官方天文学的基本宪章"[2]，盖因其监测观察"四时"，制定了系统的历法，以指导和约束先民的生产、生活，即所谓授"人时"。这一段明确初定了"仲春""仲夏""仲秋""仲冬"四时，且一年以三百六十六日为周期，以闰月调节年岁。《礼记·孔子闲居》："天有四时，春秋冬夏。"也指当时古人先体察天象，而定四时，此时四时已具有了四季的概念。《尧典》这一段的本质是总结先民智慧，托名帝尧的"天神"之尊[3]，言建设历法的重要性，通过对四方、日出、日入及鸟星、大火星、虚星、昴星等四种星的观测，以确定四时。王震中先生指出这段话既有史实的素地，也有神话成分，是"实""虚"结合的[4]。20世纪不断发掘的考古遗存，为了解古史传说提供了依循之迹。先民对"四时"还产生了更进一步的理解，主要体现在对天象的观察和宗教观念

1　孔安国传，孔颖达疏：《尚书正义》，阮元校刻：《十三经注疏》，北京：中华书局，2009年，第251页。
2　李约瑟：《中国科学技术史（第四卷　天学）》，北京：科学出版社，1975年，第42页。
3　童书业：《"帝尧陶唐氏"名号溯源》，顾颉刚主编：《古史辨》（第七册下），第1—29页；杨宽：《中国上古史导论》，上海：上海人民出版社，第124—135页；王震中：《三皇五帝传说与中国上古史研究》，《中国社会科学历史研究所学刊（第七集）》，北京：商务印书馆，2011年，后载入氏著：《重建中国上古史的探索》，昆明：云南人民出版社，2015年，第78—127页。
4　王震中：《重建中国上古史的探索》，第213页。

中对司分、司至四神的想象。[1]《尧典》中羲、和二氏各有两位管理分至四气的官员，且位处四方，这与对四神的记述不谋而合。考古遗存方面，与红山文化同时的安徽含山凌家滩遗址M4出土新石器时代玉器刻画了"四方八位"，说明时人已对"四方"有了明确的认识。

杞县鹿台岗遗址I号建筑物中东西南北"十"字形"通道"，山西襄汾陶寺遗址中用于天文观测的大型夯土建筑物"观象台"和圭尺等考古遗存反映出"钦若昊天，历象日月星辰，敬授人时"之实。

安徽含山凌家滩遗址玉刻图长方形片（采自《凌家滩玉器》图四）

---

1 河南濮阳西水坡仰韶文明属于距今第六千纪中叶的遗存，其具备相对综合的宗教、天文、人文内涵和思想体系。主表、主尺的发明提高了历法编算的精度。从西水坡本身的星象系统考察，先民们已经完成了对北斗、北极以及五宫体系的认识。西水坡时代直至殷商时期有三千年历史，传统天文学必然在这一阶段不断完备且愈发精准。参见濮阳市文物管理委员会、濮阳市博物馆、濮阳市文物工作队：《河南濮阳西水坡遗址发掘简报》，《文物》1988年第3期；濮阳西水坡遗址考古队：《1988年河南濮阳西水坡遗址发掘简报》，《考古》1989年第12期；冯时：《河南濮阳西水坡45号墓的天文学研究》，《文物》1990年第3期。

河南杞县鹿台岗遗址Ⅰ号建筑物中东西南北"十"字形"通道"形制特殊，根据挖掘报告可知其先以深褐色土夯筑台基，再以中间柱洞D1为中心，挖出东西、南北向的"十"字形"通道"槽，槽的内壁也用纯黄土泥涂抹，再用黄色、褐色花土夯筑"十"字形"通道"。这种工序繁复、用料讲究的工程并非随意涂抹建造，一定是时人刻意为之，其功能想必有独特意义，这即是早期观象授时的建筑物。[1]《诗·鄘风·定之方中》云："定之方中，作于楚宫，揆之以日，作于楚室。"朱熹《诗集传》谓之曰："揆，度也。树八尺之臬，而度其日出入之景，以定东西。又参日中之景，以正南北也。"[2]朱熹依凭《考工记》对《定之方中》作注。鹿台岗遗址Ⅰ号建筑遗迹中的"十"字形交叉点D1上原立有柱，它可以起到《考工记》所说的"槷"，即"臬"或"圭表"的作用。值得注意的是，鹿台岗Ⅰ号遗址无论是方形外室，还是圆形内室的"十"字形通道，都恰巧处于正南正北、正东正西的方位，而内圆外方的建筑构形也符合早期我国传统的"天圆地方"观念。无独有偶，红山文化时代的牛河梁遗址也已出现了一

1　王震中：《早商王都研究》，《中国社会科学院历史研究所学刊（第四集）》，北京：商务印书馆，2007年，第42—43页；又见氏著：《古史传说中的"虚"与"实"》，《赵光贤百年诞辰纪念文集》，北京：中国社会科学出版社，2010年；又见氏著：《中国古代国家的起源与王权的形成》，北京：中国社会科学出版社，2013年，第312—328页；又见氏著：《重建中国上古史的探索》，第211—212页。王先生依据《考工记·匠人》相关测量方式考证出鹿台岗Ⅰ号建筑遗迹中的"十"字形建筑物的测量方位的方法，并将其用法与《尧典》所载对应。譬如，将《尧典》中命令羲仲、羲叔、和仲、和叔分别所居的东、南、西、北遥远的四方，集中在四面观测点上，即把位于东方日出之地的旸谷、位于南方的南交、位于西方日落之地的昧谷、位于北方的幽都这四处遥远之地，收拢为同一建筑物中东南西北四面窗户上的四个观测孔，就像鹿台岗Ⅰ号建筑物中东西南北"十"字形"通道"所指示的观测点和观测孔一样。屋内"十"字形交叉点的柱子则可以视作观测点中心，其上需要标注刻度，则能够起到主表的作用。在正午时分测日影，更可判定节令，制定历法。
2　朱熹：《诗集传》，北京：中华书局，2017年，第40页。

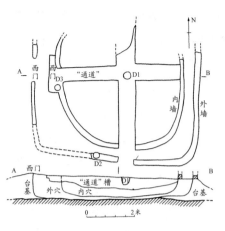

杞县鹿台岗龙山文化遗址I号遗址平、剖面图
（采自《豫东杞县发掘报告》图二〇）

方一圆，用于祭天的圜丘和祭地的方丘。[1]

《尧典》所言"日中""日永""宵中""日短"是通过观测太阳在一年中最为明显的变化所进行的表述，大致相当于二十四节气中的春分、夏至、秋分、冬至四节气，但其产生的具体年代尚不能确定。[2]其他的考古遗存，譬如早至新石器时代的河南舞阳贾湖和安徽蚌埠双墩遗址已经出现了"四方五位""八方九宫"的天地宇宙模式，虽然二分、二至这四个节点必须依靠立表测影才能准确获得，但当时的人们可能已经学会了借助候气的方法校验四气[3]。

山西襄汾陶寺遗址"观象台"的观测水平应该处于鹿台岗I号遗

1 辽宁省文物考古研究所编：《辽宁牛河梁红山文化"女神庙"与积石冢群发掘简报》，《文物》1986年第8期，第1页；冯时：《红山文化三环石坛的天文学研究——兼论中国最早的圜丘与方丘》，第9—17页；《红山文化三环石坛的天文学研究》，《中国天文考古学》，第464—480页；《古代天文学与古典数学》，《中国古代的天文与人文》（修订版），第286—343页。
2 董作宾先生曾举五事，援引诸说，判断四中星之观测年代，驳斥"《尧典》成于秦汉说"。卢景贵先生根据二十八宿宫度，推算《尧典》之记事的可靠性，并认为先民测定时的时间较早。详见董作宾：《〈尧典〉天文历法新证》，《董作宾先生全集》甲编第一册，台北：艺文印书馆，1978年，第39—60页；卢景贵：《高等天文学》，上海：中华书局，1933年，第11、68页。
3 冯时：《分至四气与四时》，《中国天文考古学》，第254—259页；《上古宇宙观的考古学研究——安徽蚌埠双墩春秋钟离君柏墓解读》，《中央研究院历史语言研究所集刊》（第八十二本第三分），2011年。

址之上，其功能与周时灵台近似，如《诗·大雅·灵台》一诗序言"灵台，民始附也"[1]。此观象台的时代大致在古史传说的唐尧之时[2]，跟《尧典》所述相关。天文学为官学的另一重要原因，与天文历法的观测研究需要特定的环境与设备密不可分。天文观测地点的选择与观测高台的修建也并非私学、私人之力能及。据传，夏代称其为"清台"，商代称作"神台"，周之时改称"灵台"。郑玄笺注《灵台》："天子有灵台者，所以观祲象、察气之妖祥也。"[3]可见，当时的观象台不仅有观测天象的作用，更具有一定神圣的政治功能，与天下平治息息相关。根据挖掘报告，在陶寺ⅡM22室内东南角发现一个"漆木圭尺'中'"，残长171.8厘米，复原长180厘米。[4]陶寺ⅡM22属于陶寺中期的大型贵族墓葬，其墓室主人很有可能是绝地天通的观象者，此说可以根据此墓其他随葬品进行推测。[5]此圭尺通身漆彩绘绿、黑相间的色段刻度，第1—11号色段总长39.9厘米，约40厘米，合1.6尺。发掘者认为此长度乃《周髀算经》记载的"地中"夏至影长，所以圭尺"中"与立杆（表）应该组合使用，正午时分测日影，以判定节令，制定历法。[6]在四方方位明确后，对二分、二至的纯熟掌握基础上，先民逐渐衍生出更加完备的节气概念。

1　毛亨传，郑玄笺，孔颖达疏：《毛诗正义》，第1128页。
2　冯时：《河南濮阳西水坡M45号墓的天文学研究》，《文物》1990年3期，第52—61页。
3　毛亨传，郑玄笺，孔颖达疏：《毛诗正义》，第1128页。
4　何驽：《山西襄汾陶寺城址中期王级大墓ⅡM22出土漆杆"圭尺"功能试探》，《自然科学史研究》2009年第3期，第261—276页；《陶寺圭尺补正》，《自然科学史研究》2011年第3期，第278—287页。
5　王晓毅：《从〈尚书·尧典〉看唐尧时代的天文观》，山西省考古学会、山西省考古研究所编：《山西省考古学会论文集（四）》，太原：山西人民出版社，2006年，第79页。
6　中国社会科学院考古研究所：《考古中华》，北京：科学出版社，2010年，第95—96页。

《尧典》中所见的"四时""四方"概念相对古老，相关的概念亦存见于甲骨卜辞之中。著名的"大龟版"《合集》14294及《醉古集》第73组（《合集》14295+3814+13034+13485+《乙》5012）+《北图》01514[1]等都记载了详细的四方风名。自1941年胡厚宣先生对卜辞四方风加以考证[2]，李学勤、饶宗颐、冯时等学者亦有跟进[3]，学界对商代四方观念的讨论于近年也有新的认识[4]。此外，四方风相关记载亦散见于《山海经》，且与《尧典》所载的四方位天文观相同（《尧典》称四方为四民），皆是对分、至四神的记述和尊崇。从新石器时代延续的分至四中气的历法已被商人继承[5]，并影响到后世对"四方""四季"的理解。相关统计，见表2.1。

　　陈梦家认为："殷四方帝，四个方向之帝，配四个方向之风，四方之帝名即四方之名。"[6]卜辞因祭四方之神而又及于四方之风，所以卜辞之风即为帝名。若从天象观测角度看，四方风名的出现体现了先民测度日影的过程，甚至可以测知二分、二至的具体日期[7]，但这种说法

1　此缀合即《醉古》073+《北图》01514，详见林宏明：《甲骨新缀第487例》，先秦史研究室网站，2014年6月4日，https://www.xianqin.org/blog/archives/4053.html。

2　胡厚宣：《甲骨文四方风名考》，《责善半月刊》1941年第19期，第2—4页。

3　李学勤：《商代的四风与四时》，《中州学刊》1985年第5期，第99—101页；饶宗颐：《四方风新义》，《中山大学学报（社会科学版）》1988第4期，第67—72页；冯时：《殷卜辞四方风研究》，《考古学报》1994年第2期，第131—155页。

4　蔡哲茂：《甲骨文四方风名再探》，《甲骨文与殷商史（第三辑）》，上海：上海古籍出版社，2013年，第166—188页；刘晓晗：《甲骨四方风研究的新进展与反思》，《中国史研究动态》2021年第4期，第24—39页；朱彦民：《甲骨文所见天下"四方"观念》，《殷都学刊》2022年第1期，第4—9页。

5　薮内清：《殷历に关する二、三の问题》，《东洋史研究》第15卷第2号，1956年。

6　陈梦家：《殷墟卜辞综述》，第591、589页。

7　常正光：《殷代授时举隅——"四方风"考实》，《中国天文学史文集》编辑组编：《中国天文学史文集（第五集）》，北京：科学出版社，1989年，第39—55页。

表2.1　甲骨文、《山海经》、《尧典》中四方、四方风统计

	东		南		西		北	
	东方	东风	南方	南风	西方	西风	北方	北风
《合集》14294	析	协	因	微	彝	柬	夗	役
《合集》14295+3814+13034+13485+《乙》5012+《北图》01514	析	协	迟	微	彝	柬	夗	役
《合集》30392					彝	[illegible]		
《合集》30393						[illegible]		
《合集》40550	析							
宇野藏四方风习字残骨		劦						
《山海经》	析	俊	因	民	夷	韦	鹓	狻
《尚书·尧典》	析		因		夷		隩	

还待商榷。常玉芝先生与日本学者池田末利的观点一致，认为甲骨卜辞中存在日至是有困难的，并对董作宾、屈万里等对“日至”材料的意见进行辨析。四方之神或主四时而配于四方，内寓方位、地域，是实际地名，是商代四个具有地望标位意义的地点。[1]冯时则认为四方风对应的并非是四季，而是分至四节。甲骨文中亦存在对二至的记录，但根据卜辞难以分辨是哪一“至日”[2]。而《尧典》序四方，以太阳为准，如“寅宾出日，平秩东作”“寅饯纳日，平秩西成”，纳日即入日。甲骨卜辞中已有祭出日、入日：“丁巳卜，又出日。丁巳卜，又入日。”（《合集》34163+34274）宋镇豪先生认为这种祭出日、入日是特殊的

1　宋镇豪：《夏商风俗》，第114页。
2　温少峰、袁庭栋：《殷墟卜辞研究——科学技术篇》，成都：四川省社会科学院出版社，1983年，第22页。

祭礼，是寓意太阳视运动，基点在日出和日落，重视东西轴线的方位观，有揆度日影定东西的意义，并且具有春、秋二分的意义。[1]甚至祭祀和揆度日影的祭地"宅嵎夷，曰旸谷"亦见于甲骨卜辞《屯南》2212，其"嵎"字作"淍"[2]，大致地域在今山东省境内[3]。《屯南》2232记载的"截"祭当属于揆度日影正方向之祭祀，仪式内容包括杀牲、焚燎、沉玉于河等，非常完整。可知，无论出日、入日是不是特定的春、秋二分，都足以说明殷商时人已经掌握了揆度日影的方法。

三、战国文献中的"四时"与"四神"

新出战国文献对认识早期古人对天象、四时的观察提供了便利。以长沙子弹库帛书（以下简称子弹库帛书）为例，已出现了四时和相对应的四神概念。子弹库帛书于1942年出土，出土地点是长沙东郊子弹库的王家祖山一座墓葬年代为战国中、晚期之交的楚墓[4]，帛书写作年代当以此时为下限。楚帛书为四方形，中间有两组文字，一组

---

1 宋镇豪：《甲骨文"出日"、"入日"考》，《出土文献研究》，北京：文物出版社，1985年；《夏商风俗》，第111、113页；温少峰、袁庭栋则从卜辞文例和先秦文献考察，认为卜辞中有关"至日"的记载，就是指"日至"，不仅"日至"称"至日"，测影以定日至也称"至日"，见于氏著：《殷墟卜辞研究——科学技术篇》，第16—26页；常正光认为出日、入日应是测日影、定四方、判知四时的天文、历法测量行为，见于氏著：《殷人祭"出入日"文化对后世的影响》，《中原文物》1990年第3期，第68—73页。

2 宋镇豪释此字为"淍"，后更为"淍"，见于氏著：《甲骨文中反映的农业礼俗》，《纪念殷墟甲骨文发现一百周年国际学术研讨会论文集》，北京：社会科学文献出版社，2003年，第364页；《夏商风俗》，第111页。

3 淍、嵎、塌（嵎又作塌，《说文》云："嵎夷在冀州阳谷，立春日，日值而出。"）三字可通，应属同地异写，其地当属于传统的观日地点。见宋镇豪：《夏商风俗》，第112页；中国社会科学院考古研究所、安阳市文物考古研究所编著：《殷墟新出土青铜器》，昆明：云南人民出版社，2008年，第26页。

4 湖南省博物馆：《长沙子弹库战国木椁墓》，《文物》1974年第2期，第36—44页。

八行，一组十三行，两组文字上下互倒，好比八卦的阴阳鱼，四边还有文字，并配有彩色绘图。[1]按照学界共识，目前基本将帛书内容分为甲、乙、丙三篇，中间八行为甲篇（或称《四时》《神话》），中间十三行为乙篇（或称《天象》），四边的文字与绘图称丙篇（或称《月忌》）。[2]甲篇《四时》具有明显的创始神话特点，讲述从混沌到创设天地的过程，其中伏羲、女娲创世，结合生子四人，"未有日月，四神相代"轮流执掌四时，此"四神"与甲骨卜辞中的"四方神"不同。卜辞"四方神"当是四方中气之神，"四中气"的历法与春秋两农季的历法并行不悖，但尚未互相结合。[3]

　　于省吾先生认为"四时"指春夏秋冬已到西周晚期。[4]至迟战国时已有较为系统的"四时""四神"认知，这种认知是对殷商时期历法的继承和发展，并且逐渐统合"四时""四方""四神"等相关概念。对这种概念的融合和加工整理可见于《管子·四时》篇，此时已专以"四时"称"春夏秋冬"，确与分至四中气有别。

　　郭店楚简《太一生水》亦记载了"四时成岁"的过程，从简文内容"阴阳复相辅也，是以成四时。四时复辅也，是以成沧（沧）热。沧（沧）热复相辅也，是以成湿燥。湿燥复相辅也，成岁而止"[5]，可以看

1　楚帛书的出土、收藏、研究详见曾宪通：《楚帛书研究述要》，饶宗颐、曾宪通编：《楚地出土文献三种研究》，北京：中华书局，1993年；李零：《长沙子弹库战国楚帛书研究》，北京：中华书局，1985年；《楚帛书的再认识》，《李零自选集》，桂林：广西师范大学出版社，1998年；董楚平：《中国上古创世神话钩沉——楚帛书甲篇解读兼谈中国神话的若干问题》，《中国社会科学》2002年第5期，第151—163、206—207页，后收入万斌主编：《我们与时代同行：浙江省社会科学院论文精选》，杭州：杭州出版社，2006年，第313—330页。
2　饶宗颐、曾宪通编：《楚地出土文献三种研究》，第303—306页。李零对甲、乙篇的定性不同，以甲篇为十三行，乙篇为八行。为阅读方便，即称其为《四时》。
3　冯时：《殷卜辞四方风研究》，第131—155页。
4　于省吾：《岁、时起源初考》，《历史研究》1961年第4期，第100—107页。
5　荆门市博物馆编：《郭店楚墓竹简》，北京：文物出版社，1998年，第125页。

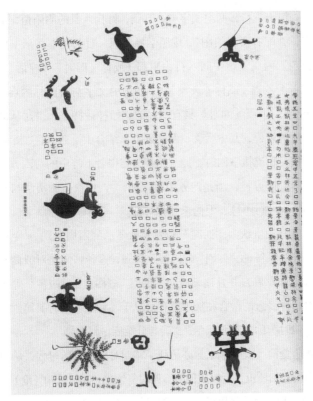

长沙子弹库战国楚帛书局部（现藏纽约大都会博物馆）

出，此处因阴阳相辅而成的"四时"仍是分至概念而非四季。郭静云认为"沧热"和"湿燥"对应"天气""节气"现象，在"四时"运行规律的基础上产生四季节气，宇宙由此终于达到"成岁"的状态。[1]

从分至"四时"转向季节"四时"，应该也在东周之时。清华简肆《筮法》第二十一节《四季吉凶》表明了四季对应的各个卦象有吉

1　郭静云：《郭店楚简〈太一〉四时与四季概念》，《文史哲》2009年第5期，第26页。

凶的区别，其文如下[1]：

清华简肆《筮法》简37—38：旾（春）：埜（来）巽
大吉，裻（劳）少（小）吉，艮羅（离）大凶，兊少（小）
凶。頾（夏）：裻（劳）大吉，埜（来）巽少（小）吉，艮
羅（离）屵=（小凶），兊大凶。【三十七】狀（秋）：兊大
吉，艮羅（离）少（小）吉，裻（劳）大凶，［埜（来）巽少
（小）凶。］各（冬）：艮羅（离）大吉，兊少（小）吉，埜
（来）巽大凶，［裻（劳）少（小）凶。］【三十八】

宽式隶定释文：春：来巽大吉，劳小吉，艮离大凶，

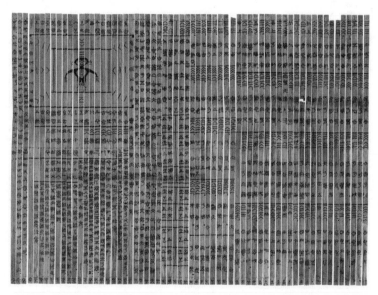

清华大学藏战国楚竹书《筮法》（现藏清华大学出土文献研究与保护中心）

1　为保留原简文信息和古文字结构形态，简文原文依整理报告原文，保留繁体。
为方便阅读，附宽式隶定于其后，下文体例相同。

兑小凶。夏：劳大吉，来巽小吉，艮离小凶，兑大凶。

秋：兑大吉，艮离小吉，劳大凶，［来巽小凶。］冬：艮离

大吉，兑小吉，来巽大凶，［劳小凶。］

李学勤先生整理释文并制表，如表2.2[1]：

表2.2　清华简肆《筮法》"四季吉凶"

春	夏	秋	冬	吉凶
震巽	坎	兑	艮离	大吉
坎	震巽	艮离	兑	小吉
艮离	兑	坎	震巽	大凶
兑	艮离	震巽	坎	小凶

清华简肆《筮法》已有"春夏秋冬"四季的概念。据表可知大吉"震巽"应春，"坎"应夏，"兑"应秋，"艮离"应冬。若与汉代卦气四正说相比，则"震""兑"位置相同，"坎""离"位置相对，但其位相反。《筮法》"坎"写作"裵"，即"劳"字，整理者认为："裵即劳字，卜辞金文等习见。"[2]今本《说卦传》曰："坎者水也，正北方之卦也，劳卦也，万物之所归也，故曰劳乎坎。"马国翰辑本《归藏》："李过曰：'谓坎为莘，莘者劳也，以为万物劳乎坎也。'黄宗炎曰：'坎为劳卦，故从劳谐声而省。物莫劳于牛，故从牛。'"[3]

1　因原表格遵循释文体例作竖排版，阅读顺序自右起，为阅读便宜改其阅读顺序自左起。

2　清华大学出土文献研究与保护中心编，李学勤主编：《清华大学藏战国竹简　肆》，上海：中西书局，2013年，第107页。

3　马国翰：《玉函山房辑佚书·归藏》，《续修四库全书》（第1200册），第482页上栏。

王辉认为劳、坎义近，《说文》："劳，剧也。"[1]廖名春先生据此释为长期辛劳使人忧愁，故劳有"愁"义；而坎为"陷"，遭遇重险，亦令人忧恨。劳与坎相通。从字形而言，"勞"的小篆字形，其上为焱，即"焰"的本字，似与火相关，与水关系不明显。《彖传》《大象传》《说卦传》皆以坎为水，但从卦爻辞考察，"坎"是"坎窞"，看不出有水义。而表达"险陷"这一卦义，并不一定要用水这一取象，用别的取象也是可以的。[2]

"四方""四时"概念亦见于清华简壹《祭公之顾命》"行四方"[3]，清华简《四时》篇的发布和整理则为了解"四时"提供了更为直接的文献证据。《四时》将一年分为十二月，出现了春夏秋冬，并按孟、仲、季进行排序，此"四时"既包括琼宇四维的空间概念，亦包括四季的时间概念。整理者以为此篇同时以"月"和"气"来划分各个时节，依照"气"的变化，以逢"七"之日为一节之始，一年共有三十七时。[4]《四时》中既有表示"年大时"的"四时"之"时"，也有表示"年小时"的"十二月"，此与《淮南子·天文》内容结构相匹配，亦与马王堆《禹藏图》一样皆有两套时间划分系统。李零先生指出"大时"采用四分制，"小时"采用十二分制，年、月、日皆可这样划分。[5]《四时》中岁星右行，从卯开始经子、酉、午，复至于卯，此为"大时"，属于"年大时"。北斗左行，从寅始，经卯、

1　王辉：《王家台秦简〈归藏〉校释》，《江汉考古》2003年第1期，第75—84页。

2　廖名春：《〈周易〉真精神》，第222页。此处值得思索，《筮法》其"坎"所取易象是火还是水？两种取象是否隶属于不同的学术派别，或有可能是因《周易》《归藏》之别而有不同？

3　蔡哲茂认为简文"型（刑）四方"当作"行四方"，即出行于"四方"等观点，见《读清华简〈祭公之顾命〉札记五则》，《简帛》2016年第2期，第53—62页。

4　黄德宽主编，清华大学出土文献研究与保护中心编：《清华大学藏战国竹简 拾》，上海：中西书局，2020年，第127—142页。

5　李零：《"式"与中国古代的宇宙模式》，《中国文化》1991年第1期，第13页。

辰、巳、午、未、申、酉、戌、亥、子、丑，复至寅，此为"小时"，属于"年小时"。但无论大、小，皆是对周期划分的强调。

如前所言，没有发明圭表、圭尺等测量工具之时，先民很难完成对方位和二分、二至的精确测定，遑论系统地认识"四时"概念，形成完整的四季观和原始历法。殷商之时，商王亲祭观测天象[1]，足见其重视，贞人在很大程度上也谙熟历法，便于记录。当时的历月是以观察月象为准的太阴月，其以朔望调整四时成岁，以朏即新月初见之日为月首，将历年长度固定在360~370天[2]。于职官层面，周人确有专司天象之官管理其事。《周礼·春官·冯相氏》："冯相氏掌十有二岁，十有二月，十有二辰，十日，二十有八星之位，辨其叙事，以会天位。冬夏致日，春秋致月，以辨四时之叙。"[3]周时从事观象治历、授时的官员有冯相氏、保章氏等官员。冯相氏"冬夏致日，春秋致月，以辨四时之叙"则指冬至、夏至时，应立表测日影，而春分、秋分时，当测月影，以观测"四时"的变化规律。在越发精确地测量和感应的基础上，周人逐渐形成了以"四时"指代"春夏秋冬"四季的自然观念。

1　囿于材料，殷商晚世的官联现象并不足以重构当时的天文官制，卜辞材料仅能作为推断，对商代的天文官制有初步的了解。详见冯时：《百年来甲骨天文历法研究》，北京：中国社会科学出版社，2011年。
2　常玉芝：《殷商历法研究》，第425页。
3　郑玄注，贾公彦疏：《周礼注疏》，第1767—1768页。

第二节　化四时为八节、十二节

　　与四时概念的建立过程相近，八节、十二节的概念均是逐步完善起来的，这种完善离不开周人对天象历法的推步[1]。传世文献中，《左传》"分、至、启、闭"，《管子·轻重己》"春始、春至、夏始、夏至、秋始、秋至、冬始、冬日至"等均以八节划分一年。《吕纪》已明确了立春、春分（日夜分）、立夏、夏至（日长至）、立秋、秋分（日夜分）、立冬、冬至（日短至）八个节气。八节分散于《吕纪》中与四季、十二月相配，应属较早形成的"四时八节"。且孟春纪有"蛰虫始振"，仲春纪有"始雨水"，孟夏纪有"甘雨至"，仲夏纪有"小暑至"，季夏纪有"甘雨［三］至"，孟秋纪有"凉风至"，仲秋纪有"白露降"，季秋纪有"霜始降"等近似节气名的物候现象，对完善二十四节气起到了引导作用。[2]直至《淮南子·天文》《逸周书·周月》《时训》的创作时代，二十四节气才划分明显，且名称完全固定。

一、出土文献中的八节——清华简《八气五味五祀五行之属》、银雀山汉简《三十时》、北大汉简《节》、胡家草场汉简《日至》

　　战国出土文献中其他与二十四节气相近的节气系统虽已出现对相应物候的描述，但并未见成熟而稳定的命名。清华简《四时》所载三十七时，似无专门的节气名称，其本质更接近战国时期对星象系统

1　张培瑜先生指出"西周中后期，历法进入推步阶段"，见于氏著：《中国先秦史历表　前言》，济南：齐鲁书社，1987年，第1页。

2　彭卫、杨振红著：《岁时节令》，《秦汉风俗》，上海：上海文艺出版社，2018年，第436页。

的记录，但因涉及风、云、雨等物候，皆与节气系统相关，故加以讨论。《四时》所载类似节气、物候的名称包括第一时"征风启南"、第四时"日月分"、第十时"南风启孟"、第十四时"日至于北极"、第十九时"北启寒"、第二十二时"日月分"、第二十八时"北风启寒"、第三十二时"日至于南极"八时。若以冬至日算岁首，则与二十四节气的冬至、立春、春分、立夏、夏至、立秋、秋分、立冬八节大致相当，除冬至、夏至完全对应外，其余诸节有五或十日偏差。[1]若从立春算岁首，则"征风启南"为立春、"南风启孟"为立夏、"北启寒"为立秋、"北风启寒"为立冬，其余四节有五或十五日的偏差。且《四时》虽记载了三十七时，但第三十七时仅存"卅=寺（时），日乃受舒（序），乃复（复）尚（常）"一句，此句似总结，与前文任一时行文皆有不同，尚存讨论空间。[2]

　　银雀山汉简《迎四时》出现了冬日至、春分等分、至气名，其简

---

[1] 这一时期的节气相关文献，并未出现真正合历的朔日干支，对每月所记节气、物候的日子相对模糊，故本书研究更近似于讨论节气的相对位置，根据不同材料进行推步。若涉及不同节气系统的时间节点对比，因材料抄写年代不一，具体某年时间不定，故本研究设置相对一致的时间起点，但无法与实际纪历合朔，特此说明。

[2] 某些学者观点相对果断，认为此三十七时与前三十六时行文差异较大，疑似书手讹抄。但根据整理者石小力先生言"第三十六时位于岁末，第三十七时位于岁初，二时相加为十日"，乃结合"日乃受序，乃复常"得出三十七时才受序，即回到朔日，当合三百六十，因不存其他证据说明此观象记录日数，可备一说。但第三十七时强调"日乃受序，乃复常"，《春秋繁露》云："天有五行：一曰木，二曰火，三曰土，四曰金，五曰水。木，五行之始也。水，五行之终也；土，五行之中也。此其天次之序也。木生火，火生土，土生金，金生水，水生木，此其父子也。木居左，金居右，火居前，水居后，土居中央，此其父子之序，相受而布。"此处受序应作依次、依序讲，若无抄写讹误，则三十六时到三十七时之间应是一个阶段回到岁首朔日。中间多少日数，还需看是否能够合历，若是合历则要解决余数的问题，这一阶段是十日还是有别的可能，尚不明确。笔者推测，特意强调三十七时受序，可能第三十六时仍为十日，第三十七时在平年为五日，在闰年为六日。董作宾以为卜辞中"十三月"就是"归余置闰法"的闰月，已是不争之论。但私以为三十六时皆言十日，而三十七时单独别行，位于岁末，当与金文所见"十三月"性质相类。参见董作宾：《殷历中几个重要问题》，《中央研究院历史语言研究所集刊》（第四本），1932年，第331—353页。

文残断，虽内容不全，但明确按四时划分全年。汉简中亦存其他节气名称，除时代相近的北大简《节》[1]篇已有明确的"八节"名称外，亦存"凉风至""大寒之隆"两称见于银雀山汉简《三十时》和《吕纪》，作"凉风""大寒之隆"，"白露降"见于清华简《八气五味》。北大简《节》相关简文宽式隶定如下：

> 日至卅六日，阳冻释，四海云至，虞土下，雁始登，田修封疆，司空修社稷，乡扫除【一】术，伐枯弇青，天将下享气。又卅六日，虾蟆鸣，燕降，天地气通，司空彻道，令关市【二】轻征赋。又卅六日，阴乃坏，降百泉，百泉始广大，利大宫室及道，以小为大。又卅六日，日【三】夏至，草木蕃昌，人主利居高明。又卅六日，凉风至，白露降，令圂氂，枸藩闭。又卅【四】六日，雷戒（臧）蛰，燕登，令暴布，微禁，始言盗贼，收敛会计。又卅六日，天气始并，地气【五】始藏，斩杀击伐，毋有天殃。又卅六日，日冬至，大寒之隆，毋作事，毋动众，天地气绝【六】之时也【七】。

> 凡阴阳行也，易出易入。日至卅六日春立，又卅六日日夜分。二月之时，阴阳相遇门【八】。又卅六日夏立，又卅六日夏至。又卅六日秋立，又卅六日日夜分。八月之时，阴阳复【九】遇门。又卅六日冬立，又卅六日冬至。凡七处。阳为德，阴为刑。十一月阳在室，阴在野【十】，阴执制行刑。阳居室卅日，以日至为主，前日至十五日，后日至十五日，而徙所【十一】居，各卅日。阴亦如是。故曰：阳生子，阴生午。阳在室曰藏，在堂弱，在庭卑，在门顺【十二】。[2]

---

1 北大汉简《节》简3云："孝景元年，冬至庚寅。"孝景元年，即汉景帝前元元年，简文称景帝谥云，说明书写年代在汉武帝即位以后。银雀山汉墓的年代在汉武帝元光元年后不久，与此时代相近。
2 北京大学出土文献研究所编：《北京大学藏西汉竹书 伍》，第39—40页。

《节》之篇题"节"题于简3背面，其文说明抄写者认为这篇内容当以四十六日为一节划分全年，并由此行令，其内容与阴阳刑德相关。北大汉简存《阴阳家言》一篇，其文论以四时为令，以气配德，论及君人之政，更近阴阳家之政论言说，而《节》篇虽有阴阳刑德色彩，但其令依月推行，更成体系。总的来说，明显此类阴阳之行，八节之说并未合历，更像是某种政治历的推演。与其时代相近的《淮南子·天文》、汝阴侯墓式盘、《灵枢·九宫八风》都对八节间的日数有所调整，避免以三百六十日纪年，让合计日数更接近回归年的日数，说明汉初以"节""气""四时"论政是一种普遍的方式，所用节气系统已经成熟，但也并不能证明这类文献与实际使用的历书文献完全相合。

所幸地不爱宝，胡家草场汉墓新出竹简中共计102枚涉及汉文帝后元元年（前163年）至元康二年（前64年）的节气干支[1]，为研究这一百年中的两分、两至、四立即"八节"提供了巨大便利。胡家草场汉墓《日至》的保存情况相对完好，且与《历》共同构成了完整的《历日》。《历日》分为《历》《日至》两卷，共计203枚简，每简长46厘米，宽0.7厘米，三道编绳，简背有刻画线，两卷形制基本相同。《历》用简101枚，简首正面书写十月至后九月的月份名，简背有卷题《历》，剩下100枚简皆有编号，1年1简，记载了100年间每月朔日的干支，与节气无关，这类历表或历谱是秦汉历书文献中比较常见的。汉简中对节气与干支相配的记载虽不完备和常见，但也提供了一些研究思路。随州孔家坡汉简景帝《后元二年历日》记录了"初伏、立春、中初、腊、冬至、夏至、出种"等时节。[2]银雀山汉墓武帝

1　荆州博物馆、武汉大学简帛研究中心编著：《荆州胡家草场西汉简牍选粹》，北京：文物出版社，2021年，第2、117—128页。
2　湖北省文物考古研究所、随州市考古队编著：《随州孔家坡汉墓简牍》，北京：文物出版社，2006年，第191—193页。

《元光元年历谱》于1972年挖掘出土，此历谱以十月为岁首，以表格形式记载汉武帝元光元年（前134年）全年历谱，除干支外还出现了一部分节气、时节名称：冬日至、腊、出种、立春、立夏、夏日至、初伏、中伏、立秋、后伏。[1] 连云港尹湾汉简《元延元年历谱》记录了立春、夏至、初伏、中伏、后伏、秋分、立冬、冬至、腊等时节。[2]《元延二年日记》记录了春分、夏至、中伏、后伏、秋分、立冬、冬至、腊等时节。[3] 胡家草场汉简《日至》用简102枚，第一枚简记录四立（冬立、春立、夏立、秋立）在一年之中的对应时间，简背书写元年刑德所居方位。第二枚简则正面书写"八节"名称，简背书写卷题《日至》，剩下100枚简皆于简首有编号，1年1简，记录100年间"八节"的干支。[4]

根据《荆州胡家草场西汉简牍选粹》公布的《日至》简可整理如下文：[5]

胡家草场汉墓竹简《日至》
简3929+2723+3880正

1　吴九龙释：《银雀山二号墓汉简释文》，《银雀山汉简释文》，北京：文物出版社，1985年，第233—235页。

2　连云港市博物馆、中国社会科学院简帛研究中心、东海县博物馆、中国文物研究所编：《尹湾汉墓简牍》，北京：中华书局，1997年，第127页。

3　同上书，第61—66页。

4　荆州博物馆、武汉大学简帛研究中心编著：《荆州胡家草场西汉简牍选粹　凡例》，第2页。

5　简序编联为整理者完成，相关释文可参考李忠林：《胡家草场汉简〈日至〉初探》，《江汉考古》2023年第2期，第100—101页。

简3923+2723+3880背：日至

简2752：冬立，十月至十一月；春立，十二月下旬正月上旬；夏立，四月至五月；秋立，七月。四时之分，常在四时中月之中。

简3923+2723+3880正：冬至，立春，春分，立夏，夏至，立秋，秋分，立冬。

简613：五　乙亥，庚申，丙午，壬辰，丁丑，癸亥，己酉，甲午。

简582：十四　壬戌，戊申，癸巳，己卯，甲子，庚戌，丙申，辛巳。

简2725：廿　癸巳，己卯，乙丑，庚戌，丙申，壬午，丁卯，癸丑。

简593：卅　丙戌，壬申，丁巳，癸卯，戊子，甲戌，甲申，乙巳。

简2728：卅六　丁巳，癸卯，己卯，甲戌，庚申，丙午，辛卯，丁丑。

简588：卅三　甲午，庚辰，乙丑，辛亥，丁酉，壬午，戊辰，甲寅。

简2730：六十四　甲申，庚午，丙午，辛丑，丁亥，癸酉，戊午，甲辰。

简566：八十一　甲寅，己亥，乙酉，辛未，丙辰，壬寅，戊子，癸酉。

简5621：九十　辛丑，丁亥，壬申，戊午，癸卯，己丑，乙亥，庚申。

汉文帝七年（前137年）十一月辛酉为冬至日，见于阜阳双古堆西汉汝阴侯墓占盘[1]。此地盘上还写有九宫之中的八个宫名和八节

1　王襄天、韩自强：《阜阳双古堆西汉汝阴侯墓发掘简报》，《文物》1978年第8期，第12—32页。

名称。值得注意的是，式盘不存"五"之数，且"五"对应的宫名为"招摇"，亦不见于地盘。天盘正中写有"吏招摇也"四字，表示"中宫"之名当为"招摇"。外围铭文自子位向西北维依次为：

冬至，汁蛰，四十六日废，明日立春。

立春，天溜，四十六日废，明日春分。

春分，苍门，四十六日废，明日立夏。

立夏，阴洛，四十五日，明日夏至。

夏至，上天，四十六日废，明日立秋。

立秋，玄委，四十六日废，明日秋分。

秋分，仓果，四十五日，明日立冬。

立冬，新洛，四十五日，明日冬至。[1]

太一九宫式盘于八节中各有九种变化，加上废日，共有近八十种不同状态。李学勤、孙基然、杜锋、张显成、程少轩等学者均已结合历代

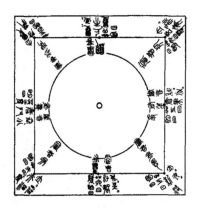

西汉太一九宫式盘地盘　安徽阜阳
双古堆西汉汝阴侯墓出土

1　王襄天、韩自强：《阜阳双古堆西汉汝阴侯墓发掘简报》，第12—32页。

研究，就太一九宫的运行方式进行了探讨[1]。"八节"每节应该为四十五天，其中存有五个废日，可知汉文帝七年（前173年）的纪历日数为三百六十五日。

二、"六节""八节""十二节"等较早形成的节气

地盘铭文及运行方式当与《黄帝内经·灵枢》中的《九宫八风》密切相关。但《灵枢》并未记载"八节"，仅有二至、二立、二分：冬至、立春、春分、夏至、立秋、秋分，此六节气各含六十一日，而岁实长度当为三百六十六日，似与《尧典》所记的岁实相合。安徽含山凌家滩玉圭版为"八节""八方""八风"之间的对应性提供了较早的实物依据。刘晓峰先生指出"八节"是"八风"的同构，都根源于一气周流的古代中国世界想象，都是其重要的有机组成部分。[2]据此，六节的来源值得思考，目前尚不清楚，姑且尝试推测。

《黄帝内经·素问》存《六节藏象论》《六微旨大论》《六元正纪大论》等篇以"六"为数。《六节藏象论》《六微旨大论》皆存岐伯答黄帝"六之节"问，体现以六为数的倾向和测度天象的方式。因

1　李学勤：《〈九宫八风〉及九宫式盘》，南开大学历史系先秦史研究室编：《王玉哲八十寿辰纪念文集》，天津：南开大学出版社，1994年，后收入氏著：《古文献丛论》，上海：上海远东出版社，1996年，第235—243页；孙基然：《西汉汝阴侯墓所出太一九宫式盘相关问题的研究》，《考古》2009年第6期，第77—87页；《〈灵枢·九宫八风〉"大、小周期"考辨》，《中国中医基础医学杂志》2010年第6期，第455—457页；《西汉太一九宫式盘占法及相关问题》，《考古》2014年第4期，第82—92页；杜锋、张显成：《西汉九宫盘与〈灵枢·九宫八风〉太一日游章研究》，《考古学报》2017年第4期，第479—494页；程少轩：《汝阴侯墓二号式盘太一九宫运行复原》，《出土文献》2020年第4期，第72—100、157页。
2　刘晓峰：《二十四节气的生成结构》，《中国农史》2021年第2期，第3页。

《黄帝内经》的成书过程相对复杂，其主体部分虽应成于汉代[1]，其所记载"六节"平分岁长的纪历方式是否比"八节"出现的时间更早或与其同时并存，以及是否能表现出一种更为古老的传统尚需讨论。

"六节"或"六气"均分除见于医书类文献外，还见于以六为数进行分栏，两月为一组，共享六十干支的新出秦汉历谱，包括周家台秦简、岳麓书院藏秦简历书、湖北关沮秦汉墓简牍历谱、随州孔家坡汉简历书、肩水金关汉简 T29117、尹湾汉简元延元年历书等。周家台秦简、岳麓书院藏秦简历书皆含 60 支干支简和 2 支月名简，分为 6 栏，每栏两月一组，自月朔日起依次书写干支。随州孔家坡汉简共 60 支简，每简简首依次书写六十个干支，下分 6 栏，每栏两月为一组共享六十干支，于月朔日干支下书写当月月名。肩水金关汉简 T29117、尹湾汉简元延元年历书皆为木牍形制，于一圈上书写六十干支，木牍两端各

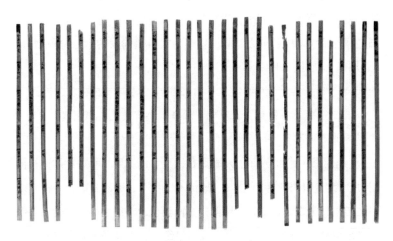

岳麓书院藏秦简《卅四年质日》

---

1 钱超尘：《内经语言研究》，北京：人民卫生出版社，1990 年。

书写各月朔日干支，分为奇、偶两组，并于对应干支上书写月名。

有学者认为这一类文献都是以六为节，属于"六气"的节气系统。[1]笔者认为，虽以上历谱皆以六或六十干支为记，但已经明确出现了十二月名，且分大小月。故不能排除这类系统皆以月划分，以每月中气定节。

"十二节"的由来大致有两种：以十二辰定，或以十二中气定。

"十二辰"指观天授时将天赤道带均匀地分为十二等分，称作"星次"：星纪、玄枵、娵訾（娵觜）、降娄、大梁、实沈、鹑首、鹑火、鹑尾、寿星、大火、析木。天赤道带的十二等分，故称"十二次"。若以十二地支来表示这十二次所对应的方位，则以玄枵次为子，星纪次为丑，析木次为寅，大火次为卯，寿星次为辰，鹑尾次为巳，鹑火次为午，鹑首次为未，实沈次为申，大梁次为酉，降娄次为戌，娵訾次为亥，合称十二星次，也就是以一个地支标识一辰。此说从郭沫若先生《释干支》而来，影响甚广，基本将《淮南子·天文》《汉书·律历志》《释名》之"辰"理解为对黄道周天的十二分段划分。《逸周书·周月》曰：

> 日月俱起于牵牛之初，右回而行。月周天起一次，而
> 与日合宿。日行月一次周天，历舍于十有二辰，终则复始，
> 是谓日月权舆。

《逸周书·武顺》有"天道尚右，日月西移"，可知日月运行的相对规律。《汉书·律历志》："故传不曰冬至，而曰日南至。极于牵牛之初，日中之时景最长，以此知其南至也。斗纲之端连贯营室，织女之纪指牵牛之初，以纪日月，故曰星纪。"[2]《汉书·天文志》："光

1　程少轩：《论清华简（捌）所谓"八气"当为"六气"》。

2　班固著，颜师古注：《汉书》卷二十一《律历志》，第984页。

道北至东井，去北极近；南至牵牛，去北极远；东至角，西至娄，去极中。夏至至于东井，北近极，故晷短；立八尺之表，而晷景长尺五寸八分。冬至至于牵牛，远极，故晷长；立八尺之表，而晷景长丈三尺一寸四分。"[1]以上记载皆与牵牛星有关，或有相近来源，可以对读。孙诒让言"一次"下并有"十有二次"四字，当据《玉烛宝典》补。[2]章宁以为恐非，"月"字或因上文"月周天"而衍，当作"日行一次周天"[3]。据此，此段是对日月运行的观测总结，以日、月皆从牵牛（牛宿）开始运动，向东（右）循环而运行。月运行一周则进一辰次，与太阳再次会合。太阳运行一月前进一辰次，每运行一周要前进十二辰次，直到结束又重新循环，这就是日月运行的新开始。显然《周月》以"辰"为节，是对日月运动周期的划分。《史记·封禅书》"陈宝节来祀"即以"十二节"祀，而《太史公自序》言"二十四节"，事实上也是对分段划分概念的接受，极可能是从十二辰对应而来。

"四时"是十二节的基础，十二节并不能从"八节"演化而来。"八节"之中四立为位于月首的"节气"，即立春、立夏、立秋、立冬。二分、二至为"中气"，位于仲春、仲夏、仲秋、仲冬四月之中，亦是四时之中。再由仲春之中"春分"将春三等分，得到启蛰、谷雨（或清明）二中气，由仲夏之中"夏至"将夏三等分，得到小满、大暑二中气，由仲秋之中"秋分"将秋三等分，得到处暑、霜降二中气，由仲冬之中"冬至"将冬三等分，得到小雪、大寒二中气，共计十二中气。虽为逻辑推演，但文献证据上这类中气之名字也相对早出。

启蛰见于《夏小正》《周礼·考工记》，由来较早，起源时间

1　班固著，颜师古注：《汉书》卷六《天文志》，第1294页。
2　孙诒让撰，雪克点校：《周书斠补》，《大戴礼记斠补》，济南：齐鲁书社，1988年，第119页。
3　章宁疏证，晁福林审定：《〈逸周书〉疏证》，第366页。

或与四立确定之时相差不远。《淮南子·天文》"雨水"后为"雷惊蛰","惊蛰"与雷相应。清华简《筮法》云"奚故谓之震？司雷，是故谓之震"，可理解以震卦对应于"启蛰"。清华简《四时》仲春日十七日"启雷"盖也缘于以雷发声而得其节名，其时当与"启蛰"，即"惊蛰"相当。银雀山汉简《禁》已有"启蛰不杀"之称，与"启蛰"物候有关。北大汉简《雨书》称二月"旬五日，雨。不雨，蛰虫青，羊牛迟，民有几（饥）事"[1]，即言惊蛰之时蛰虫应雨。

大暑、处暑之近称见于《幼官》，称为"大暑至""中暑""小暑终"。银雀山汉简《禁》有"大暑"之名，《三十时》为"凉风"，与北大汉简《节》之"凉风作"相应，其"暑大至"之时则介于小暑、大暑之间，稍有偏差。清华简《四时》称为"暑藏""追暑"。处暑之名北大汉简《雨书》称为"辟暑"。辟，即诛也，除也。《左传》襄公二十五年云"各致其辟"，杜预注："辟，诛也。"《墨子·备蛾傅》云"敌人辟火而复攻"，孙诒让引《小尔雅》诂云："辟，除也。"处，则止也。《诗·召南·江有汜》云"其后也处"，毛传云："处，止也。"除、诛、止，皆可表结束，终止之意。其义相近，时节相近，但是一节。

霜降之名已见于清华简《四时》，称之"白霜降"，介于寒露、霜降之间。北大汉简《雨书》九月"［朔氏］，雨，以出芒华，下霜"，此时介于寒露与霜降之间，用名相近。

小雪对应《幼官》的"小榆""中寒"（见表2.6），清华简《四时》大致为"北风启寒""白雨"。大寒与《幼官》的"大寒终"相当，银雀山汉简《三十时》称之为"冬没"，清华简《四时》有"追寒""关寒"之称，若皆以冬至为岁首，则《四时》"追寒"结束则是二十节气的"大寒"开始，两者时间相近。

由十二中气而定十二长，长即以节度量也。《仪礼·士冠礼》："缁带素韠"，郑注"长三尺"，陆德明释文作："凡度长短曰长。"

1　北京大学出土文献研究所编：《北京大学藏西汉竹书　伍》，第79页。

《集韵·漾韵》："长，度长短曰长。"可见四时划分，三分其度量，成十二节。故董仲舒《春秋繁露·官制象天》云："故一岁之中有四时，一时之中有三长，天之节也……如天之分岁之变以为四时，时有三节也。天以四时之选与十二节相和而成岁。"[1]"三长"即三段[2]，即以三节分四时，四时三长，共"十二节"，与《史记》记载相近。《后汉书·律历》记录精细地测定十二次，可测出每一次的"初"与"中"。[3]"其步以黄道月名：天正十一月、十二月、正月、二月、三月、四月、五月、六月、七月、八月、九月、十月；冬至、大寒、雨水、春分、谷雨、小满、夏至、大暑、处暑、秋分、霜降、小雪。"[4]此十二节气名为当时月名，可见由每月中气而得名。《逸周书·周月》中所见十二中气与此次序相同。十二中气的完备应是二十四节气形成的基础。正如《后汉书·律历》所言"中之始［曰］节，与中为二十四气"，十二"节"和十二"中"，合称为二十四气。在确定八节、十二中气的基础上逐渐完善形成了二十四节气。

三、清华简《八气五味五祀五行之属》八气、六气之辨

清华简捌《八气五味五祀五行之属》篇，据整理者说明："本篇由七支简组成，简长约四十一.六厘米，宽约〇.六厘米。据简背划痕，第三、四简第四、五简之间有缺简，其他基本完整。原无序号，无标题，现题据文意拟定。本篇据内容可分为四组：第一组是一年中八个节气的推算，与传统的二十四节气不同；第二组讲酸甘苦辛咸五味的功效，相关内容见于《黄帝内经·素问》等古医书；第三组是五

---

1 董仲舒著，苏舆撰，钟哲点校：《春秋繁露义证》，第218—219页。
2 有观点认为此"三长"为"三辰"，长为辰字讹形，虽有道理，但尚无版本依据。见辛德勇：《话说二十四节气》，第76—77页。
3 盛立芳、赵传湖：《二十四节气形成过程——基于文献分析》，第135页。
4 范晔撰，李贤等注：《后汉书》志第三《律历下》，第3073页。

祀、五神与五行的相配；第四组讲述木火金水土五行各自的特点。"[1]
此篇中节气简为一类，而五味、五神、五祀、五行为另一类，但从抄录性质看，此篇似乎并不成体系，更近似对当时相对定型的时俗、纪节知识的传抄和汇集。其涉及节气的简文转录如下：

清华简捌《八气五味》简1—3：自各（冬）至以篝（算）六旬𥷯（發）歖（氣），自𥷯（發）歖（氣）之日二旬又五日木歖（氣）渴（竭），進退五日。自渴（竭）之日三旬又五日甘霎（露）降。自降【一】之日二旬又五日屮（草）歖（氣）渴（竭），進退五日。自屮（草）歖（氣）渴（竭）之日二旬又五日不可以叟（稱）火。或戈（一）旬日南〈北〉至，或六旬白【二】霎（露）降，或六旬霜降，或六旬日北〈南〉至。【三】[2]

宽式隶定释文：自冬至以算六旬发气，自发气之日二旬又五日木气竭，进退五日。自竭之日三旬又五日甘露降。自降之日二旬又五日草气竭，进退五日。自草气竭之日二旬又五日，不可以称火。或一旬，日南〈北〉至，或六旬白露降，或六旬霜降，或六旬日北〈南〉至。[3]

整理者赵平安先生已经指出这套八节气系统与二十四节气不同，但其注释简略，仅将"发气"与"立春"相对应，并认为"《管子·玄宫图》作'地气发'，《吕氏春秋·孟春纪》作'地气上腾'"。整理者此说应想强调"发气"对应的是二十四节气之"立春"，与

---

1 李学勤主编，清华大学出土文献研究与保护中心编：《清华大学藏战国竹简 捌》，上海：中西书局，2018年，第157页。

2 同上书，第158页。

3 两处"进退五日"整理者皆与上句断开，根据测算当与"木气竭""草气竭"相连，乃与历合。

《管子》"地气发",《吕纪》的"地气上腾"表述大致相当,还可能与清华简《四时》"青气"相似。但《吕纪》孟春"是月也,天气下降,地气上腾,天地和同,草木繁动"是相对宽泛的概念,且是"四时八节"的均分系统,孟春出现立春之名,位于月首,而仲春出现日月分(春分)则位于月中,季春则不见节气名称,可知《吕纪》当以二节平分一季,而《八气五味》之八节并未均分四时。整理者以为将"甘露"对应为"谷雨",则应以"发气"为"立春",推演对比即知此说可榷,程少轩已经指出[1],推步表格见表2.3。整理者以为"日南至"当为"日北至","日北至"当为"日南至",南北颠倒。辛德勇、程少轩皆认为简文"日南至""日北至"未必有误,此说值得参考。《灵枢·九针论》《针灸甲乙经》等文献中有"夏至丙午""冬至壬子"的说法,而"丙午"在式盘和星图盘上实则位于南,"壬子"在式盘上位于北,如苏州石刻星盘图。从式盘、天文星图的模型方位考虑,如果观察角度或者设计的天文观测模型不同,是可以存在"日南至"解释为夏至、"日北至"解释为冬至的情况的。李零先生对"式盘"的定义和解析它所代表的原始思维值得重视:古式虽为与天文有关的考古实物,但其重要性却并不在于天文或考古方

苏州石刻天文图(现藏苏州碑刻博物馆)

1　程少轩:《论清华简(捌)所谓"八气"当为"六气"》。

面，因为它既不是真正的天文仪器，也不是典型的考古器物，主要服务于思想层面，从方向上看是上北下南和上南下北并存的。节气系统和这类器物的图式逻辑都表达出一种相当抽象的思维模式，即可从任何一点做无穷推演，是"古人推验古今未来，配合禁忌，模拟机遇，沟通天人，指导人们的一举一动"的时间依据。

这也足以说明战国时人的历法观是综合的，并非强调对历日日数的线性划分。辛德勇、程少轩先生讨论此篇时皆以为节气系统划分与太阳周年的日数有关，本章第一节讨论"节气"时已经提及汉以前的天象观测本质上是对空间的综合观测，时间的精密观测是逐渐形成的。在讨论先秦两汉的新出文献时尤其需要注意这类材料是对空间、时间不同系统的记述，并应该在一定程度上进行区分。

"草气竭""木气竭"两节的表述虽与"发气"等称名有差别，但本质上也不属于对物候的描述，而是对"发气"之"气"状态的描述。辛德勇先生认为此篇绝不属于节气系统，而是物候记录。[1]事实上，以物候现象定名节气也较为常见，北大汉简《雨书》简12："二旬二日奎，雨，以奋草木，草木莭（节），岁乃大孰（熟）。"同篇还有"草木心（浸）""草木有殃"等词，皆以形容草木状态。"节"即"时"也，《左传》僖公十二年"若节春秋来承王命"，杜预注云："节，时也。"《周礼·春官·鬱人》"诏裸将之仪与其节"，郑玄注云："节，谓王奉玉送裸早晏之时。"《史记·五帝本纪》"节用水火财物"，张守节正义云："节，时节也。"《雨书》此说为五月二十五日，近夏至日，有雨，则草木茂盛，"岁乃大孰（熟）"，一年中最繁盛的时节。故以草木状态表示时节，并不少见。且"起气为风"，对

1　辛德勇：《清华简所谓"八气"讲的应是物候而不是节气》，《天文与历法》，第111页。

四方风、八方风的观测以划分一年也是古已有之的常例,《史记·律书》《淮南子·坠形》《吕氏春秋·有始览》中皆有对"八风"的解释和定义,还将其余"八殥""八纮""八极""八神""九野"等概念相配。《灵枢·九宫八风》则直接将风雨状态与太阳运行应时相勾连。银雀山汉简1743"【·四】时,卅八日,四时,凉风",简1744"【·八】时,九十六日,八时,霜气"皆以物候表征标注时节,还有《逸周书·周月》《时训》的"雨水""霜降"等皆说明对天象物候的概括与节气名称直接相关,辛说可榷。

在其正文评论区处,程少轩又补充了本属《黄帝内经》的《六微旨大论》[1]以论证"六气"系统的存在是可能的,周硕从此观点。笔者以为这一观点尚可讨论。首先,《八气五味》原文本有"八气",名称、节点清晰,径改"八"为"六",有失偏颇,当从整理者意见;其次,各节气系统不一,因节气系统产生的地域气候差异、物候不同,同类物候现象的发生时节亦不相同,节气本为指导农事和社会活动而产生,各地农政因时而动,强调的时间节点因南北时间差异,存在不同实属正常,不应随意改动节气结构;最后,认为此篇以"六气"为基础是为与二十四节气相匹,但"八气"本就与"三十时""三十时节"相匹,详见表2.3的比较和阐述。故改"八气"为"六气"尚可讨论,暂从整理者说。

依据推步测算,《八气五味》的"八气"节点可依原文在"发气"进五日,在"甘露降"退五日,则与银雀山汉简《三十时》日冬至、六时、八时、春没、柔气、六时、日夏至、秋没八时恰合,若依整理

---

1 程文误以为引文出自《黄帝内经·素问·至真要大论》,篇名有误。周硕撰写其博士论文《战国秦汉出土时令类资料辑证》引用程氏观点时,亦没有核对原文,引此篇时篇题仍旧错引,并将其归入"六气"时令,但未见补充新见和其他"六气"时令文献。

表2.3　《八气五味》《三十时》与早期二十四气比较*

	清华简捌《八气五味五祀五行之属》	银雀山汉简《三十时》	二十四气
12—23	冬至	日冬至	冬至
24—35		大寒之隆	小寒
36—47		冬没	
48—59		作春始解	大寒
60—71		少夏起	立春
72—83	发气	六时	启蛰
84—95		华实	雨水
96—107		八时	
108—119	木气竭97	九时	春分
120—131		中生	谷雨
132—143	甘露降	春没	清明
144—155		始夏	立夏
156—167		柔气	
168—179	草气竭157	十四时	小满
180—191		十五时	芒种
192—203	日北至	余三天 日夏至	夏至
204—215		乃生	小暑
216—227		夏没	大暑
228—239		凉风	
240—251		五时	立秋
252—263	白露降	六时	处暑
264—275		七时	白露
276—287		霜气	秋分
288—299		秋乱	寒露
300—311		十时	
312—323	霜降	秋没	霜降
324—335		寒	立冬
336—347		贼气	小雪
348—359		闭气	大雪
360—11		十五时	
360—366		余三天	

（总计366日）

*此表统计银雀山汉简《三十时》节气名称见本章第四节梳理所得，根据原释文有所校订，《三十时》日冬至从孟春月第十二日开始计，故调整清华简《八气五味》和二十四节气系统亦从十二日开始计算。二十四节气当以改历前岁首为"冬至"，"启蛰"（"惊蛰"）于"雨水"前，"谷雨"于"清明"前计算，据《汉书·律历志》"惊蛰，今日雨水，于夏为正月，商为二月，周为三月。……雨水，今日惊蛰"当以二十四节气系统早期面貌，即二十四气系统以比较。

者以为"甘露降"为"谷雨"与二十四节气相配其实也非常勉强，以推算与二十四节气相合须于"木气竭"处进五日，于"草气竭"处退五日，"发气"与"启蛰"相应，"木气竭"相当于"春分"，"甘露降"为"谷雨"后五日，但此两节气系统不能完全应合，非属同一系统。具体对比情况，见表2.3。

《史记·律历》亦称"八节"为"八正"，即"律历，天行五行八正之气，天所以成孰万物也"。在此之前已存在各种变化，北大简《节》、清华简《八气五味》《四时》都说明在秦汉以前除均分的八节外，还存在不等分的八节系统。历经《吕纪》的八节定名，直到《周髀算经》称其为"八节二十四气"，说明八节系统经历了长期的变化。因与人们的生活息息相关，且直接作用于农事，"八节"的使用和称名延续甚长。敦煌文献 P.2675《唐太和八年甲寅年历日》中就记载：

> 夫为历者，自故常规，诸州班（颁）下行用，尅（克）定四时，并有八节。若论种莳（时），约□行用，修造亦然。恐犯神祇，一一审自祥（详）察，看五姓行下。沙州水总一流，不同山川，惟须各各相劝，早农即得善熟，不怕霜冷，免有失所，即得丰熟，百姓安宁。[1]

"尅（克）定四时，并有八节"此时已经近似文书成辞，有套话之嫌，但仍旧说明以"八节"指代节令对当时社会生活的影响。《唐太和八年甲寅年历日》是吐蕃时期敦煌自编的本土历日，与中原历日比较则更显粗糙。若将这一历日结合"沙洲水总一流，不同山川"的实地情况，更能指导敦煌本土农业生产活动，方能实现不违农时、五谷丰熟、百姓安宁的初衷。[2]

---

1 图版见《法藏敦煌西域文献》（第18册），上海：上海古籍出版社，2001年，第129页；录文参见邓文宽录校：《敦煌天文历法文献辑校》，南京：江苏古籍出版社，1996年，第140页。
2 朱国立：《晚唐五代宋初节日研究》，博士学位论文，兰州大学，2022年，第168页。

第三节 "启""闭"、岁首与改历、易服

一、启、闭与四立

先民对二分、二至"四时"的感知和认识是较早的，而对四立的认知会比"四时"相对晚一些。认为四立的来源与启、闭有关的材料始见于《夏小正》《左传》。

> 《夏小正》:"正月，启蛰。言始发蛰也。雁北乡。先言雁而后言乡者何也？见雁而后数其乡也。乡者何也？乡其居也，雁以北方为居。何以谓之为居？生且长焉尔。'九月遰鸿雁'，先言遰而后言鸿雁何也？见遰而后数之则鸿雁也。何不谓南乡也？曰：非其居也，故不谓南乡，记鸿雁之遰也。如不记其乡，何也？曰：鸿不必当小正之遰者也。雉震呴。震也者，鸣也。呴也者，鼓其翼也。正月必雷，雷不必闻，惟雉为必闻。何以谓之？雷则雉震呴，相识以雷。鱼陟负冰。陟，升也。负冰云者，言解蛰也。"[1]

正月以启蛰为信号，以发蛰作为春之信号，从《夏小正》记录可知，但此时是否已经将启蛰作为一个节名还需讨论。《左传》记载"启蛰""闭蛰"见于四处：

> 桓公五年："凡祀，启蛰而郊，龙见而雩，始杀而尝，闭蛰而烝。"[2]

> 僖公五年："辛亥朔日南至。公既视朔，遂登观台以望。

---

1 王聘珍，王文锦点校：《大戴礼记解诂》，第24—26页。
2 杜预注，孔颖达疏：《春秋左传正义》，第3796页。

而书，礼也。凡分、至、启、闭，必书云物为备故也。"[1]

襄公七年："夫郊祀后稷，以祈农事也，是故启蛰而郊，郊而后耕。"[2]

昭公十七年："玄鸟氏，司分者也；伯赵氏，司至者也；青鸟氏，司启者也；丹鸟氏，司闭者也。"[3]

杜预注僖公五年云："分，春、秋分也。至，冬、夏至也。启，立春、立夏。闭，立秋、立冬。云物，气色灾变也。"[4]分为春、秋分，至为冬、夏至，是相对确定的。但启、闭概念在《左传》中并未以立春、立夏、立秋、立冬而明言。杜预所说不足以为确证。根据桓公五年所载可知"启"即"启蛰"，"闭"即"闭蛰"，"启蛰而郊"则应为春之郊祭，而"闭蛰而烝"确属冬之祭礼。《礼记·王制》："天子诸侯宗庙之祭，春曰礿，夏曰禘，秋曰尝，冬曰烝。"郑玄注："此盖夏殷之祭名，周则改之，春曰祠，夏曰礿。"[5]董仲舒《春秋繁露·四祭》："四祭者，因四时之所生孰，而祭其先祖父母也。故春曰祠，夏曰礿，秋曰尝，冬曰烝……祠者，以正月始食韭也；礿者，以四月食麦也；尝者，以七月尝黍稷也；烝者，以十月进初稻也。"[6]由此可知《左传》所言"启蛰""闭蛰"时间上一近于立春，一近于立冬。但仅知启、闭四者其二，那么剩下的两个启某、闭某则应分属立夏、立秋，但《左传》中并不见此两者之名。

北大汉简《节》简4—5："又卅六日，凉风至，白露降，令圂彘，枸藩闭。又卅【四】六日，雷戒（骇）蛰，燕登，令暴布，做禁，始

1　杜预注，孔颖达疏：《春秋左传正义》，第3893页。
2　同上书，第4206页。
3　同上书，第4524页。
4　同上书，第3893页。
5　郑玄注，孔颖达疏：《礼记正义》，第2891页。
6　董仲舒著，苏舆撰，钟哲点校：《春秋繁露义证》，第406—407页。

言盗贼，收敛会计【五】。"[1]秋立之时"枸藩闭"，秋分之时"雷戒（馘）蛰"。枸藩，整理者认为即"弯曲的藩篱"。邬可晶指出"枸藩闭"、简40"藩垣不可坏也"、简45"高藩"之"藩"，字形不从"氵"而从"扌"。藩篱之"藩"，当为从"蘠（墙）"省（"藩""墙"义近）、"番"声之字。则可理解为要紧闭高墙，有闭塞之义。戒蛰，整理者释作"馘蛰"。"馘"训为"擂鼓"，《周礼·夏官·大司马》"鼓皆馘"，郑玄注："疾雷击鼓曰馘。"[2]"馘蛰"似与"启蛰"相对，春雷生发"启蛰"而"秋雷惊骇蛰虫，令其伏匿"，如《礼记·月令》"日夜分，雷始收声，蛰虫坏户……水始涸"；《吕纪》"日夜分，雷乃始收声，蛰虫俯户，水始涸"；《淮南子·时则》"日夜分，雷乃始收，蛰虫培户，水始涸"；《逸周书·时训》"秋分之日，雷始收声。又五日，蛰虫培户。又五日，水始涸"。说明秋分前后皆是收、闭之时，所以出现与启蛰、惊蛰相对的"馘蛰"一说。

从《夏小正》到《左传》以及战国以后的文献可以看出，随着认知的细化，及至两汉称二十四气时，入春时间和称名已与古节气系统有别。此时"启蛰"已经不再单指入春的物候状态，而成为真正意义上的节点，与"立春"有别。气候的变化，可能引起了雷发声、蛰虫起，产生了时间上的偏差，所以这时的"立春"与"启蛰"是相邻的两个节气，本质已有不同。以"立春"命名正月月首节气之前，经历了"启蛰""地气发""春始""春立"等不同的称名过程，皆表示春由此始。立春、立夏、立秋、立冬四立确定前还经历过一段演变时期。虽没有直接证据证明《左传》除了启蛰、闭蛰之外的启、闭概念

1　北京大学出土文献研究所编：《北京大学藏西汉竹书　伍》，第39页。
2　郑玄注，贾公彦疏：《周礼注疏》，第1811页。

就是立夏、立秋[1]。但分、至成组出现，且相对确定，而立春、立夏、立秋、立冬相应的节气当与现在的称谓不同，主要缘于四立的正式确定要比分、至的确定稍晚。

二、岁首节气

岁首的确定对于任何历法系统都至关重要，但其确定是非常复杂的。一年从何日开始，划分为几段，各时间段的关系如何，都需要先解决岁首的问题。理解岁首则需要甄别文献记述的是观测记录，还是需要与历法相合的推步演算。其说法众多，难以调协。譬如，《管子·幼官》记录的三十时称其岁首为"地气发"，对应的时令为"戒春事"，但并未表明具体日子。银雀山汉简《三十时》则明言"［十］二日，大寒始□。日冬至，麋解，巢生"，相对能够确定其月中日子。清华简《四时》则于孟春入月八日"征风启南"。可见，判断真实合历的岁首相对复杂。若依文献所载的岁首节气，能够将先秦秦汉各类节气系统信息比较完整的文献大致分为两类：一类以冬至为首；一类以立春为首。秦汉简牍律令、历谱中较为零碎的信息暂未统计，详见表2.4。

同一批次，传抄时代相近的出土文献也因为观测方式的不同可能产生不同的岁首节气。以观测星象为主的清华简《四时》自孟春始，岁首节气当为立春。清华简《八气五味》作为节纲，对当时的政治历思想进行归纳阐发，则以日冬至为岁首。还存在以大雪为岁首节气的

---

1 有观点以为"龙见"即立夏，"始杀"即立秋。甚至认为《左传》桓公五年其所用四时节气与《筮法》接近，且明显有着观象授时的特征，因此当早于以测量和推算为基础的"二分二至"为四节的时代，是和数字卦系统并行的非常古老的文化遗存。此可备一说，但尚需论证。参见子居：《清华简〈筮法〉解析（修订稿下）》，《周易研究》2015年第1期，第63页。

表2.4 岁首节气统计

	冬至	立春
传世文献	《淮南子·天文》 《周髀算经》 《管子·轻重己》 《后汉书·律历·历法》	《夏小正》 《礼记·月令》 《管子·幼官》《幼官图》 《逸周书·周月》《逸周书·时训》 《吕纪》 《淮南子·时则》
出土文献	清华简捌《八气五味五祀五行之属》 银雀山汉简《三十时》《迎四时》 胡家草场汉墓竹简《日至》 西汉太一九宫式盘地盘	清华简拾《四时》 北大汉简《节》 北大汉简《雨书》*

*北大汉简《雨书》以雨象观测为主，但从正月开始，根据简文所载物候现象和灾异反应，当为立春始。

情况，譬如同样以二十八宿循环纪日的《汉书·律历志》，则以"星纪，初斗十二度，大雪"为岁首。银雀山汉简武帝《元光元年历谱》以十月为岁首，所行为周历，当是以立冬为岁首节气。同纪一年历日的胡家草场汉墓《日至》则是以冬至为首，可见当时所行历法也并不统一。

二十四节气之首自古有两种观点，一是冬至，一是立春。在《淮南子》和《史记》中都兼有这两种。《淮南子·天文》以北斗勺柄指向和阴阳哲学的理由定冬至为节气之首，以确定一年的起始标准和对天文现象的观测。它用北斗星勺柄在初昏时刻所指方向来定义，在十二等分的体系当中，具体哪一个区段属于某星次或是某辰，是依斗柄旋转所指的方位确定的，再以一年十二个月份与之匹配，十二月有中，以中气定节气，则为二十四节气。太初历的冬至点有两个可能性，其一在斗22°，其二在斗22¼°。[1]《淮南子·时则》以四时变

---

1 李鉴澄：《岁差在我国的发现、测定和历代冬至日所在的考证》，第237—242页。

化为理由定立春为节气之首，都是合理的。这两种排序方式各有道理，各有各的适用范围。中国古代历法是阴阳合历，成分复杂，从不同角度考虑就可以有不同的岁始。今天，人们以立春为岁首则是为了方便合历，但以冬至为岁首则传统悠久，更符合太阳视运动的规律。

若皆以四时十二月行令纪历，则一年的建首不同亦会产生不同的岁首节气。以正月为启始，以"月建"之辰为始。"建某地支"即以某辰为正月，亦称"建某辰"。传统以"三统说"为立论的建首观念认为，夏历正月即"夏正"，系建寅；殷历正月即"殷正"，系建丑[1]；周历正月即"周正"，系建子。也即是说，夏历以建寅之月为正月，则以冬至后二月为正月，含冬至之月为十一月，见表2.5。

表2.5　夏商周三正次序

	正	二	三	四	五	六	七	八	九	十	十一	十二
夏历	寅	卯	辰	巳	午	未	申	酉	戌	亥	子	丑
殷历	丑	寅	卯	辰	巳	午	未	申	酉	戌	亥	子
周历	子	丑	寅	卯	辰	巳	午	未	申	酉	戌	亥

三、太初改历与"易服"的颜色观

汉武帝太初元年（前104年）的改历活动是中国纪法史上影响非凡的节点。汉代已使用夏历，但此次改历一是将岁首由十月"建亥"改为正月"建寅"，二是将四分历改为八十一分历。《史记》记载汉时有

1　目前甲骨学研究表明，实际的甲骨卜辞所见岁首存在争议，有不为建丑说，亦有坚持建丑说等。

邓平等人制定《太初历》，并将其正式列入历法这一事件。太初改制以前，主要流行的是"古六历"（黄帝历、颛顼历、夏历、殷历、周历、鲁历）。古六历均为四分历，但实则为战国以后人发明的，仅仅因为历元不同，月建不同有所区别。而所谓"四分历"，一是靠揆影测度的方式定回归年的长度（岁实）为365¼日，二是以置闰周期（闰周）为19年7闰（235个朔望月）。由岁实、闰周两个数据，可以推算出每个朔望月的长度（朔策）为$29^{499}/_{940}$日。由此，就可求得天象的循环周期，根据日月运行来调配干支，计算归复原始数据的最小公倍数，根据复原要素的多少，由小到大，形成章、蔀、纪、元等历法周期。经过"一元"（4560年），所有要素均归复推算起点时的状态。太初改历就遇到了这样一个天象回归历元的契机。故《史记·太史公自序》云："五年而当太初元年，十一月甲子朔旦冬至，天历始改，建于明堂，诸神受纪。"[1]

从文献记载看，《太初历》最终确立了二十四节气在天象纪历系统上的位置，使之成为广泛使用的节气秩序，此后二十四节气的相关内容一直延续至今。从出土文献的证据看，战国到汉初还存在过"三十时""三十七时"等节气系统，并且还有以周历、颛顼历并行的阶段，所以改历对重定建首和节气系统的确定非常重要。秦及汉初历法行用的实际情况，很可能是各地并不完全统一。岳麓书院藏秦简《秦始皇二十七年历书》中载八月朔日为癸酉，但里耶秦简8-133号木牍以"廿七年八月甲戌朔"纪日。这说明秦代所使用历朔数据并不统一，其合朔不同则所用建首和纪历系统也未必一致。中国地缘辽阔，秦一统六合而寿数摩短，历律未及更改王朝已被颠覆，依托政治而治历确有局限。战国以降，民间存在大量术士、方士参与治历活动，又因各地区

---

1 司马迁撰，裴骃集解，司马贞索隐，张守节正义：《史记》卷一百三十《太史公自序》，第3296页。

文化、统治形态有差异，从而产生了不同的历法和节气系统。

汉代的很多历法材料与颛顼历并不全合。张培瑜先生《中国先秦史历表》考订了古六历的朔日干支，结合文献与新出材料制定了汉初历。但银雀山汉简《元光元年历谱》和周家台秦简历谱公布后，发现与颛顼历或汉初历还存在差别，张培瑜先生已就这类材料对秦至汉初历表作了修订，但似乎很难找到一种合乎所有出土材料的历法。李忠林先生在重新梳理秦汉历法中的史料、置闰、后天数值之后，还全面梳了秦至汉初文献中的干支材料，制定了最新的秦至汉初朔闰表。[1]事实上，是因为秦汉历法系统多样，出土历谱中存在不少"歧异干支"[2]，长沙走马楼西汉简可以直接证明，汉初确实存在多种历法并存混用的情况，在同一批材料中有多种历法的使用，甚至同一支简中就出现符合两种历法的干支内容。可以想见，此时不同的历法系统在同一时间、同一地域内是相对常见的。但国家运行、政府施政、社会生活的秩序和协调必须有相对统一的时间标准。一地多种历法并行，定会造成历法转换层面的困难，时间越长误差可能越大，改历成为一种必要的政治选择。

"天历始改"正是这一时机，亦是司马迁《史记》记事的下限，太初元年（前104年，改历前为元封七年）十一月甲子朔旦冬至亦是一个历法新循环的肇端。《史记·历书》所载《历术甲子表》仍沿用四分历表，并未直接记录太初改历的成果。司马迁作为太史令，须掌天文历法，也参与了此次历法改革。同时有学者考证，改历是近九年长期酝酿的结果，其推行离不开儒生德运改制学说、公孙卿等方士假

---

1 李忠林：《秦至汉初历法研究》，北京：中华书局，2016年，第189—275页。
2 此概念由李洪财先生提出，指与《中国先秦史历表》中汉历分歧的干支材料。参见氏著：《从走马楼西汉简歧异干支谈汉初历法混用问题》，《中国社会科学战线》2022年第4期，第127页。

借黄帝故事的鼓吹和郊祀、封禅礼仪等行为活动。[1]但新旧历交替并非一蹴而就,是否有其他历史原因,值得深究。

太初历和二十四节气的出现对秦汉节日的形成产生了深远影响。首先,以正月为农历岁首从此固定下来,一直延续至今;其次,二十四节气也因其在农事活动中的重要作用而广受关注,并加以运用,成为许多传统节日的基础。目前可见的最早历谱对实际节气与干支相配的记载非常稀少,前文已有论述。随州孔家坡汉简景帝《后元二年历日》记录了"初伏、冬至、腊、出种、立春、中初、夏至"[2]等时节。银雀山汉简《元光元年历谱》以十月为岁首,以表格记汉武帝元光元年(前134年)全年历谱,除干支外出现了一部分节气、时节名称:冬日至、腊、出种、立春、立夏、夏日至、初伏、中伏、立秋、后伏。[3]可知,汉时实际生活中人们除了关注节气外,还重视一些与生产、生活相关的俗时、节令。《汉书·天文志》:"凡候岁美恶,谨候岁始。岁始或冬至日,产气始萌。腊明日,人众卒岁,壹会饮食,发阳气,故曰初岁。正月旦,王者岁首;立春,四时之始也。四始者,候之日。"[4]正月旦、立春、冬至、腊、初岁这些被汉代视为特殊重要的时节,在汉代以后的俗世岁月中依然是人们生活中不可忽视的重要节日。

在改历过程中往往会出现易服色的制度。《汉书·艺文志》:"故圣王必正历数,以定三统服色之制,又以探知五星日月之会。凶阸之患,吉隆之喜,其术皆出焉。"[5]与"改正朔"定历法实际指导社会生活、农业生产的重要现实意义不同,"易服色"更近似一种仪式象征,是时间政治的物质形态表现。"易服色"是国家政治权威的象征,新王

1 郭津嵩:《公孙卿述黄帝故事与汉武帝封禅改制》,《历史研究》2021年第2期,第89—108页;《太初改历始末考》,北京大学历史系主办:《北大史学(第25辑)》,北京:社会科学文献出版社,2023年,第28—49页。
2 湖北省文物考古研究所、随州市考古队编著:《随州孔家坡汉墓简牍》,第191—193页。
3 吴九龙释:《银雀山二号墓汉简释文》,《银雀山汉简释文》,第233—235页。
4 班固著,颜师古注:《汉书》卷二十六《天文志》,第1299页。
5 班固著,颜师古注:《汉书》卷三十《艺文志》,第1767页。

朝建立或新君即位必须以此确认自己的正统地位，强调承顺天命。易服色亦可以教化民心，建立有效的统治秩序。易服色与改正朔作用亦有相通之处，可以昭显天命，是汉代政治成功的表现。故《史记·历书》云："王者易姓受命，必慎始初，改正朔，易服色，推本天元，顺承厥意。"[1]易服色作为重要的彰显权威的方式，其更易对象包括：车马颜色，礼服颜色，衣服及宫室、车旗的颜色。[2]改换逻辑包括"五德说"和"三统说"两种，并且由来已久。

《礼记·月令》规定了天子一年四季的着装要求，明显与五行学说相关。关于春季的礼制和易服等相关政令，见文末附录二。周汉之际对服色所代表的正统意识的重视，成为对时间、节气政治管理的一种外在显化。汉代尤其是东汉统治者非常重视《月令》，《后汉书·祭祀志》云："自永平中，以《礼谶》及《月令》有五郊迎气服色，因采元始中故事，兆五郊于雒阳四方。"其具体制度如下：

> 立春之日，迎春于东郊，祭青帝句芒。车旗服饰皆青……立夏之日，迎夏于南郊，祭赤帝祝融。车旗服饰皆赤……先立秋十八日，迎黄灵于中兆，祭黄帝后土。车旗服饰皆黄……立秋之日，迎秋于西郊，祭白帝蓐收。车旗服饰皆白……立冬之日，迎冬于北郊，祭黑帝玄冥。车旗服饰皆黑。[3]

《后汉书》所记载的服色制度是一种纯政治历的理想，必然与实际的社会生活情况存在一定偏差。但易服色和改正朔、定岁首一样，都在一定程度上强化了国家正统。甚至成为王朝统治范围、政权存亡和宗祀继绝的标志。易服色的理论依据仍旧是"五德终始说""三统说"和《月令》等文献的历史传统。历次改制中，发展趋势是由简易到繁

1　司马迁撰，裴骃集解，司马贞索隐，张守节正义：《史记》卷二十六《历书》，第1256页。

2　曾磊：《秦汉服色制度的历史轨迹》，杜常顺、杨振红主编：《汉晋时期国家与社会论集》，桂林：广西师范大学出版社，2016年，第59—60页。

3　范晔撰，李贤等注：《后汉书》志第八《祭祀中》，第3181—3182页。

复。虽然制度日益繁密，但由于社会生活涉及的方面众多，服色制度的规定难免出现缺漏。在祭祀、朝会、婚丧和其他仪式场合中，才会需要遵从服色制度。然而即使在这些场合，与服色制度不同的用色现象在史书中也俯拾即是。但这种对颜色的充分关注除来自政治统治和时间政治的需要外，还来源于时人对自身身份和思想好恶的认识。

认知秦汉时人对颜色的描述和理解是对文献中所记述的"易服色"制度进行解释的基础。汪涛认为传世文献对颜色词的解释存在混乱现象，因为不同人对同一颜色词的理解存在文化差异。这是由于他们没有意识到颜色分类的重要性。认为古人的颜色意识不够发达是错误的观点。现代研究表明，早期文明中颜料的使用相当普遍，很有可能存在一套丰富而复杂的颜色词汇。因此，了解他们的语言和文化是历史学家和人类学家的重要任务。[1]事实上，颜色能够直接地反映事物，这一功能已经远超语言等表示象征或比喻的间接方式。颜色是事物的"属性"而非"物质"，"属性"在自然中变动不息。[2]但"对于它们的用途，我们一无所知，哪怕只是粗浅的、某种程度上错误的认知。一种颜色（或者表示颜色的词）绝不可能脱离与其他颜色的联系，一旦脱离，就毫无意义"[3]。社会学家认为颜色就是符号。在世界各地的各种社会关系中，颜色无论是作为词汇，还是作为具体事物，都是一种标志：通过这种有意味的形式、个人和团体、物体的环境，有区别地融合在文化秩序中。[4]毫无疑问"易服色"这种方式就是带有意味的形式，是礼制的重新划分，是汉初帝王对政治统治秩序的重构。

---

1 汪涛著，郅晓娜译：《颜色与祭祀：中国古代文化中颜色涵义探幽》，上海：上海古籍出版社，2013年，第5页。

2 Johann W. von Goethe, *Theory of colours*, English Edition tr. by Charles. L. Eastlake, London: MIT Press, 1967, 300.

3 Ludwig Wittgenstein, *Remarks on colour*, English Edition tr. by Gertrude. E. M. Anscombe, Oxford: Blackwell, 1978, 68.

4 Marshall Sahlins, Colour and Cultures, *Simiotica*, No.16 (1976), 3.

无论是历史学、社会学还是人类学研究，都敏锐地捕捉到政治行为层面更换颜色的象征含义首先是一种社会行为，而不是一种对物质状态的描述，更不可能是一种"光线的碎片或者人眼的感觉"。社会活动"造就"了颜色和颜色的定义，譬如紫色。社会规定了其作为颜色的定义及象征含义，社会确立了色彩的规则和用途，社会形成了有关色彩的惯例和禁忌。因此，色彩的历史首先就是社会的历史。[1]

《论语·阳货》"恶紫之夺朱"，何晏注："朱，正色，紫，间色之好者。"[2]晋人何晏虽认为紫为间色，但又强调是"间色之好者"。显然，与前代相比，何晏对紫色的认识发生了变化。清人俞樾《茶香室丛钞》"禁服黄自唐始"条载："紫为间色，圣人不服。而唐、宋以来，朝服尚之，不知其义。"[3]显然俞樾对紫有不同的认识，且已经不明白作为间色的紫色为何成为权贵朝服所尚，又引北宋王逵《蠡海集》"天垣称紫微者，紫之为色，赤与黑相合而成也，水火相交，阴阳相感，而后万物以之而为生，故为万物之主宰"，王逵之说是典型的阴阳五行感应说，其以赤象征阳、黑象征阴，由此引申为阴阳交感，以紫色为万物之本、万物主宰，因此才会以紫色为贵。所以俞樾评论说："观此则尚紫亦非无义。今黄色犹重，而紫则不尚矣。"[4]王逵、俞樾都注意到了紫色地位随社会活动和权力变更曾经发生由低向高的转变，并具有某些神秘的色彩，正是从秦汉时代重阴阳五行配色和"改正朔，易服色"肇端。

---

1 米歇尔·帕斯图罗（Michel Pastoureau）著，张文敬译：《色彩列传：绿色》，北京：生活·读书·新知三联书店，2016年，第5页。

2 何晏集解，邢昺疏：《论语注疏》，第2525页。

3 俞樾著，李烈初·李也红点校：《茶香室丛钞（一）》，《俞樾全集》（第二十册），杭州：浙江古籍出版社，2017年，第118页。

4 同上。

第四节 二十四与三十、三十七时

　　二十四节气名称、源流的初成和定型都是层累的。从认识史来看，二十四节气的命名也并不是一次性完成的[1]。二十四节气系统的形成时间，学界主要有三种意见：一、东周之前说[2]；二、战国说[3]；三、秦汉说[4]。竺可桢先生给出了相对宽泛但非常准确的界定："降及战国秦汉之间，遂有二十四节气之名目。"[5]沈志忠先生则认为："考定二十四节气大致萌芽于夏商时期，在战国时期已基本形成，并于秦汉之时趋向完善并定型。"[6]冯时先生则指出其形成时间可能更早，大约在东周之前。盛立芳、赵传湖等学者认为在春秋战国之际，古人已经精密地测

1　刘晓峰：《论二十四节气的命名》，第94页。
2　冯时：《律管吹灰与揆影定气——有关气的知识体系与时令传统》，《装饰》杂志社编：《装饰文丛（第十四辑）》，沈阳：辽宁美术出版社，2017年，第236—243页。
3　陈久金：《历法的起源和先秦四分历》，中国天文学史整理研究小组编：《科技史文集第1辑：天文学史专辑》，上海：上海科学技术出版社，1978年，第20页；冯秀藻、欧阳海：《廿四节气》，北京：农业出版社，1982年，第4—9页；沈志忠：《二十四节气形成年代考》，《东南文化》2001年第1期，第53—56页；盛立芳、赵传湖：《二十四节气形成过程——基于文献分析》，第133页；李勇：《中国古代节气概念的演变》，中国农业博物馆编：《二十四节气研究文集》，北京：中国农业出版社，2019年，第162—169页。
4　陈遵妫以为在前汉初年以后；徐旺生指出二十四节气是秦汉以来中央集权制——郡县制的产物；丁建川以为《逸周书·时训》每节前半部分所记物候与《礼记·月令》等书相同，有完整的二十四节气的排列，说明至迟在西汉初期，古人就已掌握了关于二十四节气的完整知识；王子今强调二十四节气系统的秦汉时期定型是逐步完善的过程，有一些细节还需要讨论；详见陈遵妫：《二十四气》，《中国天文学史》，第990页；徐旺生：《"二十四节气"在中国产生的原因及现实意义》，《中原文化研究》2017年第4期，第98页，后收入《中华文明探源论丛》，北京：社会科学文献出版社，2023年，第125—137页；丁建川：《〈王祯农书·授时图〉与二十四节气》，《中国农史》2018年第3期，第127—135页；王子今：《秦汉社会生活中的"节气""节令""节庆"》，《光明日报（理论·史学版）》，2022年5月23日，第14版。
5　竺可桢：《论新月令》，《中国气象学会会刊》1931年第6期，后收入《竺可桢文集》，北京：科学出版社，1979年，第141页。
6　沈志忠：《二十四节气形成年代考》，第55页。

定了十二次的"初"与"中"，即对二十四节气的"节气"与"中气"的科学测定与记录，这标志着二十四节气天文学定位的完成。

一、清华简《四时》的节气信息

清华简《四时》从气候角度进行描述，也可归纳概括出一些提示时节变化的物候词汇。《四时》所用每月朔日与睡虎地秦简《日书》、北大汉简《雨书》基本一致，因此不难判断，三者使用的同是颛顼历和节月。这样的历法设计虽然来源于实际观测，但随着使用时间的增加，其与实际天象的偏差自然会越来越大，因此清华简《四时》中的星象记述，应当皆被视为一种理想化的推演，而非天象实录。对《四时》星象的研究可参考整理者石小力和林焕泽的具体论述[1]，还有部分学者对文本显示的星象运行轨迹和方式进行了大致的推拟[2]。因所

1　石小力：《清华简〈四时〉中的星象系统》，第77—81页；林焕泽：《出土战国秦汉文献所见时空观念考论》，第49—131页。

2　程薇：《〈四时〉补释三则》，清华大学出土文献研究与保护中心网，2020年11月20日，https://www.ctwx.tsinghua.edu.cn/info/1073/1852.htm；程少轩：《利用图文转换思维解析数术文献之四：清华简〈四时〉转抄情况蠡测》，第二届汉语史研究的材料、方法与学术史观国际学术研讨会，2020年11月22日；子居：《清华简〈四时〉解析》，360个人图书馆网，2020年12月6日，http://www.360doc.com/content/20/1206/23/34614342_949868184.shtml；李松儒：《谈清华十〈四时〉〈司岁〉〈行称〉的制作和书写》，曹锦炎主编：《古文字与出土文献青年学者西湖论坛（2021）论文集》，上海：上海古籍出版社，2022年，第67—81页；沈培：《关于清华简〈四时〉"征风"等词的训释》，《古文字研究（第三十四辑）》，北京：中华书局，2022年，第394—399页；刘爱敏：《清华简〈四时〉灵星考》，《出土文献》2022年第3期，第9—18页；辛德勇：《帝张四维，运之以斗——清华简〈四寺〉的堪舆路径》，《中国文化》2022年第1期，第60—89页；刘峻杉：《清华简〈四时〉读札》，《文物鉴定与鉴赏》2022年第11期，第132—135页；张雨丝：《试论清华简〈四时〉中的"皮"》，汉字文明传承传播与教育研究中心、郑州大学文学院、北京文献语言与文化传承研究基地、北京语言大学文学院主办：第四届文献语言学青年论坛，会议论文集，郑州：2022年6月17日，第790—801页；侯乃峰：《读清华简〈四时〉〈司岁〉胜录》，中国文字学会主办，南通大学文学院承办：中国文字学会第十一届学术年会，2022年11月19—20日；林焕泽：《四时成岁——清华简〈四时〉研究》，《出土战国秦汉文献所见时空观念考论》，第49—131页。

涉天象和天文历法繁杂，尚治丝益棼。

《四时》星象系统还未有定论，其文本保留了一部分物候现象信息，为了解战国时的节气系统提供了线索。整理者认为《四时》当为三百六十日，但也有不同意见认为《四时》天数当不止三百六十日："在《四时》里看到的这个'年'，一年到头，总数应该是近似于三百六十五天或三百六十六天——一'寺'十天，但这第三十七'寺'缀在全年之末，是没法过完的。"[1]虽然以星象观测和划分全年，但其中保存的大量天象信息亦属于物候的范畴，所以《四时》为研究战国时期的节气系统提供了重要的物候标志，归纳物候相关简文如下：

> 征风启南、东风作（洹雨作，以生众木）、鸣雷之亢、日月分、启雷、雷风卒春、星相倍、八时、尾雨至、南风启孟、南风作、北云作（北云作，以雨）、赤霓北行、日至于北极、司命之雨至、大雨至、暑藏、追暑、北启寒、西风启、二十一时、日月分、雷藏、风雨卒秋、白霜降、辰泉、时雨至、俊风藏、北风启寒、白雨、南云作、黑霓南行、日至于南极、风雨卒冬、追寒、赤雨至、关寒出暑。

为了解《四时》的物候系统与其他节气系统的关系，需要进行对立春为岁首的节气文献的排谱和比较。受制于各种原因，目前本研究的这种比较，主要针对不同节气系统之间各节气节点的相对位置，因此需要注意，若有1~2日的偏差，尚属正常。因梳理、比较的节气系统大部分不清楚开始的具体日期，故皆从第一日计算。清华简《四时》的"三十七时"或为调闰所用，但不知确切日数，故仅计算到第三十六。北大简《雨书》虽不见明确的节气名称，但其与天象相关的物候信息丰富，故以相对二十四节气位置的物候计算，于表格中

---

1 辛德勇：《谈清华简篇与中国古代的天文历法》，《澎湃新闻》，2020年12月17日，https://baijiahao.baidu.com/s?id=1686289966031541100&wfr=spider&for=pc。

以"＋""－"辅助表示。《夏小正》《吕纪》《淮南子·时则》《礼记·月令》等物候特征接近的月令文献系统，在不确定大小月的情况下，暂按纯政治历计算，与《逸周书·周月》《时训》等十五日为一节的"二十四气"相比较。其中，《夏小正》节点纯以典型物候计，《吕纪》《时则》《月令》仅存"立春、始雨水、日夜分、立夏、小暑至、日长至、立秋、日夜分、霜始降、立冬、日短至"这些节气，其他节气名虽未出现，亦以典型物候表示。详细过程须一一考察每种文献，推演过程不做赘述，排谱和比较结果见表2.6。

根据对以立春为岁首的节气文献的排谱观察和比较，《四时》中的征风启南、日月分、南风启孟、日至于北极、北启寒、日月分、北风启寒、日至于南极八时与秦汉之时的立春、雨水、立夏、夏至、立秋、白露、立冬、冬至八节的时间相当。简文以二分、四立为基础，而非以分、至四时为基础。所称"四时"并非测定的一年中气四时，而是琼宇四域。简文中包含大量与四方相关的星象：四维、四辖、四门、四钩、四目、四弼、四关、四芰、四犮、四明、四春、四渊等，并以四色、四象与四方天区相对应。整理者石小力先生认为"四弼等术语中的'四'，同四维中的'四'一样，分为青、玄、白、赤四种，分别对应东、北、西、南四个方位"[1]。先秦时期四方和四色已有比较固定的对应关系。[2]由此，《四时》中的太阳周年视运动划分和星象皆依据空间方位划分，所以将四色与星官位置相配，与依据揆度测影得到的分、至四时对一年的划分不同。

---

1 石小力：《清华简〈四时〉中的星象系统》，第78页。
2 薛梦潇：《早期中国的月令与"政治时间"》，第68页。清华简《五纪》也有将青、赤、白、黑分列四方的相关叙述，参见黄德宽主编，清华大学出土文献研究与保护中心编：《清华大学藏战国竹简 拾壹》，上海：中西书局，2021年，第97—98页。

表2.6　岁首立春节气系统对照

日数	清华简《四时》	北大汉简《雨书》	北大汉简《节》	《夏小正》	《管子·幼官图》	《管子·幼官》	《吕纪》	《淮南子·时则》	《礼记·月令》	《逸周书·周月》	《逸周书·时训》	二十四气
1—10	征风启南 1	肃（立春）		启蛰	地气发	地气发	立春（蛰虫始振）	立春（蛰虫始振）	立春（蛰虫始振）	（立春）	立春	立春
11—20	冬风作 2			[柳稊]	小卯	小卯	[草木萌动]	[獭祭鱼，候雁北]	[草木萌动]		雨水	启蛰
21—30	鸣雷之元 3				天气下	天气下						
31—40	日月 4		春立	[荣堇采蘩]	义气至	义气至	始雨水（桃始华）	始雨水（桃始华）	始雨水（桃始华）	雨水	惊蛰	雨水
41—50	启雷 5			[来降燕]	清明	清明	日夜分（玄鸟至）	日夜分（玄鸟至）	日夜分（玄鸟至）	春分	春分	春分
51—60	春风卒寒 6	旬五日（春分）										
61—70	星相偝 7		日夜分		始卯	始卯	[桐始华]	[桐始华]	[桐始华]		清明	清明
71—80	八时 8			[拂桐芭]	中卯	中卯	[鸣鸠奋其羽]	[鸣鸠奋其羽]	[鸣鸠拂其羽]	谷雨	谷雨	谷雨
81—90	尾雷至 9	三日（清明+3）		[鸣鸠]	下卯	下卯						
91—100	南风启盂 10				小郢	小郢	立夏 [蝼蝈鸣]	立夏 [蝼蝈鸣]	立夏 [蝼蝈鸣]		立夏	立夏
101—110	南风作 11			[鸣蜮]	绝气下	绝气下	[靡草死]	[靡草死]	[靡草死]	小满	小满	小满
111—120	北云云作，以祝 12		夏立	[取荼]								
121—130	赤须之作 13	逆暑（小满+10）		[鹎鴂鸣]	中郢	中郢	小暑至（鹍始鸣）	小暑至（鹍始鸣）	小暑至（鹍始鸣）		芒种	芒种
131—140	日至于北极 14			[唐蜩鸣]	中绝	中绝	日长至（蝉始鸣）	日长至（蝉始鸣）	日长至（蝉始鸣）	夏至	夏至	夏至
141—150	司命之雨 15	草木节（夏至+8）	夏至	[鹰始挚]	大暑至	大暑至						
151—160	大雨至 16				中卯	中卯	[鹰乃学习]	[鹰乃学习]	[鹰乃学习]		小暑	小暑
161—170	暴藏 17				小暑终	小暑终	[土润溽暑]	[土润溽暑]	[土润溽暑]	大暑	大暑	大暑
171—180	追袭 18											
181—190	北启寒 19	辕风至（立秋+5）		[寒蝉鸣]	期风至	期风至	立秋（寒蝉鸣）	立秋（寒蝉鸣）	立秋（寒蝉鸣）		立秋	立秋
191—200	西凤作 20	辟暑（立秋+13）	秋立		小卯	小卯	[农乃升谷]	[农乃升谷]	[农乃登谷]	处暑	处暑	处暑
201—210	二十一时 21			[灌荼]	白露下	白露下						
211—220	日月分 22			[丹鸟羞白鸟]	复理	复理	[玄鸟归，群鸟养羞]	[玄鸟归，群鸟养羞]	[玄鸟归，群鸟养羞]		白露	白露
221—230	雷藏 23	日月分（秋分+2）	日夜分		始节	始节	日夜分	日夜分	日夜分	秋分	秋分	秋分
231—240	风雨卒秋 24			[辰则伏]								
241—250	白雷降 25	出芒华（寒露+3）		[遭鸿雁]	始卯	始卯	[候雁来宾]	[候雁来宾]	[鸿雁来宾]		寒露	寒露
251—260	辰泉，时雨至 26	寒小壮（霜降+1）			中卯	中卯	霜始降	霜始降	霜始降	霜降	霜降	霜降
261—270	俊风至 27			玄雉入于淮	下卯	下卯						
271—280	北风启寒 28	北风启寒（立冬+1）		织女正北乡	始寒	始寒	立冬（雉入大水为蜃）	立冬（雉入大水为蜃）	立冬（雉入大水为蜃）		立冬	立冬
281—290	白雨 29		冬立	[万物不通]	小榆	小榆	[闭塞而成冬]	[虹藏不见]	[闭塞而成冬]	小雪	小雪	小雪
291—300	南云作 30											
301—310	黑藏南行 31	山有覆雪（大雪+8）			中寒	中寒	日短至（麋角解）	日短至（麋角解）	日短至（麋角解）		大雪	大雪
311—320	寒云子雨极 32	寒乃子雨（大雪+14）		[阴魔角]	中榆	中榆	[雁北乡]	[雁北乡]	[地始坼]	冬至	冬至	冬至
321—330	风雨卒冬 33				寒至	寒至						
331—340	追藏 34			[鸣弋]	大寒之阴	大寒之阴	[水泽腹坚]	[水泽腹坚]	[水泽腹坚]		小寒	小寒
341—350	赤雨至 35		冬至		大寒终	大寒终				大寒	大寒	大寒
351—360	关束出 36	风雨皆作（大寒结束）		[陨人人麦]								

（总计364日）（总计368日）

二、银雀山汉简《三十时》《管子·幼官》《幼官图》等齐系五行令

新出文献除《四时》记载为三十七时外，银雀山汉简《三十时》记录了一种“三十时”节气系统，这套系统与《管子·幼官》记载的三十节气联系密切，但是不是春秋时期齐国真正推行过的历法，或仅仅是写于《管子》中，这一点无从考证。故房玄龄曰：“于时国异政、家殊俗，此但齐独行，不及天下，且经秦焚书，或为爆烬，无得而详焉，阙之以待能者。”[1]此文篇幅为银雀山汉简单篇中最长，其以五行为核心，简1726云：“十二日一时，六日一节。”[2]宽式隶定并迻录节气相关文本如下：

> ……二日，大寒始□。日冬至，麋解，巢生。天地重闭，地小乎（墉），不可1727……【·二时，廿】四日，大寒之隆，刚气也。不可为1728……【·三时，卅六日】……冬没气，此欲1729……【·四时】卌八日，作春始解。可使人旁国1730……·五时，六十日，少夏起，生气【也】1731……【·七时，八十】四日，华实，生气也。以战客败。可为百丈千丈。适人之地□1732……【·九时】百八日，□□，生气也。以战客败。不可1733……·十时，百廿日，中生，生气也。以战客败。可为百丈千丈。可以筑宫室、墙垣、门。可以为啬【夫】1734……【·十一时，百卅二】日，春没。上六：刑。以战客胜。下六：生。以战客败。不可以举事，事成而身废，吏以免者不复置。春

1　黎翔凤撰，梁运华整理：《管子校注》，第147页。
2　银雀山汉墓竹简整理小组编：《银雀山汉墓竹简（贰）》，第211页。

没之时也，可嫁1735……【·十】二时，百卅四日，始夏，生气也。1736……【·十三时，百】五十六日，渍，柔气也。以战客败1737…………也。日夏至，地成。不可渍沟洫陂池。不可以为百丈千丈城，必弗有也。不可筑官室，有忧。得1738【人之一里，偿以十】里。得人之将，偿以长子。兵入人之地者，其将必有死亡之罪。杀人有报。蚊虻不食驹犊，蜂[1]蛋不蛰1739……蝉鸣。日未至，蝉鸣：旱；日已至，不鸣，水。入之一日，奏夷则。天不阴雨1740……【·二时】廿四日，乃生，生气也。以战客败。得人之一里，偿以十里。得人之将，偿以长子。1741……【·三时】卅六日，夏没。上六：生。下六：刑。可为啬夫1742……【·四】时，卅八日，凉风，杀气也。以战客胜。可始修田野沟。可始入人之地，不可亟刃，亟刃有殃，一得而三其殃。利奋甲于外。以嫁女1743……【·八】时，九十六日，霜气也，杀气也。以战客胜。攻城，城不取，邑疫。可以围众，绝道，遏人要塞，可以为百丈千丈城，攻，适人之地1744……【·九】时，百八日，秋乱，生气也。1745……【·十时】百廿日1746………秋没。上六：生。以战客败。可为啬夫，嫁女，取妇，祷祠。下六：刑。以战客胜。不尽三日，始雨霜，可髊埋，分1747异。可以攻，不可为啬夫，嫁女，取妇，祷祠。秋没而不雨，草木赎。1748……寒，刚气也。以战客胜。用入人之地，胜。攻城，城取。此冬首杀也。此吾审用重之时也。用重之道1749……始疏用重不审，名曰先，先道是以重先轻而后之之时也。上1750……【·十三】时，百五十六日，

---

1 整理者未释此字，从字形以为此字为"蜂"字讹形，牛新房辨析字形，根据《周礼·春官·宗伯》："裸用虎彝、蜼彝"，郑司农注："蜼，读为蛇虺之虺"，释为"蜼"，读为"虺"，新释见牛新房：《〈银雀山汉墓竹简（贰）〉校订》，《中国国家博物馆馆刊》2019年第9期，第43—44页。

贼气【也】。以战客胜。可以围众，绝道，遏人要塞，燔敌人不报，此吾1751……·十四时，百六十八日，音，闭气也。民人居1752……·十五时，百八十【日】1753………………盛气也。以战客败。不可攻围。可为百丈千丈，冠带剑，□1754……¹

因其残缺毁断较严重，三十时的名称并不完整，但仍可窥见部分节气，梳理可知部分名称，胪列如下：一时日冬至、二时大寒之隆、三时冬没、四时作春始解、五时少夏起、七时华实、十时中生、十一时春没、十二时始夏、十三时柔气、[一时]日夏至、二时乃生、三时夏没、四时凉风、八时霜气、九时秋乱、十一时秋没、十二时□寒、十三时贼气、十四时闭气。

根据简文可知其分一年为冬春十五时，夏秋十五时，以四时划分，当与《幼官》同属少见的"四时五行时令系统"。²《三十时》简文开篇"日冬至恒以子午，夏至恒以卯酉。二绳四句（钩），分此有道"与《淮南子·天文》"子午、卯酉为二绳"同源，子午当为冬夏二至，卯酉为春秋二分，是为平分全年的两条"中绳"³，可见《三十时》的时令系统的形成基础也是"四时"。

属同批文献的银雀山汉简《禁》篇也以五行配置、时禁与休咎，虽记录不全，但已出现了一部分与节气相关的名称和术语，依次为：[定春]、[启蛰?]、定夏、大暑、定秋、下霜、定冬、水冰等。其后依据"四时"概括了较为明显的物候现象：大风[至]、大雷至、大雨至、大委至。有学者认为《禁》所反映的时令系统有别于《三十

1　银雀山汉墓竹简整理小组编：《银雀山汉墓竹简（贰）》，第211—213页。部分释文根据最新校订进行增改。

2　李零：《〈管子〉三十时节与二十四节气》，第22页。

3　以甲子、卯酉表示分、至的传统较早，沈彤考辨《尧典》"寅宾出日""寅饯纳日"是对日影朝向的测量，再以日躔是否合于卯酉线来判定二分之正日。见于氏著：《尚书小疏》，杜松柏主编：《尚书类聚初编　第7种》，（第2册），台北：新文丰出版股份有限公司，1984年，第222页上。

时》，当属于"四时廿四节气"系统。[1]银雀山汉简《不时之应》则将春、夏、秋、冬"四时"每"时"（季）分为六时，自"一不时"至"六不时"，叙述因"不时"导致的灾异现象，其系统当属二十四时，与《三十时》不同，而其所述灾异，更与《吕纪》一系的月令文献相近。银雀山汉墓同一批出土的竹简包括12种阴阳时令占候类文书，与《禁》《三十时》《不时之应》所记月令、节气系统不同，可见其来源的驳杂性，明确说明在汉初以前同一地域已存在不同的月令和节气系统，至少包括"四时二十四节气"和"四时五行时令系统"。

无独有偶，《管子·幼官》亦记载了一种三十节气，其文曰：

春行冬政肃，行秋政雷，行夏政则阉。十二地气发，戒春事。十二小卯，出耕。十二天气下，赐与。十二义气至，修门闾。十二清明，发禁。十二始卯，合男女。十二中卯，十二下卯，三卯同事。八举时节，君服青色，味酸味，听角声，治燥气，用八数，饮于青后之井，以羽兽之火爨。藏不忍，行欧养，坦气修通。凡物开静，形生理，合内空周外，强国为圈，弱国为属。动而无不从，静而无不同。举发以礼，时礼必得。和好不基，贵贱无司，事变日至。此居于图东方方外。

夏行春政风，行冬政落，重则雨雹，行秋政水。十二小郢，至德。十二绝气下，下爵赏。十二中郢，赐与。十二中绝，收聚。十二大暑至，尽善。十二中暑，十二小暑终，三暑同事。七举时节，君服赤色，味苦味，听羽声，治阳气，用七数，饮于赤后之井，以毛兽之火爨。藏薄纯，

1　薛梦潇:《早期中国的月令文献与月令制度——以"政治时间"的制作与实践为中心》，第39页;《早期中国的月令与"政治时间"》，第46—47页。

行笃厚，坦气修通。凡物开静，形生理，定府官，明名分，而审责于群臣有司，则下不乘上，贱不乘贵。法立数得，而无比周之民，则上尊而下卑，远近不乖。此居于图南方方外。

秋行夏政叶，行春政华，行冬政耗。十二期风至，戒秋事。十二小卯，薄百爵。十二白露下，收聚。十二复理，赐与。十二始节，赋事。十二始卯，合男女。十二中卯，十二下卯，三卯同事。九和时节，君服白色，味辛味，听商声，治湿气，用九数，饮于白后之井，以介虫之火爨。藏恭敬，行搏锐，坦气修通。凡物开静，形生理，闲男女之畜，修乡间之什伍，量委积之多寡，定府官之计数，养老弱而勿通，信利周而无私。此居于图西方方外。

冬行秋政雾，行夏政雷，行春政烝泄。十二始寒，尽刑。十二小榆，赐予。十二中寒，收聚。十二中榆，大收。十二寒至，静。十二大寒之阴，十二大寒终，三寒同事。六行时节，君服黑色，味咸味，听徵声，治阴气，用六数，饮于黑后之井，以鳞兽之火爨。藏慈厚，行薄纯，坦气修通。凡物开静，形生理。器成于僇，教行于钞，动静不记，行止无量。戒审四时以别息，异出入以两易，明养生以解固，审取予以总之……此居于图北方方外。[1]

三十节似难与十二月相匹，究其原因疑与用"五"合数有关，但是否属于太阳历则尚需讨论[2]。将其与二十四节气相较可知，节气名称有所出入，但亦有相似的名称，如地气发、小卯、天气下、义气

---

1 黎翔凤撰，梁运华整理：《管子校注》，第146—159页。
2 李零先生对因沿用太阳历而与"五"合数的成因持怀疑态度，见于氏著：《〈管子〉三十时节与二十四节气》，第18页。

至、清明、始卯、中卯、下卯、小郢、绝气下、中郢、中绝、大暑至、中暑、小暑终、期风至、小卯、白露下、复理、始节、始卯、中卯、下卯、始寒、小榆、中寒、中榆、寒至、大寒之阴、大寒终。据统计，当以银雀山《三十时》纪日日期为标准，因《三十时》明确规定第一时自十二日起，全年为三百六十六日，见简1726云："……十三日□至，三百三□六日再至"[1]，则推测当为三百六十六日，即上下半年各有3日余数，为方便计算其他记载以冬至为岁首的节气系统各个节气的相对位置，有些以三百六十日为一年的系统，亦按照与《三十时》起始一致排比，第一节为第十二日开始计算，统计结果见表2.6。

从"清明""大暑至""小暑终""白露下"等节名称表述可知已有部分节气与二十四节气名称相近。"地气发""小郢""期风至""始寒"相当于二十四节气的四立（立春、立夏、立秋、立冬）；"清明""大暑至""始节""寒至"为中点，与二分、二至（春分、夏至、秋分、冬至）相当。[2]期风至与立秋之时相当，小暑终和大寒终刚好把一年分为两半。清明、白露下比二十四节气的清明、白露都略早一些，大暑至和寒至与二十四节气的夏至和冬至较为接近，其名称和物候亦是一致的。但"中卯""下卯""中郢""中绝""小榆""中榆"等节气无法准确考定所指内容和具体时间，不过确定的是它们均是对节令的具体划分。可以推知古人对节气的划分除相对固

---

1 银雀山汉墓竹简整理小组编：《银雀山汉墓竹简（贰）》，第211页。
2 李零先生提供了一种可能的理解，以为中点以前的四个时节，一般两两相偶，表现二气交替上升如"小郢""绝气下"与"中郢""中绝"；"始寒""小榆"与"中寒""中榆"。而中点以后的时节，如果是三个，则这三个时节自为一组（如"三卯""三酉"）；如果是两个，则这两个时节连同中点自成一组（"三暑""三寒"）。见于氏著：《〈管子〉三十时节与二十四节气》，第22页。

定外，已趋于细致和丰富。有观点认为三十节气的体系以十二日为一节，似乎"合于法天之数，而且其与空间体系的配伍关系比二十四气也更为合理"[1]。

这种以三十节气纪历的方法，是应用于特定地域的节气系统。银雀山汉简《三十时》和《幼官》的三十时都流行于齐地，带有明显的齐学色彩，可能存在直接的时代传承关系。银雀山汉简《四时令》从内容上看与《管子·五行》几乎完全一致。《吕纪》成篇后的近百年内，齐地原本的时令文本并未因"王官月令"的出现而立刻消失，仍旧流传于齐地。薛梦潇通过对比"齐月令"与"楚月令"中"五音"配置的异同，认为先秦时令文献存在地域差异，但拥有相同源头。[2]刘爱敏先生认为《管子·幼官》和银雀山汉简《三十时》岁首节气不同，且作用不同，一则为指导农时，一则有兵政之令，但均属于五行令。[3]《大戴礼记·夏小正》所纪与《幼官》属同一历法，[4]此历法第一节气都是"地气发"，即起止分法与夏正相同。[5]《夏小正》记述的是星象，《幼官》记述的是节气物候，两者观测坐标不同，但可互为补充。

无论《管子》还是银雀山汉简，都已经存在以四时或按三月划分一年的时令系统。故齐地流行的五行历（五行时令）与四时令（四时月令）并非此消彼长的状态，而是很有可能一直并行，直到彻底从十二月令系统中演化出二十四气系统。此时物候历的精细化程度更高，

1　冯时：《律管吹灰与揆影定气——有关气的知识体系与时令传统》，第243页。
2　薛梦潇：《早期中国的月令与"政治时间"》，第55—69页。
3　刘爱敏：《从五行历到四时历——三十时的形成、发展和消亡》，《文史哲》2021年第5期，第108—119页。
4　刘宗迪：《古代月令文献的源流》，《节日研究（第2辑）》，济南：山东大学出版社，2010年，第102—111页。
5　陈久金：《论〈夏小正〉是十月太阳历》，《陈久金天文学史自选集》（上），济南：山东科学技术出版社，2017年，第359页。

表2.7　岁首冬至节气系统对照

序号	清华简捌《八气五味五祀五行之属》	银雀山汉简《迎四时》	银雀山汉简《三十时》	胡家草场汉简《日至》	西汉 大一九宫式盘地盘	《管子·轻重己》	《淮南子·天文》	《淮南子·天文》	《周髀算经》	《后汉书·律历·历法》	二十四气
12—23	冬至	冬至	日冬至	冬至45	冬至46	冬日至	广莫风	冬至	冬至	冬至	冬至
24—35			大寒之隆					小寒	小寒	小寒	小寒
36—47			冬没					大寒	大寒	大寒	大寒
48—59	发气		作春始解					立春	立春	立春	立春
60—71		[迎春]	少岁起	立春46	立春46	春始	条风	雨水	雨水	雨水	启蛰
72—83	木气竭97（发气后进五日木气竭与冬分同一日）		六时					惊蛰	启蛰	启蛰	雨水
84—95		春分	华实					春分	春分	春分	春分
96—107			八时	春分46	春分46	春（日）至	明庶风	清明	清明	清明	谷雨
108—119	甘露降		九时					谷雨	谷雨	谷雨	清明
120—131		[迎夏]	中生					立夏	立夏	立夏	立夏
132—143			春没	立夏45	立夏45	夏始	清明风	小满	小满	小满	小满
144—155			始夏					芒种	芒种	芒种	芒种
156—167	草气竭157	[日夏至]	柔时					夏至	夏至	夏至	夏至
168—179			十四时	夏至46	夏至46	夏（日）至	景风	小暑	小暑	小暑	小暑
180—191	日北至（甘露降后退日后，日北至与夏至同一日）		十五时					大暑	大暑	大暑	大暑
192—203			日夏至					立秋	立秋	立秋	立秋
204—215		[迎秋]	历生	立秋46	立秋46	秋始	凉风	处暑	处暑	处暑	处暑
216—227			夏没					白露	白露	白露	白露
228—239			凉风					秋分	秋分	秋分	秋分
240—251	白露降	[秋分]	五时	秋分45	秋分45	秋（日）至	阊阖风	寒露	寒露	寒露	寒露
252—263			六时					霜降	霜降	霜降	霜降
264—275		[迎冬]	七时					立冬	立冬	立冬	立冬
276—287			霜气	立冬41	立冬45	冬始	不周风	小雪	小雪	小雪	小雪
288—299			秋乱					大雪	大雪	大雪	大雪
300—311	霜降		十时								
312—323			秋没								
324—335			寒								
336—347			阴气								
348—359			闭气								
360—11			十五时／余气								
总计		（总计368日）（总计366日）	（总计360日）	（总计360日 或361日）	（总计365日）（总计368日）				（总计365.25日）	（总计365.25日）	

随着四时二十四节气系统的逐渐推广普及，五行令才慢慢地退出日常使用，见表2.7。

三、五行时令与四时月令的结合与二十四节气形成关系

综上所论，通过对三十七时、三十时等不同节气系统的简单梳理，能够探知与常见的四时令不同的节气系统是如何产生、发展和消亡的。战国以降，各国文字有别，历法系统不同。楚系简帛以清华简《四时》为代表，是时人对天象的观测结果，而银雀山汉简、《管子》等齐地流行的三十时则起于五行历，是五行历深化发展的结果。这类划分时节的依据是"气"在一年内的变化发展，其测时方法主要有以律候气、考察星象和揆度测影等。战国时期是四时历与五行历整合的大阶段。五行历为基础的"三十时"受四时令影响，逐渐由五行基础向四时划分转向。

相对完备的四时二十四节气和七十二物候系统恰逢其时，并随着政治大一统的趋势相应生成。二十四节气是对时间的分节，根据太阳视运动的位置以及物候、气候的变化将一年等分为二十四个刻度，并给每个刻度标识一个相应的名字。但"幼稚而朴素的哲学认为一年之中四季流行乃是阴阳二气激荡、交替轮番的过程"，甚至认为"人为的努力是能够有效帮助自然克服障碍，正常运转"的。[1]所以说，这类将气象变化、物候变迁与人间的农事劳作、灾异嘉祥相互对应的传统出现较早。无论是传世文献还是新出文献都注重将节气、物候、政

1　常金仓:《四时宣气》,《周代社会生活论述》,长春:吉林人民出版社,2007年,第138页。

令，其至各家学说相结合。这使二十四节气除体现出政治时间的重要性外，还蕴藏了极丰富的人文情感，并渗透到不同的文字记载中。《逸周书·时训》的文本大致需要分成两部分，对七十二物候的完整阐发明显相对晚出，体现了充分的"感应"色彩。

但无论如何，两汉之时二十四节气系统已完全定型，两汉之间节气次序有所调整。《汉书·律历志》："五星起其初，日月起其中，凡十二次。日至其初为节，至其中斗建下，为十二辰。视其建而知其次。"[1]所以，节、气有别，《汉书》明确指出二十四节气分为节气和中气，从立春开始初始节气为节气，然后为中气，以节气、中气为序排列。除太初改历外，董仲舒的《春秋繁露·阴阳出入》用阴阳学说的理念诠释二十四节气，将节气的时间、意义与阴阳之气出入变化结合起来，成为政治意义上将汉代节气完全定型的重要表现。《周髀算经》则根据日晷的影长来确定二十四节气，东汉末年数学家赵爽解释："二至者，寒暑之极；二分者，阴阳之和；四立者，生长收藏之始，是为八节。节三气，三而八之，方为二十四气。"[2]从数字生成的逻辑上分析八节到二十四气的演变。虽然这种演变并非天文学和物候观察的结果，但亦能表现出秦汉时人对二十四气、二十四节、二十四时、二十四节气系统的某种偏爱。《后汉书》记载焦延寿、京房首倡卦用事日、"六日七分"之法[3]，即分六十四卦，直日用事。张培瑜先生对此"六日七分"之法有所推演，其方法自汉末刘洪《乾象历》起，载于各代史书历志，各卦直日与二十四节气密切相关。[4]

1　班固著，颜师古注：《汉书》卷二十一《律历志》，第984页。

2　钱宝琮等校点：《周髀算经》，第65页。

3　范晔撰，李贤等注：《后汉书》卷五十二《崔骃列传》，第1722页。

4　张培瑜：《出土汉简帛书上的历注》，国家文物局古文献研究室编：《出土文献研究续集》，北京：文物出版社，1989年，第143—146页。

《吕氏春秋》中的正式节气只有《孟春纪》中所见"立春"，其《仲春纪》所见春"日夜分"即"春分"，《孟夏纪》所见"立夏"，《仲夏纪》所见夏"日长至"即"夏至"，《孟秋纪》所见"立秋"，《仲秋纪》所见秋"日夜分"即"秋分"，《孟冬纪》所见"立冬"，《仲冬纪》所见冬"日短至"即"冬至"。其余节气根据物候规律基本也能推定出来，参见表2.6。但节气名称也不见于相近的《月令》《淮南子·时则》等文献。所以说，"二十四节气"雏形成于战国，而在秦汉之时定型，应当是逐渐形成和完善的。

　　"八节"虽是二十四节气的结构性因素，但其中的中气"四时"才是四时令的基础，亦成为十二月令的中绳，平分每个季度。在十二中气的基础上，方才逐渐明确了十二节气，最终十二中气和十二节气合称二十四节气。本质上，二十四节气体现了太阳视运动所处的二十四个均分的位置（或是指一个回归年内二十四个均分的时间节点），将太阳周年均分为二十四时间段，自然也就具有别时节、明季候的意义。通过以上的文献分析，我们能够将二十四节气的雏形追溯到战国时期[1]，其逐渐在秦汉时期定型。胡家草场地汉简《日至》所纪录的仅有"八节"干支，而太初改历前的其他历谱所存节气名称和纪历建首各不相同，这与秦汉以降各地异朔的具体情况相符合。这一阶段漫长而烦琐，可惜囿于材料，甚至"有些细节我们尚不知晓"[2]，难以确定其具体的形成节点。

1　李勇：《中国古代节气概念的演变》，第163页。
2　王子今：《秦汉社会生活中的"节气""节令""节庆"》，《光明日报（理论·史学版）》，2022年5月23日，第14版。

第三章 出土文献与春之节气探源

第一节 立春 阳初生

一、胡家草场地汉简所见"春立"与八节干支纪年

胡家草场
汉墓竹简
《日至》
简2752
（局部）

　　"立春"之名，秦汉简牍亦作"春立""定春"，以强调二分、二至以后的四立之首。胡家草场汉墓竹简《日至》简1则记述四立之名。简2752云："冬立，十月至十一月；春立，十二月下旬正月上旬；夏立，四月至五月；秋立，七月。四时之分，常在四时中月之中。"简3923+2723+3880正："冬至，立春，春分，立夏，夏至，立秋，秋分，立冬。"同篇之中存在"春立"和"立春"两种名称，前者为模糊的一段时间，强调春季的到来，后者明确指立春一节的具体日期，所以下文记谱之时涉及具体时间皆以"立春"称之。

　　陈梦家《汉简年历表叙》推定汉简历谱共存15件：本始二年（前72年）、本始四年（前70年）、元康三年（前63年）、神爵元年（前61年）、神爵三年（前59年）、五凤元年（前57年）、永光五年（前39年）、鸿嘉四年（前17年）、永始四年（前13年）、建平二年（前5年）、居摄元年（6年）、居摄三年（8年）、永元六年（94年）、永元十七年（105年）、永兴元年（153年）[1]。随着大量新出文献的面世，今日所见秦汉历谱

1　陈梦家：《汉简年历表叙》，《考古学报》1965年第2期，第103—149页。

类文献中还有以干支纪日，并标注早期节气和时令的现象，但相对零散，如阜阳双古堆汝阴侯式盘所记汉文帝七年（前173年）十一月辛酉冬至，随州孔家坡汉简载"汉景帝后元二年十月甲辰冬至、十二月庚寅立春、五月丙午夏至"[1]等。

银雀山汉简《元光元年历谱》较《本始二年历谱》早62年，虽缺残成42段，但依记日干支得以推定补上，仍属完整历谱。此历谱干支除记日外，日下附记存：冬日至、腊、出种、立春、立夏、夏日至、初伏、中伏、立秋、后伏等节气、时令名称。简文中反支日简写作反，和九月甲子、丙子二日干支下各附"子"字等。简1"七年夙日"，当以建元七年已改为元光元年（前134年），则这套历谱的书写时间当在元光元年改元之前，详细排谱见表3.1[2]。胡家草场汉墓竹简《日至》因记载的是汉文帝后元元年（前163年）至元康二年（前64年）的历谱，虽仅以八节干支纪年，但其简593所记"卅丙戌，壬申，丁巳，癸卯，戊子，甲戌，甲申，乙巳"，即汉武帝元光元年（前134年）八节干支，经推演与银雀山汉简《元光元年历谱》相合。复原其全年干支和八节相应位置，包括闰九月的纪日，排谱结果亦见表3.1。

此两历合谱基本一致，但"秋分"一节按照《日至》简文当是"甲申"，而依颛顼历和《元光元年历谱》推演则应是"庚申"，李忠林指出"抄写时将'庚申'误为'甲申'的可能性是很大的"[3]，

1　湖北省文物考古研究所、随州市考古队编著：《随州孔家坡汉墓简牍》，第191—193页。

2　前学已有做过释读、复原工作，为方便对节气的考察，本研究重新排列历谱，并将胡家草场汉简《日至》和银雀山汉简《元光元年历谱》所涉节气和时令之日以不同颜色标注，蓝色为《日至》；红色为《元光元年历谱》；绿色为二者相重之日；[　]表示时间可榷。参考吴九龙释：《银雀山二号墓汉简释文》，《银雀山汉简释文》，第233—235页；荆州博物馆、武汉大学简帛研究中心编著：《荆州胡家草场西汉简牍选粹》，第2、117—128页。

3　李忠林：《胡家草场汉简〈日至〉初探》，第102页。

表3.1　胡家草场汉墓竹简《日至》、银雀山汉简《元光元年历谱》合谱

	十月	十一月	十二月	正月	二月	三月	四月	五月	六月	七月	八月	九月	后九月
1	[己丑]	[己未]	戊子	戊午	戊子	[丁巳]春分	丁亥反	丙辰	丙戌反	乙卯	乙酉	甲寅	[甲申]秋分
2	[庚寅]	[庚申]	[己丑]	[己未]	己丑	戊午	戊子	丁巳	[丁亥]	丙辰	丙戌反	[乙卯]	[乙酉]
3	辛卯	辛酉反	庚寅	庚申反	[庚寅]	[己未]	己丑	戊午	[戊子]夏日至	丁巳	[丁亥]	[丙辰]	[丙戌反]
4	壬辰	壬戌	辛卯	辛酉	辛卯	庚申反	庚寅	己未反	己丑	戊午	戊子	丁巳	丁亥
5	癸巳	癸亥	壬辰	壬戌	壬辰	辛酉	辛卯	[庚申反]	庚寅	己未反	己丑	戊午反	戊子
6	[甲午]	[甲子]	[癸巳]	[癸亥]	癸巳反	壬戌	壬辰	辛酉	辛卯	庚申	庚寅	己未	[己丑]
7	乙未	乙丑	甲午	甲子	甲午	癸亥	癸巳反	壬戌	壬辰反	辛酉	辛卯	庚申秋分	庚寅
8	丙申	丙寅	乙未	[乙丑]	乙未	甲子	甲午	癸亥	癸巳	[壬戌]	[壬辰]	[辛酉]	[辛卯]
9	丁酉	丁卯反	丙申	丙寅反	丙申	乙丑	乙未	甲子	甲午	癸亥	癸巳	壬戌	壬辰
10	戊戌	戊辰	丁酉	丁卯	丁酉	丙寅反	丙申	乙丑反	乙未	甲子	甲午	癸亥	癸巳
11	己亥	己巳	戊戌腊	戊辰	戊戌	丁卯	丁酉	丙寅	丙申	乙丑反	乙未	甲子子	甲午
12	庚子反	庚午	己亥反	己巳	己亥反	戊辰	戊戌	丁卯	丁酉	丙寅	丙申	乙丑	乙未
13	辛丑	辛未	庚子	庚午	庚子	己巳	己亥反	戊辰	戊戌反	丁卯	丁酉	丙寅	丙申
14	壬寅	壬申	[辛丑]	[辛未]	辛丑	庚午	庚子	己巳	己亥	戊辰	戊戌反	丁卯	丁酉反
15	癸卯	癸酉反	[壬寅]	壬申反立春	壬寅	辛未	辛丑	庚午	庚子初伏	己巳	己亥	戊辰	戊戌
16	甲辰	甲戌	[癸卯]	[癸酉]	癸卯	壬申反	壬寅	辛未反	辛丑	庚午	庚子	己巳	己亥
17	[乙巳]	乙亥	甲辰	甲戌	甲辰	癸酉	癸卯立夏	壬申	壬寅	辛未反	辛丑	庚午反	庚子
18	丙午反	丙子	乙巳反	乙亥	[乙巳反]	甲戌	甲辰	癸酉	癸卯	壬申	壬寅	辛未	辛丑
19	丁未	丁丑	丙午	丙子	丙午	乙亥	[乙巳反]	甲戌	甲辰反	癸酉	癸卯	壬申	壬寅
20	戊申	戊寅	丁未	丁丑	丁未	丙子	丙午	乙亥	乙巳	甲戌立秋	甲辰反	癸酉	癸卯反
21	己酉	己卯反	戊申	戊寅反	戊申	丁丑	丁未	丙子	丙午	乙亥	乙巳	甲戌	甲辰
22	庚戌	庚辰	己酉	己卯	己酉	戊寅反	戊申	丁丑反	丁未	丙子	丙午	乙亥	乙巳立冬
23	辛亥	辛巳	庚戌	庚辰	庚戌	己卯	己酉	戊寅	戊申	丁丑反	丁未	丙子子	丙午
24	壬子反	壬午	辛亥反出种	辛巳	辛亥反	庚辰	庚戌	己巳	己酉	戊寅	戊申	丁丑	丁未
25	癸丑	癸未	壬子	壬午	壬子	辛巳	辛亥反立夏	庚辰	庚戌反中伏	己卯	己酉	戊寅	戊申
26	甲寅	甲申	癸丑	癸未	癸丑	壬午	壬子	辛巳	辛亥	庚辰后伏	庚戌反	己卯	己酉反
27	乙卯	乙酉反	甲寅	甲申	甲寅	[癸未]	[癸丑]	壬午	壬子	辛巳	辛亥	庚辰	庚戌
28	丙辰	丙戌冬至	乙卯	乙酉	乙卯	甲申反	甲寅	[癸未]	癸丑	壬午	壬子	辛巳	辛亥
29	丁巳	丁亥	丙辰	丙戌	丙辰	乙酉	乙卯	甲申反	甲寅	癸未反	癸丑	壬午反	壬子
30	戊午反		丁巳反	丁亥		丙戌		乙酉		甲申反			癸未

此说甚是。与《秦汉初朔闰表》比较可知其与殷历和新出秦汉简牍复原的历法完全吻合，但与颛顼历的八月、后九月（即闰九月）不合朔[1]。这些问题，还需讨论。《日至》以八节纪日纪年，强调的是对前163年至前64年一百年间的推谱纪日。《元光元年历谱》更近一年的实用历谱，其记录的节气名称虽是不完整的"八节"，但已有"立春"一称，且二分俱在，三立皆存，说明此时四立的概念，甚至更加丰富的节气体系已为人所熟知。但因历谱本身的实用性功能，在日常运用中民间更容易记载时令、节俗类的名称，比如腊、出种、初伏、中伏、后伏等与日常生产、生活更有关系的名称。所以两种历谱记录不同，且对节气的称名、记述的详略程度也不一。

银雀山汉简《元光元年历谱》还原基于吴九龙《银雀山汉简释文》，加以基础推算后可知，银雀山汉简《元光元年历谱》总天数有384日，后九月为闰月。[2]两表对照可见胡家草场汉简《日至》与银雀山《元光元年历谱》有四个节气完全重合，分别是冬至（丙戌）、立春（壬申）、夏至（戊子）、立秋（甲戌）。

此表中存在三套不同的纪时系统，一为以干支纪日，一为以节气纪日，一为以月亮盈缺纪日。其中实际作用于社会生产生活的为节气纪日，其他两种纪日为辅助，三者不重合但并行使用。节气系统是对太阳视运动的划分，全年则应为365日或366日，两节的间隔日数也应有规律可循。例如《日至》除秋分外，其余节点间隔均为44日或45日。而《日至》原简"秋分"记为"甲申"，若"甲申"为"庚申"误，则正好可以平分前后两节，亦与其他两节的间隔日数规律相

1　张培瑜：《秦汉初朔闰表》，《中国先秦史历表》，第236页。
2　李洪财认为四分术下的历法计算要有五个条件：其一，地球公转一周的数值，即岁实；其二，月亮绕地球一周的数值，即朔策；其三，计算起点月朔干支和大小余或每个节气的定点，知道了月朔干支就知道了起点日，知道了大小余就可以确定大月；其四，月序排列的问题要厘清，比如殷历以十二月为岁首，周历以十一月为岁首，到了秦以十月为岁首；其五，闰月的问题，有的是岁末置闰，有的是在无中气月置闰。若有了以上五个条件，就可以准确复原历表，得到比较准确的月序、节气、闰月位置。但先秦两汉的历法复原必须要满足第一、二条件，历法才不至于在使用过程中出现月相不和、节气错乱等问题。详见氏著：《从走马楼西汉简歧异干支谈汉初历法混用问题》，第129—130页。

合，特此标注为蓝色字［秋分］，见表3.1，原秋分位置亦保留，供讨论。冬至前十月亦存一立冬可依据干支和间隔日数进行推断，但不能确定是45日还是46日，故未在十月干支上标记。

银雀山汉简《元光元年历谱》根据吴九龙释文十二月二十四日作"辛亥　出种反"，但根据纪日原则，当改为"辛亥反　出种"。此外，元光元年（前134年）全年朔日干支三月有阙，此日当为春分日，据《元光元年历谱》干支推演结果和《日至》所记春分"丁巳"干支相匹，故以蓝字［丁巳］还原，见表3.1。《元光元年历谱》和《日至》在立夏处有偏差，若将《元光元年历谱》立夏调整为与《日至》立夏同一日，才更符合节气间隔规律，故《元光元年历谱》立夏"辛亥"干支当有讹误。说明当时对二十四节气系统的使用存在某些偏差或有其他情况，故在此将两种历书与二十四节气系统做表参照，见表3.2。

值得一提的是，若将《元光元年历谱》《日至》与二十四节气的八节大致对照，发现"霜降"（中气）位处后九月（闰月）中，故该年采用的尚是年终置闰法。西汉太初元年（前104年）改历后，才开始通行中气置闰法[1]，而此时仍旧采用年终置闰，亦可佐证此观点。

尹湾汉简《元延元年历书》《元延二年日记》均有记载节气和相关岁时俗节，对了解汉成帝元延元年（前12年）的纪时系统和岁时生活有一定提示，故对其全年干支进行复原，见表3.3，并梳理其全年的节气系统与二十四节气进行对照，见表3.4。

据《元延元年历书》干支表可还原元延元年（前12年）全年历谱及节气对照表。还原历谱须先定岁首，将各月朔日之间的时差进行计

---

1 商代至少帝辛时代采用"岁中置闰"，但西周时期不是岁中置闰。根据各种金文材料证明，西周特别是西周中晚期是年终置闰，即把闰月放在第十三个月。根据里耶秦简、周家台关沮秦简历日简所复原的秦历，可知以小雪为十月为标准，亦是年终置闰。李学勤先生指出"岁中置闰一定比岁末置闰先进"，主要在于是否考虑中气与置闰的关系。详见李学勤：《郏其三卣（下）》，《金文与西周文献合证》，北京：清华大学出版社，2023年，107—108页；张培瑜、张春龙：《秦代历法与颛顼历》，湖南省文物考古研究所编著：《里耶发掘报告》，长沙：岳麓书社，2006年，第742—745页。

表3.2　银雀山汉简《元光元年历谱》与胡家草场汉简《日至》对照表

月份	银雀山汉简《元光元年历谱》	胡家草场汉简《日至》	二十四节气	日期
后九月		立冬（乙巳）	立冬	后九月二十二
九月		秋分（甲申）、[秋分]（庚申）	寒露、秋分	[九月六日]
八月			白露、处暑	
七月	后伏（庚辰）、立秋（甲戌）	立秋（甲戌）	立秋、大暑	七月二十
六月	中伏（庚戌）、初伏（庚子）		小暑	六月三日
五月	夏日至（[戊子]）	夏至（戊子）	夏至、芒种、小满	
四月	立夏（辛亥）	立夏（癸卯）	立夏、谷雨	四月十七
三月			清明、春分	三月一日
二月		春分（丁巳）	惊蛰、雨水	
正月	立春（壬申）	立春（壬申）	立春	正月十五
十二月	出种（辛亥）、腊（戊戌）		大寒、小寒	
十一月	冬日至（丙戌）	冬至（丙戌）	冬至、大雪、小雪	十一月二十八
十月		[立冬]	立冬	

表3.3 尹湾汉简《元延元年历书》干支推算

	正月	闰月	二月	三月	四月	五月	六月	七月	八月	九月	十月	十一月	十二月
1	己亥	己巳	戊戌春分	戊辰	丁酉	丁卯	丙申	丙寅	乙未	乙丑	甲午	甲子	甲午
2	[庚子]	[庚午]	[己亥]	[己巳]	[戊戌]	[戊辰]	[丁酉]	[丁卯]	[丙申]	[丙寅]	[乙未]	[乙丑]	[乙未]
3	[辛丑]	[辛未]	[庚子]	[庚午]	[己亥]	己巳夏至	[戊戌]	[戊辰]	[丁酉]	[丁卯]	[丙申]	[丙寅]	丙申
4	[壬寅]	[壬申]	[辛丑]	[辛未]	[庚子]	[庚午]	[己亥]	[己巳]	[戊戌]	[戊辰]	[丁酉]	[丁卯]	[丁酉]
5	[癸卯]	[癸酉]	[壬寅]	[壬申]	[辛丑]	[辛未]	庚子中伏	[庚午]	[己亥]	[己巳]	[戊戌]	[戊辰]	[戊戌]
6	[甲辰]	[甲戌]	[癸卯]	[癸酉]	[壬寅]	[壬申]	[辛丑]	[辛未]	庚子秋分	[庚午]	[己亥]	[己巳]	[己亥]
7	[乙巳]	[乙亥]	[甲辰]	[甲戌]	[癸卯]	[癸酉]	[壬寅]	[壬申]	[辛丑]	[辛未]	[庚子]	[庚午]	[庚子]
8	[丙午]	[丙子]	[乙巳]	[乙亥]	[甲辰]	[甲戌]	[癸卯]	[癸酉]	[壬寅]	[壬申]	[辛丑]	[辛未]	[辛丑]
9	[丁未]	[丁丑]	[丙午]	[丙子]	[乙巳]	[乙亥]	[甲辰]	[甲戌]	[癸卯]	[癸酉]	[壬寅]	壬申冬至	[壬寅]
10	[戊申]	[戊寅]	[丁未]	[丁丑]	[丙午]	[丙子]	[乙巳]	[乙亥]	[甲辰]	[甲戌]	[癸卯]	[癸酉]	[癸卯]
11	[己酉]	[己卯]	[戊申]	[戊寅]	[丁未]	[丁丑]	[丙午]	[丙子]	[乙巳]	[乙亥]	[甲辰]	[甲戌]	[甲辰]
12	[庚戌]	[庚辰]	[己酉]	[己卯]	[戊申]	[戊寅]	[丁未]	[丁丑]	[丙午]	[丙子]	[乙巳]	[乙亥]	[乙巳]
13	[辛亥]	[辛巳]	[庚戌]	[庚辰]	[己酉]	[己卯]	[戊申]	[戊寅]	[丁未]	[丁丑]	[丙午]	[丙子]	[丙午]
14	壬子立春	[壬午]	[辛亥]	[辛巳]	[庚戌]	[庚辰]	[己酉]	[己卯]	[戊申]	[戊寅]	[丁未]	[丁丑]	[丁未]
15	[癸丑]	[癸未]	[壬子]	[壬午]	[辛亥]	[辛巳]	[庚戌]	[庚辰]	[己酉]	[己卯]	[戊申]	[戊寅]	[戊申]
16	[甲寅]	[甲申]	[癸丑]	癸未立夏	[壬子]	[壬午]	[辛亥]	[辛巳]	[庚戌]	[庚辰]	[己酉]	[己卯]	[己酉]
17	[乙卯]	[乙酉]	[甲寅]	[甲申]	[癸丑]	[癸未]	[壬子]	[壬午]	[辛亥]	[辛巳]	[庚戌]	[庚辰]	庚戌腊
18	[丙辰]	[丙戌]	[乙卯]	[乙酉]	[甲寅]	[甲申]	[癸丑]	[癸未]	[壬子]	[壬午]	[辛亥]	[辛巳]	[辛亥]
19	[丁巳]	[丁亥]	[丙辰]	[丙戌]	[乙卯]	[乙酉]	[甲寅]	[甲申]	[癸丑]	[癸未]	[壬子]	[壬午]	[壬子]
20	[戊午]	[戊子]	[丁巳]	[丁亥]	[丙辰]	[丙戌]	乙卯立秋	[乙酉]	[甲寅]	[甲申]	[癸丑]	[癸未]	[癸丑]
21	[己未]	[己丑]	[戊午]	[戊子]	[丁巳]	[丁亥]	[丙辰]	[丙戌]	[乙卯]	[乙酉]	[甲寅]	[甲申]	[甲寅]
22	[庚申]	[庚寅]	[己未]	[己丑]	[戊午]	[戊子]	[丁巳]	[丁亥]	[丙辰]	丙戌立冬	[乙卯]	[乙酉]	[乙卯]
23	[辛酉]	[辛卯]	[庚申]	[庚寅]	[己未]	[己丑]	[戊午]	[戊子]	[丁巳]	[丁亥]	[丙辰]	[丙戌]	[丙辰]
24	[壬戌]	[壬辰]	[辛酉]	[辛卯]	[庚申]	庚寅初伏	[己未]	[己丑]	[戊午]	[戊子]	[丁巳]	[丁亥]	丁巳立春
25	[癸亥]	[癸巳]	[壬戌]	[壬辰]	[辛酉]	[辛卯]	庚申后伏	[庚寅]	[己未]	[己丑]	[戊午]	[戊子]	[戊午]
26	[甲子]	[甲午]	[癸亥]	[癸巳]	[壬戌]	[壬辰]	[辛酉]	[辛卯]	[庚申]	[庚寅]	[己未]	[己丑]	[己未]
27	[乙丑]	[乙未]	[甲子]	[甲午]	[癸亥]	[癸巳]	[壬戌]	[壬辰]	[辛酉]	[辛卯]	[庚申]	[庚寅]	[庚申]
28	[丙寅]	[丙申]	[乙丑]	[乙未]	[甲子]	[甲午]	[癸亥]	[癸巳]	[壬戌]	[壬辰]	[辛酉]	[辛卯]	[辛酉]
29	[丁卯]	[丁酉]	[丙寅]	[丙申]	[乙丑]	[乙未]	[甲子]	[甲午]	[癸亥]	[癸巳]	[壬戌]	[壬辰]	壬戌晦
30	[戊辰]		[丁卯]		[丙寅]		[乙丑]		[甲子]		[癸亥]	[癸巳]	

表3.4 尹湾汉简《元延元年历书》与节气对照

	正月	闰月	二月	三月	四月	五月	六月	七月	八月	九月	十月	十一月	十二月
元延元年	立春(壬子)	春分(戊戌)		立夏(癸未)		夏至(己巳)	初伏(庚寅) 中伏(庚子) 立秋(乙卯) 后伏(庚申)	秋分(庚子)		立冬(丙戌)		冬至(壬申)	腊(庚戌) 立春(丁巳)
二十四节气	立春	雨水 惊蛰 春分	清明 谷雨	立夏	小满 芒种	夏至 小暑	大暑 立秋	处暑 白露	秋分 寒露	霜降 立冬	小雪 大雪	冬至 小寒	大寒 立春
	正月十四	二月一日		三月十六		五月三日	六月二十		八月六日	九月二十三		十一月九日	十二月二十四

尹湾汉简YM6D10正
《元延元年历书》

算，可得上下两月间隔为28日或29日，仅正月至二月（间隔48日）、十二月至正月（间隔6日）不同，十二月或为岁末。正月己亥到二月戊戌中间相隔48日，可推测闰月处此两月之间，而又闰月为己巳距正月己亥29日，故可知正月总数为30日（大），则闰月为29日（小）。元延元年（前12年）三月的癸未按甲子系统推算应为当月十六日而非十九日，并且若癸未（三月十六日）是立夏，向前数46日为春分，向后数46日为夏至，正好处于中分点，而若三月十九日为立夏则不然，故"十九日"应为"十六日"之误。

表中可见三套不同的纪时系统，一为干支纪日，一为节气纪日，一为月亮盈缺纪日，最实际作用于生产生活的为节气纪日。还原全表后可知全年为384日，正月十四日立春当日至十二月二十四日立春前一日，共计365日，这一岁实时间由节气纪日。与二十四节气对照可知，元延元年（前12年）时虽不知二十四节气名称是否完整，但八节的运用已相对成熟，也比较符合社会生产、生活实际运用的需要。

二、清华简《系年》"帝籍"与春季籍田考述

传世文献中不乏对立春之日君主须应时作为的记述。如《后汉书·礼仪志》记述"立春"一条：

立春之日，夜漏未尽五刻，京师百官皆衣青衣，郡国县道官下至斗食令史皆服青帻，立青幡，施土牛耕人于门外，以示兆民，至立夏。唯武官不。立春之日，下宽大书曰："制诏三公：方春东作，敬始慎微，动作从之。罪非殊死，且勿案验，皆须麦秋。退贪残，进柔良，下当用者，如故事。"[1]

《东观汉记·礼志》："立春之日，立青幡，施土牛于门外，以示兆民。"[2]《论衡·乱龙篇》："立春东耕，为土象人，男女各二人，秉耒把锄；或立土牛。[象人、土牛]，未必能耕也，顺气应时，示率下也。"[3]两汉之时的立春日天子须亲耕劝农，这实际上是对先秦时期"籍田礼"的一种延续和继承。传世文献中"耤""藉""籍"三字经常混用。《说文》中"耤""藉""籍"三字皆存，三字声符相同，故此三字经常假借混同。彭邦炯先生从甲骨卜辞"作邑"看，商代的"邑田"已有"耤田"的性质，周代的"耤田"应由此而来，商周之际的"籍田"制度是一个自然演变的过程。[4]杨宽先生指出天子"籍田"当为祭祀，兼有尝新之用。[5]甲骨卜辞中亦存较多呼、告某"籍"的文例，目前学界多有讨论。[6]

1 范晔撰，李贤等注：《后汉书》志第四《礼仪上》，第3102页。
2 刘珍等撰：《东观汉记校注》，北京：中华书局，2002年，第157页。
3 王充著，黄晖撰：《论衡校释》，第702—703页。
4 彭邦炯：《卜辞"作邑"蠡测》，胡厚宣等著：《甲骨探史录》，北京：生活·读书·新知三联书店，1982年，第256页。
5 杨宽：《"籍礼"新探》，《西周史》，上海：上海人民出版社，2019年，第288—303页。
6 武家璧曾以为缀合《合集》05604及《合集》09500两片卜辞，且以为甲骨文中已存"观籍"之礼，但郭沫若先生实先有缀合，见于《缀汇》0204。宁镇疆对商代有无"籍田""观籍"之礼也有不同理解，与武氏不同。详见武家璧：《从卜辞"观籍"看殷历的建正问题》，饶宗颐主编：《华学》（第八辑），北京：紫禁城出版社，2006年，第82页；宁镇疆：《周代籍礼补议——兼说商代无"籍田"及"籍礼"》，《中国史研究》2016年第1期，第45—62页；后收入上海大学文学院编：《载芟集》，上海：上海大学出版社，2018年。

清华简贰《系年》有"帝籍"之说，即简文所指"帝敜"，整句释文作"（武王）乃作帝籍，以登祀上帝天神"，祭祀对象既包括"上帝"又有"天神"，这是受"籍礼"的对象。周武王"作帝籍"是有感于商纣在祀神上的消极应付[1]，即礼仪崩坏，故而导致了所谓"不恭上帝，裸祀不寅"的状态。因此可以设想周代作"帝籍"的初衷就是要改弦更张，显示与商人之不同，这是一种对殷商制度的结构性革新。周之"籍田"当专用于礼神，而《系年》之"帝籍"，从功能上说其实就是专属于"帝"的，即当时的武王，可以说"帝籍"是周武王的一个创举[2]。武王作为周真正的建立者和革殷命的天之统帅，具有强烈的革命性。一方面，"籍田"因"帝籍"为表率而具有颇为强烈的身份属性。《周礼·天官·甸师》："甸师掌帅其属而耕耨王藉，以时入之，以共粢盛。""甸师"为专管"籍田"的职官，"王藉"显然是"以共粢盛"的"帝籍"，这是对帝王身份的强调。另一方面，因"籍田"的属性由其土地属性而来，本身"籍

令鼎铭文拓片

1　宁镇疆：《周代籍礼补议——兼说商代无"籍田"及"籍礼"》，第54页。
2　朱凤瀚：《清华简〈系年〉西周史事考》，《甲骨与青铜的王朝》（中册），上海：上海古籍出版社，2022年，第875页。

田"之"田"当是周王室的大型田庄，耕种者为庶民。金文材料中亦存对"籍田"的记载。昭王时期的令鼎（《集成》02803）铭曰："王大耤（籍）农于諆田，饧（饷）。王射（射），有嗣（司）眔师氏、小子卿（会）射。王归自諆田，王駟（驭），濂仲仆，令眔奋先马走。王曰：'令眔奋乃克至，余其舍汝臣卅家。'王至于濂宫，辳，令拜頴（稽）首，曰：'小子乃学。'令对扬王休。"唐兰先生认为此令应是濂公一家，而尚是小子，与作册矢令并非一人。[1] 可见此时王"籍田"于"諆"，无论是借国人之力耕其田，或是仅举行"籍田"之礼，都有亲耕的性质。[2]

西周穆王、共王时期铜器载簋[3]（《集成》04255）铭曰："王曰：载，令汝作嗣（司）土，官嗣（司）耤（籍）田。"至少自共王开始，专门设置嗣（司）土，管理王室籍田。周天子行籍田礼的"籍田"虽名曰

师旂簋

师旂簋口沿下纹饰

---

1 唐兰：《西周青铜器铭文分代史征》，《唐兰全集》（第7册），上海：上海古籍出版社，2015年，第247页。

2 白寿彝总主编，徐善辰、斯维至、杨钊主编：《中国通史》（第3卷），上海：上海人民出版社，2015年，第655—656页。

3 郭沫若先生云："本铭文辞字体与宣世器相近，穆公殆即召虎，故次于此。"依郭氏之言，凭载簋铭文之"穆公"可断此器为共王时器。详见郭沫若：《两周金文辞大系图录考释》，《郭沫若全集》（第8册），北京：科学出版社，2002年，第150页。

千亩，其实只是王室籍田的一处而已[1]。陕西扶风豹子沟出土的西周晚期宣王时器南宫乎钟，其作器者南宫乎自称其先祖为"南公"，他本人当时官至司徒，职掌土地、农业和籍田等[2]。周厉王时器师㽙簋其铭文开篇叙述"师和父毁"[3]，晁福林先生认为"毁"当读作"籍"[4]，此说即与"籍田"相关。

因师㽙簋与辅师㽙簋[5]作器者为同一人，且时代接近，所记事皆为因恩受册，故一并讨论。辅师㽙簋中荣伯为辅师㽙的右者，在师㽙簋中宰琱生为师㽙的右者。荣伯即荣夷公，是周厉王专利集团的重要成员，相关记载亦见于《逸周书·芮良夫》《国语》等文献，其专利对象多为山林川泽、林苑田土等。从金文材料看荣夷公的职司当为嗣土，如宰兽簋（《新收》0663）铭："唯六年二月初吉甲戌，王在周师录（录）宫，旦，王格大室，即立，嗣（司）土荣伯右宰兽。"作器宰为贵族家族的总管，厉王册命兽为王室之宰。荣伯可能因掌管众多重要的国家资产，特别是对田土的占有而与厉王

---

1 张靖:《西周的衰弱》，博士学位论文，南开大学，2023年，第238页。

2 张亚初、刘雨:《西周金文官制研究》，北京:中华书局，1986年版，第8页。

3 马承源主编:《商周青铜器铭文选》（第三册），北京:文物出版社，1988年，第264页。

4 晁福林:《论"共和行政"及其相关问题》，《夏商西周史丛考》，北京:商务印书馆，2018年，第765页。

5 辅读镈，采纳郭沫若先生说。见郭沫若:《辅师㽙簋考释》，《考古学报》1962年第1期，第1—3页;黄盛璋:《西周铜器中服饰赏赐与职官及册命制度关系》，《传统文化与现代化》1997年第1期，第38页。关于断代问题，唐兰认为辅师㽙簋是侈口簋，颈部有长尾鸟的花纹，认为辅师㽙簋的纹饰与西周前期铜器的艺术风格相近，则断辅师㽙簋为穆王末年器。后王世民、李学勤据唐兰说法判断辅师㽙簋为共王时器。张靖一改前说，对纹饰、铭文、史实综合考察，认为此器为厉王时器，与晁福林先生观点相近。详见唐兰:《〈永盂铭文解释〉的一些补充》，《唐兰全集》（第4册），上海:上海古籍出版社，2015年，第1427页;王世民、张长寿:《西周青铜器分期断代研究》，第65页;李学勤:《西周青铜器研究的坚实基础》，《文物》2000年第5期，第90页;张靖:《西周的衰弱》，第133—134页。

亲近，故册封荣伯为宰兽之右者，称其为"嗣土荣伯"。可见，周代的"籍田"管理已经相对完备，且天子对田土的重视已经由周初建立分封、强调亲耕等仪式逐渐确立，并形成了重要的管理系统和占有方式。

春秋战国时期的"籍田"产生出更多的内涵，但也延续了这种因土地制度而形成的身份属性。《孟子·滕文公下》："礼曰：'诸侯耕助以供粢盛，夫人蚕缫以为衣服。'"[1]"耕助"于语法上不通，又"助"与"藉"音近可通，裘锡圭先生指出："就是'助'法之名，也有可能是由'耤'而来的。这就是说，'助'法有可能本是由于让人'耤'公田而得名的。"[2]则孟子所谓"耕助"，其实当为《礼记·乐记》与《祭义》中的"耕藉"，实即"耕籍"，可理解为躬耕"籍田"之义。诸侯"籍田"，夫人"蚕缫"，当是春日盛景。《诗·周颂·载芟》小序云："春籍田而祈社稷也。"此处"春籍田"明显为状语前置的动宾结构，即指在春日通过亲耕的形式来行典礼。"籍田"不仅是春日典礼，象征性的仪式，更与立春一节的精神内涵辅车相依。《国语·周语上》：

> 宣王即位，不籍千亩。虢文公谏曰："不可。夫民之大事在农，上帝之粢盛于是乎出，民之蕃庶于是乎生，事之供给于是乎在，和协辑睦于是乎兴，财用蕃殖于是乎始，敦庬纯固于是乎成，是故稷为天官。古者，太史顺时覛（觅）土，阳瘅愤盈，土气震发，农祥晨正，日月厎于天庙，土乃脉发。先时九日，太史告稷曰：'自今至于初吉，阳气俱蒸，土膏其动。弗震弗渝，脉其满眚，谷乃不殖。'

1　赵岐注，孙奭疏：《孟子注疏》，第5893页。

2　裘锡圭：《西周粮田考》，《裘锡圭学术文集》（第5册），上海：复旦大学出版社，2012年，第193页。

稷以告王曰：'史帅阳官以命我司事曰："距今九日，土其俱动。王其祗祓，监农不易。"'王乃使司徒咸戒公卿、百吏、庶民，司空除坛于籍，命农大夫咸戒农用。"[1]

周宣王想要废"籍礼"，虢文公以"籍田"之重要性和太史之言劝谏，因古时太史因循时序察看土情，阳气上升，土气起动，就是晨正。晨正，即立春之节，韦昭注云："谓立春之日，晨中于午也。农事之候，故曰农祥也。"[2]立春之时，太阳月亮都到了室宿的位置，土气便层层发动起来，此时则必须动土，即必须在地气发动前做好准备，按《国语》"距今九日，土其俱动"之说，当提前九日"籍田"。

周人以农事兴邦，中国至今仍是农业大国，在文化心理上"籍田"之礼与国人农事兴衰辅车相依，其仪节有象征性，更具有号召力。

及至秦一统，继承周制，秦汉时"籍田"制度还体现在全国上行下效的劝农仪式中，其中有一仪式环节需要设立"土牛"，即今日"打耕牛"的由来。这些劝农仪式已属于迎春礼的范畴，与籍田礼有一些相似处，但"迎春礼更强调春季的自然特征，而籍田礼则

东汉 张景造土牛碑拓本（局部）

1　左丘明撰，徐元诰集解：《国语集解》，第15—17页。
2　同上书，第16页。

着眼于春季的社会意义"[1]。劝农仪式亦是推行更广的官方典礼，各郡国县道均须举行。《后汉书·礼仪志》称各郡国县道举行仪式的地点在城门外，而据东汉张景碑碑文所记张景承担造土牛一事，设其在"府南门外"[2]。设于南门事实上与《礼记·祭统》的记载相符，此时张景于南门外行劝农之礼，土牛立于城外可能已形成定制。

立春劝农之礼的具体内容除造土牛外，由《论衡·乱龙》亦知劝农仪式须置立土人（男女二人，秉耒把锄）。据张景碑知除土人、土牛、犁、耒之外，还须有作为庙室的五驾（架）[3]瓦屋二间，以及草、蓸（竹席或草席）等什物。[4]综合这些记载，可知举办劝农仪式的地点建有一座五驾（架）的瓦屋，屋内须放置草、蓸等什物。屋前或是屋内则有泥塑、实物组合而成的造型一组，其形象是男女二人，男子秉耒，女子把锄。[5]

1　马小菲：《西汉岁时活动中的观念研究》，《齐鲁学刊》2022年第6期，第47页。

2　东汉张景造土牛碑于1958年河南省南阳市南城门内马路东侧出土，系当地群众整修街道时掘出，移至南阳市文化馆保存，1959年迁至南阳市卧龙岗汉碑亭内。原碑当立于东汉延熹二年（159年），碑高125厘米，碑宽54厘米。碑文字体宽扁，点画波尾显明，笔画从容秀雅，端正而不板滞。与《礼器碑》《乙瑛碑》等书体相近，成熟之八分书。碑文共存11行，满行23字，清晰可识者225字。碑文内容为3件当时地方政府的行政文书，记载了乡民张景承担建造土牛、搭建瓦屋，供春日祭祀使用，并被免除世代劳役的官方文书。原石现藏河南省南阳市博物馆。详见李明桓主编，贾煜玲编著：《东汉〈礼器碑〉〈张景碑〉》，杭州：中国美术学院出版社，2017年，第98—114页。

3　驾即架，建筑学意义上"间"表示面阔方向的尺度，"架""界""步"等表示进深方向的尺度，五驾即五架、两间，表示面阔两间，进深五架椽。

4　释文见高文著：《汉碑集释》，开封：河南大学出版社，1997年，第227—231页。

5　鲁西奇著：《人群·聚落·地域社会　中古南方史地初探》，厦门：厦门大学出版社，2012年，第219—221页。

三、敦煌 S.0610V《失类名书》、P.2666V《单方》与迎春习俗

立春为"八节"之一，于天子其有"籍田"之礼，于后世百姓亦有"打春"之盛，皆昭示其作为汉代以后每年首个节气的重要性。其居于岁首，一般又在正月、腊月之时，此时的民俗活动丰富而热闹非凡，于一冬严寒之中蕴藏生机。唐人张九龄《立春日晨起对积雪》："忽对林亭雪，瑶华处处开。今年迎气始，昨夜伴春回。玉润窗前竹，花繁院里梅。东郊斋祭所，应见五神来。"[1]张公子寿笔下立春日仍可见林亭之雪，窗前玉竹，院中繁梅。唯有尾联点出立春之时的祭祀之礼和迎春纳福的喜乐。

有两件敦煌文献记载了立春日的天象和时令，为了解中古中国的气候民俗提供了便利。S.0610V《失类名书》记载了立春日阴阳调和，以宝鸡、瑞燕之兆迎春的内容，与世俗生活密切相关。具体记载为："立春日：铜浑初庆垫，玉律始调阳。五福除三祸，万吉消百殃。宝鸡能僻恶，瑞燕解呈祥。立春著户上，富贵子孙昌。"[2]《失类名书》所载从格律及平仄上看，并非五律，而属立春日的联句或俗谚，其中包含了时人的美好愿望及企盼。铜浑，即浑天仪，如朱弁《曲洧旧闻》卷八云："元祐四年三月己卯，铜浑仪新成，盖苏子容所造也，古谓之浑天仪。"[3]唐人骆宾王《秋晨同淄州毛司马秋九咏·秋云》："南陆铜浑改，西郊玉叶轻。"陈熙晋笺注引戴祚《西征记》："长安

1　张九龄：《立春日晨起对积雪》，《唐丞相曲江张文集》卷之五，四部丛刊景明成化本。

2　中国社会科学院历史研究所、中国敦煌吐鲁番学会敦煌古文献编辑委员会、英国国家图书馆、伦敦大学亚非学院合编：《英藏敦煌文献（汉文佛经以外部分）》（第六卷），成都：四川人民出版社，1992年，第71页。

3　朱弁撰：《曲洧旧闻》，北京：中华书局，2002年，第203页。

南有灵台，上有铜浑天仪。"此处以立春日铜浑初建，表达一年以象
征物候的"玉律"开始调和。"玉律"见于《后汉书·律历志上》：
"候气之法……殿中候，用玉律十二。唯二至乃候灵台，用竹律六
十。候日如其历。"[1]以音律测量物候之气。皆因古人以乐器之音为
准。分音律为阴、阳各六，共十二律，又以其配十二月，用吹灰法，
以候气。"五福"概念则由来已久，是古代中国对"福"的五种理解，
《尚书·洪范》"九畴"其九"向用五福，威用六极"，具体内涵则
指"一曰寿，二曰富，三曰康宁，四曰攸好德，五曰考终命"。"五
福"之说与"五行""五色""五方"亦相关，从先秦至两汉这种对
"福""德"的思考亦经历了不同阶段的转向，从单纯的观天象物候，
事神致福，转为德福并重。[2]《失类名书》第三句"宝鸡能僻恶，瑞
燕解呈祥"似乎与物候有关，但根据《逸周书·时训》记载可知立春
之时三候当为"东风解冻""蛰虫始振""鱼上冰"，似与宝鸡、瑞
燕之兆无关，概因地域和时代有别而导致物候有异。《时训》中春分
之日三候则与敦煌《类书》所载接近，即"玄鸟至""雷乃发声""始
电"，此处"玄鸟"《夏小正》作"来降燕"，皆为同一物候。玄，
《诗·小雅·何草不黄》"何草不玄"，郑笺："玄，赤黑色。"玄鸟，
《诗·商颂·玄鸟》"天命玄鸟"，毛传："玄鸟，鳦也。"陆德明释
文："玄鸟，燕也，一名鳦。"故古注皆以"玄鸟"为"燕"。

　　P.2666V《单方》则记述了立春日做灶的传统，其记载为："立春
日，取富儿家田中土作泥灶，大富贵者，吉。"[3]

1　范晔撰，李贤等注：《后汉书》志第一《律历上》，第3016页。
2　罗新慧：《"帅型祖考"和"内得于己"：周代"德"观念的演化》，《历史研究》
　　2016年第3期，第4—20页。
3　法国国家图书馆编：《法藏敦煌西域文献》（第17册），上海：上海古籍出版社，
　　2001年，第146页。

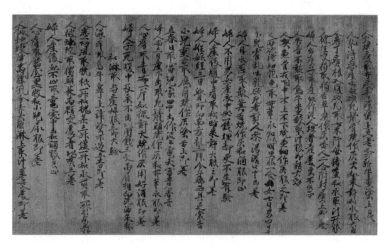

敦煌文献P.2666V《单方》（5-3）

　　《单方》所记录的习俗鲜活有趣，立春日当取富贵人家田中的泥土建灶，认为此行为可以得到吉的结果。李应存等将《单方》此卷命名为《各科病症之单药方》，并称此则为《立春日择吉方》。《单方》反映了立春日择吉的具体做法，于田中取土、动土，似乎有"籍田""耕田"的痕迹，但是以此为吉，甚至有近似巫术的意味，近似"祝由"的做法。某些地方志有类似记述，如《上饶县志》："立春前一日，迎春东郊，诸行铺集优伶，结彩事前导，远近聚观。以土牛色占水旱，以句芒冠履验春寒燠。翼日，祀句芒，鞭土牛，争拾牛土，谓可疗疾。"[1]在上饶地区的民俗概念里，打春鞭牛之后的禳祭之土具有吉祥的寓意，更是驱邪消灾的良方。这种做法与《单方》所载"取富儿家田中土"做灶相近。[2]

1　张芳霖主编：《赣文化通典　民俗卷》（下册），南昌：江西人民出版社，2013年，第490页。

2　方云：《竹枝词中探立春——兼论立春习俗的现代建构》，余仁洪主编：《中国立春文化与二十四节气研究文集》，杭州：浙江工商大学出版社，2019年，第72页。

立春之季，万物萌发，复苏之态，千呼万唤。陈寅恪先生以"凡解释一字即是作一部文化史"取义，字词和名称表达了人对事物本质的认识，这种认识一定是动态的，从"春立"到"立春"，到立春"籍田""迎春""打春"的不断变化，都是社会生活史和文化史形态上的演变。陈寅恪与沈兼士学术往来论及对《"鬼"字原始意义之试探》一文看法时，发出"依照今日训诂学之标准，凡解释一字即是作一部文化史"[1]之喟叹，诠释了一种由字、词观察历史的途径[2]。若以此标准审视立春之节，亦有旨趣。"立"乃会意字。甲骨文、金文之"立"字，象人形、正面，笔直立地之状。严一萍指出此字甲骨文形态变化甚微，但字义有别。[3]"立"本义指笔直站立，后引申为树立、设立、建立等义。金文形态更为确显，左右两笔皆非常明确。李学勤先生将宜侯矢簋铭文第二段第三字考释为"卜"而非"立"，即因为此字左侧没有另一笔，直笔下端有的拓片似有分歧，细看原器及照片可能是残泐，右边还有坏裂，故不能释为"立"字。[4]标准的"立"字字形见颂鼎（《集成》02827）、师酉簋（《集成》04288）、番生簋（《集成》04326）等。

颂鼎铭"立"

1 沈兼士：《"鬼"字原始意义之试探　附录》，原刊《国学季刊》五卷三号（1935年），第45—60页；后完成于1936年，见葛信益、启功编：《沈兼士学术论文集》，北京：中华书局，1986年，第202页。

2 侯旭东：《字词观史——从陈寅恪"凡解释一字即是作一部文化史"说起》，《北京大学学报（哲学社会科学版）》2020年第4期，第88—98页。

3 严一萍：《释立　位涖莅蒞隶》，《中国文字》（第4册），台北：台湾大学文学院古文字学研究室编印，1961年，第339—352页。

4 李学勤：《宜侯矢毁与吴国》，《文物》1985年第7期，第13—16页。

及至小篆字形，似乎已将站立之"人"形变作"介"形。而隶书的"立"字已失去人的象形。甲骨文、金文的"立"字字形选择以人直立来强调这一状态，可知先民对"立"本身的取义倾向。在中国哲学的概念中，"立"与其他众多文字一样，在不同时期存在不同的解释。《左传》襄公二十四年："大上有立德，其次有立功，其次有立言，虽久不废，此之谓不朽。"[1]如老子所言，大道行于天地，大道的真理深入人间。立德、立功、立言都是在不同层面建立真理的过程。此外，早期政治哲学中还有立政的传统，如《尚书·立政》孔安国传云："周公既致政成王，恐其怠忽，故以君臣立政为戒。言用臣当共立政，故以名篇。"[2]《尚书·立政》与《逸周书·皇门》皆言致正之道，《皇门》或以为当作于周成王元年的正月庚午，可见其择时取义，也包含了立政的政治诉求。

《管子·轻重己》称此节为"春始"，则是强调其作为岁元首节的意义。后世"立春"或"春立"，强调的实则是"立"的生发状态。立，当然还蕴涵着开始、建立的意思。此时春具有了"从此阳春应有脚，百花富贵长精神"的气质面貌，地气萌动，生发而出，直至"桃之夭夭，灼灼其华"。经历一冬，则当扫却"凝冰属仲冬，万物咸闭藏"，建立新的秩序，真正走出旧年风光，开启春的视角。在国人亘古持久的观念里，自此始，当可耕田晨读。

---

1 杜预注，孔颖达疏：《春秋左传正义》，第4296页。
2 孔安国传，孔颖达疏：《尚书正义》，第490页。

第二节 雨水 甘霈降

一、《逸周书·时训》所见雨水、惊蛰次序考辨

今日二十四节气次序，雨水在立春之后一节。从称名方式看，当以雨水为讯，《春秋》隐公九年"大雨雪"，孔颖达正义："雨者，天上下水之名。"雨水者，谓所雨者始为水而非雪。"好雨知时节"，风雨应时，利于农事，所以这一节气对于春耕而言尤为重要。但这一节的次序确定亦经历了较长的过程。二十四节气的顺序是较早确定的。[1]虽古以惊蛰在雨水前，谷雨又在清明前，但至迟西汉已将雨水移为正月中气，惊蛰定为二月节气；又改清明为三月节气，谷雨为三月中气。[2]这一时期正是今传本《逸周书》主体部分的成书时代，《周月》《时训》都呈现出修改后的次序。前文已经提及，二十四气尽管可能在春秋、战国之前就已形成，但是经过太初改历、定制，才逐渐成为今日的面貌。雨水、惊蛰次序的调换也反映了这个变化的过程。

元刊本《逸周书》雨水在惊蛰之前，或是后刊刻时因节序已更而易其次序，或《时训》成篇之时已是此面貌，此处尚有讨论空间。清华简《四时》记载"四日鸣雷之亢"（近"惊蛰"）位处"东风作……洹雨作，以生众木"（近"雨水"）一节之后，可知此时令系统中雨水比惊蛰要早，虽有观点认为《四时》整合了不同来源的材料形成了整篇面貌，但不能否认战国时已出现了雨水早于惊蛰的认知。《周礼·考工记·鞘人》"必以启蛰之日"，郑玄注："启蛰，孟春之中

1 　冯时：《殷历季节研究》，陈美东、林文照、周嘉华主编：《中国科学技术史国际学术讨论会论文集》，北京：中国科学技术出版社，1992年，第6—10页。
2 　冯时：《律管吹灰与揆影定气——有关气的知识体系与时令传统》，第243页。

也。"《礼记·月令》"始雨水，桃始华"，郑玄注"汉始以雨水为二月节"，与今传本《时训》"惊蛰之日，桃始华"对读，可知有别。《周礼》《礼记》皆以"惊蛰"为二月中气。憾恨《逸周书·月令》已阙，不知其面貌。[1]其书《周月》篇云"春三月中气：雨水、春分、谷雨"，《吕氏春秋》所载亦然。卢文弨校云："古雨水在惊蛰后，前汉末始易之。后人遂以习见妄改古书。此旧本亦以雨水在前，惊蛰在后，非也，今以沈正之，下谷雨清明亦然。"[2]故知目前所据元刊本《时训》"雨水""惊蛰"顺序当有调整，但卢校认为此顺序更改当在西汉末年，此说非是。笔者以为至早或可追溯至汉武帝改历为"邓平新历"之时。

卢文弨校改《时训》原文"雨水"为"启蛰"，章宁从此说，并以"启蛰"改为"惊蛰"，当为避汉讳之故[3]。但若更改，则元刊本《逸周书·周月》中气一节亦需改成"春三月中气：惊蛰、春分、谷雨"，故此说还需讨论。因汉初之前"雨水""惊蛰"次序多有更改，战国秦汉间"惊蛰、雨水"顺序为古，而后调转为"雨水、惊蛰"。有观点认为这种次序的改易与气候的变化有很大关系，并且根据历代律历等古籍记载对先秦到清代的节序变化做出总结，认为历史上至少产生了6次变更。[4]"惊蛰"在"雨水"前，是气候较暖的时段，而"雨水"在"惊蛰"之前，则是气候较冷的时段。[5]不同时期对同一系统的解释和排序也会不同，北大汉简《雨书》从物候特征和时令对

---

1 今传本《逸周书·周月》已不存，蔡邕《明堂月令论》谓《周书》七十一篇，《月令》第五十三，篇数与《汉书·艺文志》所记相合，篇第与今传本相同，可知蔡邕时已有《周月》等诸篇，且篇章次序已定。
2 卢文弨校本《逸周书》，清乾隆五十一年（1786年）抱经堂单刻本。
3 章宁疏证，晁福林审定：《〈逸周书〉疏证》，第368页。
4 王鹏飞：《节气顺序和我国古代气候变化》，《南京气象学院学报》1980年第1期，第105—112页。
5 同上书，第109页。

应关系看，简文中"启蛰"物候已经与"雨水"调换了顺序。《史记·太史公自序》："五年而当太初元年，十一月甲子朔旦冬至，天历始改，建于明堂，诸神受纪。"[1]司马迁所记"太初改历"一事成为历法史上难以忽略的一笔。节气当随历法改动，太初改历必然涉及节气次序，但若以避讳之说而改"启"为"惊"，当是汉景帝朝事，但是否景帝朝或武帝朝已更改雨水、惊蛰次序，尚需研几。

二、雨与楚系简帛所见"霝君子"

雨水一节，如今通常在每年2月18—20日。此时，太阳逐渐向北回归线移动，每日日照时间延长。此时，自海洋而来的暖湿空气与西北内陆的冷空气逐渐交汇，并频次渐增，故而雨水增多。

战国简帛中也保留了期待雨"正"、雨"得宜"的相关材料。如清华简陆《管仲》简9："廷里（理）霝（零）茖（落），卉（草）木不辟（闢）。"[2]

"霝茖"为同义连文，此处表示零落之态。甲骨文、金文中已有"霝"字，张亚初先生曾有讨论[3]，而"霝"字经陈伟武先生考证，与新蔡葛陵楚简甲

清华简陆
《管仲》简
9（局部）

1 司马迁撰，裴骃集解，司马贞索隐，张守节正义：《史记》卷一百三十《太史公自序》，第3296页。

2 清华大学出土文献研究与保护中心编，李学勤主编：《清华大学藏战国竹简　陆》，上海：中西书局，2016年，第43页。

3 张亚初：《古文字分类考释论稿》，《古文字研究（第十七辑）》，北京：中华书局，1989年，第238页。

三76、乙四82、乙四145、乙一28、零355、零602中所见"霝君子"之"霝"为同字[1]。传统释家皆因受楚地巫祀之风和《楚辞·九歌·云中君》等文献影响，将此字释为"灶""巫""灵"等，可能皆因对"霝"之字义和"霝君子"神灵职司分辨不明所致。从字形上看"霝"字从雨从口。西周金文"霝冬"即"令终"，亦有以"霝"表达"灵"之用例。而楚系文字因修饰或夸张之用，在承袭甲骨文、金文之时，甚至出现了四"口"字形，如包山简和马王堆帛书字例，可能有平衡左右之用，相关统计见表3.5。

表3.5 "霝"字古文字形统计

	字形示例		
甲骨文	 《合集》00592	 《合集》02864	 《合集》06200
金文	 《集成》02822	 《集成》04333	 《集成》10493
楚简	 上博简一《缁衣》简14	 包山简276	 清华简壹《楚居》简11
帛书	 长沙子弹库帛书 甲六.33	 马王堆帛书《老子》 乙本.177	
《说文》			

1　陈伟武：《释"霝君子"——兼论出土文献中字词的神我之别》，陈伟武主编：《古文字论坛·陈炜湛教授八十庆寿专号》，上海：中西书局，2018年，第339—346页。

《说文·雨部》："霝，雨零也。从雨，⿰⿰口口口象霝形。"[1]《说文·雨部》："雨，水从云下也。"[2]"雨"为小篆字头，亦为部首，古文字中常作意符，这类以"雨"为形符的字多与下雨等天气现象相关。如雪、霰、零、霄、雾、霾等。"雨"字本为象形字，象自云层向地面降水滴的过程，故引申为自上而下者为"雨"，《诗·小雅·采薇》"雨雪霏霏"之"雨"历有名词或动词的争论，但以秦汉之前的文例或训诂意义看"雨雪"作下雪理解，"雨"乃动词。[1]《说文》之"雨"，更近降雨的状态，表达其降落的过程，后多引申为润泽、恩惠之义。

中国南方多雨，对雨象的观测和对雨水相关的神祇崇拜由来已久。新蔡葛陵楚简中的"霝君子"以"君子"尊称神祇。袁金平先生认为"霝君子"是"五祀"中的"中竈（灶）"之神，而新蔡简乙一8"□审室（中）戠（特）［牛］□"的"室中"和包山二号墓木牌所记"五祀"的"室"即传世文献中常见的"中霤"。[4]祭祷"五祀"用牲是有较大差别的，"室中"所用为"戠牛"，规格比其他的祭祀要高。陈伟武指出祭"室内（中）"时则无"霝君子"，祭"霝君子"时则无"室内（中）"，从楚简所见的祭祀等级和秩序看两者或为一类，"'中霤'本指屋室正中之处。远古穴居，于穴顶开洞以利采光通风，雨水自洞口滴下，故称为'中霤'"[5]，这种说法可以从《说文·雨部》"霤，屋水流也。从雨，留声"得到印证。从方位上看，

1　许慎撰：《说文解字》（点校本），北京：中华书局，2021年，第377页。

2　同上。

1　郭锡良：《古代汉语》，北京：商务印书馆，1999年，第928页。

4　袁金平：《对〈新蔡简两个神灵名简说〉的一点补充》，简帛网，2006年7月12日，http://www.bsm.org.cn/?chujian/4595.html。

5　陈伟武：《释"霝君子"——兼论出土文献中字词的神我之别》，第341—342页。

北大秦简《禹九策》简84背:"五祀者,门、户、壁、炊者、霝(㮾)下。大神者,河、相(湘)、江、汉也。"[1]李零先生认为"霝"当作"㮾",释为"檐","㮾下"即"檐下"。[2]整理者亦从此意见,并认为此五祀系统与古书所见五祀"户、灶、中霤、门、行"系统不同。檐下的位置非常重要,若依五祀当配五行之说,中央居土,则中霤或室中皆应司土。《礼记·祭法》郑玄注云:"司命,主督察三命;中霤,主堂室居处;门、户,主出入;行,主道路行作;厉,主杀罚;灶,主饮食之事。"[3]陈伟武认为"中霤"居中则与室中位置相对。檐即"屋梠",《尔雅·释宫》"檐谓之樀",郭璞注云:"檐,屋梠。"檐下当在屋檐之下。若屋檐居中,则需结合南方的建筑形式进行辨析,是否与南方多雨水,中堂多留存的排水、采光处有关。若"霝君子"其得名在于此"霝"字,字用本义,指雨水滴下,但若与五祀、五行相配,转为"中霤",更多是对中央空间方位(土位)的强调。从水系意象转向土系意象的神灵崇拜和祭祀,显然存在本质的差别,是值得重视的。

这种转向的产生原因还需讨论,或因地域不同,或因五行配伍不同所致,即以中央为中霤配土,最后似与雨无关了。战国之时"中霤""室中"已为"五祀"之一,其职司亦见于清华简捌《八气五味》,当主中央,管人之所托。其篇记载"水、火、木、金、土"五行分别由"玄冥、祝融、句余亡、司兵之子、后土"五神执掌,主管"行、灶、户、门、室中"各处。整理者认为:"室中,五祀之一,

---

1 原大图版和释文分别见北京大学出土文献与古代文明研究所编:《北京大学藏秦简牍 肆》,上海:上海古籍出版社,2023年,第530、899页。
2 李零:《北大藏秦简〈禹九策〉》,《北京大学学报(哲学社会科学版)》2017年第5期,第47页。
3 郑玄注,孔颖达疏:《礼记正义》,第3450页。

文献中作'中雷''中流''中霤''室中雷'等。"[1]依据简文内容可认为，当时已有将五行之神和五种家宅神祇这两种不同的"五祀"观念整合为一体的思想倾向。战国时的五行、五祀观是相对驳杂的系统，与此一阶段正处于新旧交替，知识密集下移的发展情况有关。作为知识的掌握者和语言词汇的创造者的士族阶层，其本身具有流动性较强的特点[2]，所以这类观念往往是变动不居的。但从思想系统的整体性考察，其大体结构和框架仍具有延续性。《吕纪》已有户、灶、中霤、门、行等"五祀"名称，《淮南子·时则》："季夏之月……其数五，其味甘，其臭香，其祀中雷，祭先心，凉风始至，蟋蟀居奥，鹰乃学习，腐草化为蚈。"王充《论衡·祭意》："五祀，报门、户、井、灶、室中雷之功。门、户人所出入；井、灶，人所饮食；中雷，人所托处。五者功钧，故俱祀之。"[3]汉儒所理解的"中雷"之职与清华简捌《八气五味》"中溜"几乎一致。除清华简外，新蔡葛陵楚简、包山M2楚简、九店M56楚简与睡虎地M11秦简等均有"五祀"等祭祷相关内容。虽组合略有差别，但在战国中期以前当已经存在并相对固定。[4]

1　李学勤主编，清华大学出土文献研究与保护中心编：《清华大学藏战国竹简　捌》，第159页。

2　许倬云著，邹水杰译：《中国古代社会史论　春秋战国时期的社会流动》，桂林：广西师范大学出版社，2006年，第181—212页；英文版见Cho Yun Hsü, *Ancient China in Transition: An Analysis of Social Mobility, 722-222 BC.*, Stanford: Stanford University Press, 1965, 151-182; Paperback Edition. Stanford: Stanford University Press, 1968.

3　王充著，黄晖撰：《论衡校释》，第1059页。

4　宋华强：《新蔡葛陵楚简初探》，武汉：武汉大学出版社，2010年，第234—235页。

三、长沙子弹库帛书《月忌》与雨水"獭祭鱼"

"雨"字甲骨文、金文字形上一横以象天，其下的小点象水滴之形。自天空落下的水滴即是雨。《月令七十二候集解》云："雨水，正月中。天一生水，春始属木，然生木者必水也，故立春后继之雨水。且东风既解冻则散而为雨水矣。"[1]雨水是"水"的一种形态，"雨"是立春之后"水"降下的重要方式。天气以"雨水"之阴下降，地气以"地气发"之阳升腾，乾坤相会，酿造成雨，润泽万物。《尔雅·释天》："甘雨时降，万物以嘉，谓之醴泉。"[2]雨水为甘霖，为醴泉，都在强调其流动不拘的形态，甲骨文"水"字虽形态各异，但其基本形体皆如水势蜿蜒，流动不息。"水"之字形在甲骨文、金文、战国文字和小篆中变化不大，其义无别。直至早期汉隶，"水"字完全抛弃了象形线条转变为独体字。标准汉隶中"水"字则已变成"氵"，成为在形声字里表意的形旁。似乎所有从"氵"之字，都带有柔弱、温善的色彩，譬如温、洹、浪、洁等字，并非说水的具体形态，而是强调水的属性是阴柔的。

《管子·四时》"北方曰月，其时曰冬，其气曰寒，寒生水与血"，《管子·水地》"水，是地之血气"，从阴阳五行之说看，季节与水、血生发相关。在早期的哲学概念中，水与人密切相关，还存在着不同的形态，具有充分的想象力。比如以气的形态在物质上充盈周遭环境，以德的意识潜移默化对人的精神思想产生影响。艾兰认为，"气虽以水蒸气为模型，但它的延伸意义却涉及水的各种形态领域。就人而言，'气'是呼吸与精神活力；就物质世界而言，它是赋予万

1　郎瑛撰：《七修类稿》，上海：上海书店出版社，2009年，第27页。

2　郭璞注：《尔雅》，北京：中华书局，2020年，第115页。

物生命的雾霭；而在抽象层面，它是'道'的组成部分"。[1]水之于道，恐怕少有人比老子诠释得更为清晰。《老子》"上善如水。水善利万物，而又争居众人之所恶，故几于道"[2]；"天下莫柔弱于水"[3]。而依《管子·水地》之说，水柔弱且能洗去人的污秽，水色晦暗却能反照万物，这属于道家所赞扬的"水"之品质，因此"水"为"具材"。老子对"水"德的赞扬实则与其生长地的水之特质和地方人民品性相关[4]。可见，水本身就具有难以替代的特性。

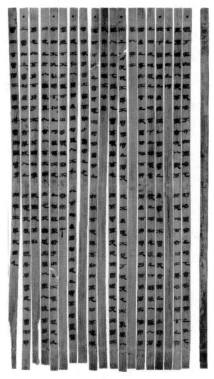

北京大学藏西汉竹书《老子》下经（局部）

《逸周书·时训》："雨水之日，獭祭鱼。又五日，鸿雁来。又五

1　艾兰著，张海晏译：《水之道与德之端：中国早期哲学思想的本喻》，上海：上海人民出版社，2002年，第145页。
2　高明撰：《帛书〈老子〉校释》，北京：中华书局，1996年，第253页。
3　同上书，第434页。
4　郭永秉：《〈老子〉通识》，北京：中华书局，2022年，第49—55页。

日，草木萌动。"[1]雨水一节之所以重要，与物候有关，亦与早期先民的思想观念密不可分。长沙子弹库帛书丙篇《月忌》记载有月名与神祇之象，是最早的十二月物候历。其正月的标识文字为"取于下"，其神祇图为长尾怪兽，李学勤先生描述其形象为："兽身鸟足，长颈蛇首，口吐歧舌，全身作蜷曲状。首足赤色，身尾青色。"[2]刘信芳先生对"取""獭"两字细致考释，认为此神祇即为"獭"之象形[3]。而"口吐歧舌"的形态，刘氏认为是"水獭"胡须之象形，水獭祭鱼，表示其顺时令取物。正月以"水獭"为主要的物候标识，其来历较早，《夏小正》《礼记·月令》《吕纪》《淮南子·时则》《逸周书·时训》相关记载梳理如下：

> 《夏小正》：正月，启蛰。雁北乡。雉震呴。鱼陟负冰。农纬厥耒。初岁祭耒，始用畼。囿有见韭。时有俊风。寒日涤冻涂。田鼠出。农率均田。獭献鱼。鹰则为鸠。农及雪泽。初服于公田。采芸。

> 《礼记·月令》：东风解冻，蛰虫始振，鱼上冰，獭祭鱼，鸿雁来。是月也，以立春。

> 《吕纪》：东风解冻，蛰虫始振，鱼上冰，獭祭鱼，候雁北。是月也，以立春。

> 《淮南子·时则》：立春，东风解冻，蛰虫始振苏，鱼

---

1 此一节卢文弨校云："古雨水在惊蛰后，前汉末始易之，后人遂以习见妄改古书。此旧本亦以雨水在前，惊蛰在后，非也。"此说不知其由来，而章宁《〈逸周书〉疏证》出注以为当从此说改"雨水"为"启蛰"，而非"雨水"，其说当以《时训》此篇主体部分早于汉代为据，似可讨论。以古书校释而论，笔者认为当据元刊本面貌，不做径改。说见章宁疏证，晁福林审定：《〈逸周书〉疏证》，第375页。
2 李学勤著：《简帛佚籍与学术史》，南昌：江西教育出版社，2001年，第61页。
3 刘信芳：《中国最早的物候月历名》，钱伯城主编：《中华文史论丛（第五十三辑）》，上海：上海古籍出版社，1994年，第78—80页。

上负冰。

《逸周书·时训》：立春之日，东风解冻。又五日，蛰
虫始振。又五日，鱼上冰。

早期"獭祭鱼"当属孟春一月物候，随着物候细分，气候变化，
及至两汉则明确为雨水时"獭祭鱼"，故《时训》记载："雨水之日，
獭祭鱼。又五日，鸿雁来。又五日，草木萌动。"

南北朝《赤帝歌》云："雨水方降，木槿荣。"若以传统的五行
观讨论，则春天属木，而木生发的前提是水。敦煌文献存《卢相公咏
廿四节气诗》，亦是至今发现的最早的节气组诗，其完成时间大约在
中晚唐时期，由中原传入敦煌，并最终保存下来。P.2624《咏雨水正
月中》云："雨水洗春容，平田已见龙。祭鱼盈浦屿，归雁过山峰。
云色轻还重，风光淡又浓。向看入二月，花色影重重。"[1]诗题所谓
"雨水正月中"即以雨水为正月"中气"。以中气定正月，含"雨水"
的月份才是正月，当以立春一节为岁首。雨水一节亦是降雨的开始，
自此全年的降水量以雨的形式逐渐增多，草木萌发，瞬时而动。俗谚
云"春雨贵如油"，于苍头布衣、面土背天的农人而言，最喜春雨，
莫过如是。孩提之时对"好雨知时节，当春乃发生"的理解和记忆仅
停留在嗅觉层面，那是来自一场春雨后土地重新吐露的浓烈气息。及
至长也，完全熟悉农耕文化对节令的依赖后，方才领悟何为"雨正"。
适宜的甘霖、降水对农作物的生长至关重要，有甘雨天降，草木才能
萌发嫩芽。花色影影，草木萌动，像是经历一冬的蛰伏、顺势而发的
潜龙。

---

1 有观点认为此组节气诗作者本为元稹，说见元稹著，吴伟斌辑佚编年笺注：《新
编元稹集》（第15册），西安：三秦出版社，2015年，第7641页。P.2624原文
见上海古籍出版社、法国国家图书馆编：《法藏敦煌西域文献》（第16册），上
海：上海古籍出版社，2001年，第327页。

潜龙之"潜"，马王堆帛书《衷》引作"楯"，乃假借字。帛书《易经》本作"淊"、帛书《二三子》引作"寤"，皆为"寝"字之假借。"寝""潜"韵同声近，字义相通，故可互用。《小象传》"'潜龙勿用'，阳在下也"，子夏传云："龙，所以象阳也。"[1]陆德明释文："龙，喻阳气及圣人。"马融注："物莫大于龙，故借龙以喻天之阳气也。初九，建子之月。阳气始动于黄泉，既未萌芽，犹是潜伏，故曰'潜龙'也。"[2]孔颖达疏："潜者，隐伏之名；龙者，变化之物。言天之自然之气起于建子之月，阴气始盛，阳气潜在地下。"史征《周易口诀义》曰："潜，隐也。龙者，变化之物，喻天之阳气。初九，建子之月，阳气始动于地中。既未萌芽，犹是潜伏。比圣人有龙德，时未可行，惟宜潜藏，韬光遁世。"[3]若雨水之时"雨正"，即应时而行，故可改潜藏之状，入世作为。

1　李道平：《周易集解纂疏》，北京：中华书局，1994年，第28页。
2　同上。
3　史征：《周易口诀义》卷一，清武英殿聚珍版丛书本。

第三节　惊蛰　物复苏

一、启蛰、惊蛰名称来源

惊蛰，一名启蛰，是今之二十四节气的第三个节气。此节正当卯月，即农历的二月，属仲春之月。《说文》云："卯，即冒也。"《逸周书·时训》："惊蛰之日，桃始华。又五日，仓庚鸣。又五日，鹰化为鸠。"万物冒地而出，代表着生机，故"桃始华"接"草木萌动"生发。卯月包含惊蛰和春分两个节气。地气发动，惊蛰而出，卯月为万物迸发的月份，一年之计由此而始。

据秦汉以前的节气系统观察，惊蛰与雨水的次序亦有调换。"启蛰"之名本见于《夏小正》，属于正月，处孟春之季。此时"启蛰"与《管子》所称"阳冻释"意义接近，皆表示春之将来，万物复苏，阳气萌生之态。《管子·轻重·臣乘马》："桓公问管子曰：'请问乘马。'管子对曰：'国无储在令。'桓公：'何谓国无储在令？'管子对曰：'一农之量壤百亩也，春事二十五日之内。'桓公曰：'何谓春事二十五日之内？'管子对曰：'日至六十日而阳冻释，七十日而阴冻释。阴冻释而秔稷，百日不秔稷，故春事二十五日之内耳也。'"[1]北大简《节》篇有："日至卅六日，阳冻释，四海云至，虞土下，雁始登，田修封疆，司空修社稷，乡扫除术，伐枯弆青，天将下享气。"随着认知的细化，入春时间已与"启蛰"之名分开，而另名"春始""立春"等。所以，春秋、战国之时"立春""启蛰"是前后相邻的两个节气，而后世二十四节气的次序与早期节气系统已有本质不同。

1　黎翔凤撰，梁运华整理：《管子校注》，第1223页。

"启蛰"之名亦见于《周髀算经》,陈寅恪先生对其成书有过考证,其书当不是周公之作,时代也必不能早至战国,依《汉书》《后汉书》律历志可知其书必出自东汉元和改用《四分历》之后[1]。可知,汉初虽然统一节气次序和名称,但仍旧存在沿用旧称之处。清华简肆《筮法》云"奚故谓之震?司雷,是故谓之震",可理解以震卦对应"启蛰"。清华简《四时》仲春日十七日"启雷",盖也缘于以雷发声而得其节名,其时当与"启蛰"即"惊蛰"相当。银雀山汉简《禁》篇亦出现"启蛰不杀"一名,竹简的书写时期可推测为西汉文景之际,可知其称与"启蛰"物候有关。北大汉简《雨书》称二月"旬五日,雨。不雨,蛰虫青,羊牛迟,民有几(饥)事"[2],即言惊蛰之时蛰虫应雨。

《淮南子·天文》亦记此节名为"雷惊蛰"。《逸周书·时训》篇"雷乃发声"是在春分一节,似乎比《夏小正》所记物候稍晚一些,可能与改历之后的干支计算相关。但惊蛰一节的物候生发与"雷"密不可分。《夏小正》曰:"正月,启蛰。言始发蛰也……雉震呴。震也者,鸣也。呴也者,鼓其翼也。正月必雷,雷不必闻,惟雉为必闻。何以谓之?雷则雉震呴,相识以雷。鱼陟负冰。陟,升也。负冰云者,言解蛰也。"[3]惊蛰时万物皆出乎震。震即雷,称惊蛰,当是蛰虫惊而出走矣。仍然可以由此窥见雷与启蛰之日的关系。《山海经·大荒东经》云:"东海中有流波山,入海七千里。其上有兽,状如牛,苍身而无角,一足,出入水则必风雨,其光如日月,其声如雷,其名曰夔。黄帝得之,以其皮为鼓,橛以雷兽之骨,声闻五百里,以威天下。"[4]

---

1 陈寅恪:《金明馆丛稿初编》,南京:译林出版社,2020年,第141页。
2 北京大学出土文献研究所编:《北京大学藏西汉竹书 伍》,第79页。
3 王聘珍、王文锦点校:《大戴礼记解诂》,第24—26页。
4 袁珂校译:《山海经校译》,上海:上海古籍出版社,1985年,第248页。

此说法有明显的传说色彩，但"出入水则必风雨，其光如日月，其声如雷"的形象，似从风雨雷电的自然天象中夺胎而成。由此可见，时间上的春正月，空间上的东方方位与启蛰、雷的对应关系于古人而言属于故旧常识。

《夏小正》言"正月必雷"且"惟雉为必闻"，即雷至而雉响。震即惊雷之义。廖名春先生认为惊雷，也就是霹雳，霹雳振物，所以引申有震惧之义。[1]震惧之义似从《序卦传》"震者，动也"而来。"启"有"发"义，《礼仪·士昏礼》"赞启会"，郑玄注云："启，发也。""启"与"震"义相近。"惊"为形声字，不见于甲骨卜辞。"蛰"字为形声字，从虫，执声，其字亦不见于甲骨卜辞。两字皆相对晚起。"蛰"字本义当为动物冬眠，藏起来不食不动，表蛰伏之义。《说文》："惊，马骇也。从马，敬声。"[2]此字本义当理解为骤马等因为害怕而奔跑起来不受控制，犹如震惧。《杂卦传》云："震，起也。"郑玄注云："震为雷。雷，动物之气也。雷之发声，犹人君出政教以动中国之人也。故谓之震。"马王堆帛书《易经》"震"字作"辰"。《广雅·释言》："辰，振也。"王念孙疏证："《史记·律书》云：'辰者，言万物之蜄也。'《汉书·律历志》云：'振美于辰。'……振、震、蜄并通。"[3]清华简肆《筮法》之八卦"震"作"来"，整理者认为："来，即震卦。《归藏》震卦作釐，见马国翰《玉函山房辑佚书》辑本，云：'初釐，干宝《周礼注》、朱震曰震。李过曰：为震为釐，釐者理也，以帝出乎震，万物所始条理

1　廖名春：《〈周易〉真精神》，第348—349页。
2　许慎撰：《说文解字》（点校本），第252页。
3　王念孙著，张其昀点校：《广雅疏证》，北京：中华书局，2019年，第405页。

也。'来、厘皆来母之部字。"[1]廖先生指出李过以"以帝出乎震，万物所始条理也"来说明"震"又名为"釐"，两字声母虽然皆为来母，但一属文部，一属之部，二韵部相距太远，不足为训。[2]清华简肆《筮法》"曟"[3]字从申从辱，而辱为辰之繁文，申为表音，此字乃属"晨"之异构，与"震"是同音通假关系。震卦卦辞作："震，亨。震来，虩虩，笑言哑哑。震惊百里，不丧匕鬯。"依此说，则当理解此卦辞之义为（像）惊雷一样使人震慑，可以亨通，惊雷炸响，警醒人们做事敬慎小心，就会带来欢笑快乐。而惊雷炸响威慑远近，可以使祭祀不断，社稷长存。[4]如《夏小正》言雉鸡惊鸣，鼓翼一般，与《逸周书·时训》"仓庚鸣"之义相近，皆以"雷"为讯号，受到"震动"而振聋发聩，奋起、发动。

二、新出文献中的"雷"——清华简《四时》《参不韦》、楚帛书《四时》、北大汉简《节》、马王堆帛书《刑德占》

新出文献中有关"雷"的来历多见于楚系简帛，譬如长沙子弹库帛书《四时》中的"雹戏（伏羲）"、马王堆帛书中的"雷公"、清华简拾《四时》、清华简拾贰《参不韦》、北大汉简《节》中"丰留"皆是早期司雷、云或雷神之神祇名，梳理相关文献如下：

楚帛书《四时》：曰（粤）故（古）□羸霝（雹＝包）

1　清华大学出土文献研究与保护中心编，李学勤主编：《清华大学藏战国竹简　肆》，第107页。

2　廖名春：《〈周易〉真精神》，第345页。

3　清华大学出土文献研究与保护中心编，李学勤主编：《清华大学藏战国竹简　肆》，第111、114、115、118页。

4　廖名春：《〈周易〉真精神》，第348页。

嘘（戏），出自□靁，尸（居）于雝□，乒田（？）僫＝（漁，渔）□□□女，夢＝（夢夢）墨＝（墨墨），亡章彌＝（彌彌）。□妟水□風雨。是於乃取（娶）虞□□子之子，日女塦（娲），是生子四，是襄天埲（践），是各（格）参柴（化），櫨（？廢）逃，為禹為萬（卨）呂司堵，襄咎（晷）天步，趔，乃卡（上下）朕遄（斷）。

宽式隶定释文[1]：日故（古）［大］嬴霾（包）戏，出自震，处于睢，厥□渔渔，□□□女。梦梦墨墨，亡章弼弼。□晦水风雨，是于乃娶□□之子，日女娲，是生子四。是襄天践，是格参化法度。为禹为契，以司土壤，咎天步廷，乃上下腾传。

马王堆帛书《刑德》甲篇《刑德占》109—111：凡以风占军吏之事：子、午，荆德，将军；丑、未，豐隆，司空；寅、申，风柏，矢；卯、酉，大音，【109】尉；辰、戌，霾公，司馬；巳、亥，雨师，冢子。各当其日，以奇风殺鄰，其官有事，若無事，【110】乃有罪【111】。[2]

宽式隶定释文：凡以风占军吏之事：子、午，刑德，将军；丑、未，丰隆，司空；寅、申，风伯，侯；卯、酉，大音，尉；辰、戌，雷公，司马；巳、亥，雨师，冢子。

---

1 此释文经过对诸家注解的整理和修订，参考李零、曾宪通、蔡先金、董楚平、冯时等诸释文。参见李零：《长沙子弹库战国楚帛书研究》，第64页；曾宪通：《楚帛书研究述要》，第230—238页；蔡先金：《简帛文学研究》，第51—55页；董楚平：《中国上古创世神话钩沉——楚帛书甲篇解读兼谈中国神话的若干问题》，第315—318页；冯时：《中国古代物质文化史：天文历法》，第8—10页。
2 湖南省博物馆、复旦大学出土文献与古文字研究中心编：《长沙马王堆汉墓简帛集成》（第5册），北京：中华书局，2014年，第27页。

各当其日，以奇风杀邻，其官有事，若无事，乃有罪。

清华简拾《四时》简11：古（十日）江澐（津）乃涌，不雷，乃雨，以登（發）豐留（隆）之門。十四日霝（靈）星癹（發）章，青龍赹嫛（次）【十一】。[1]

宽式隶定释文：十日，江津乃涌，不雷，乃雨，以发丰隆之门。十四日灵星发章，青龙足气。

清华简拾贰《参不韦》简32—34：参不韋曰：妭（啟），乃監天剀（罰），日月之惪（懈），日月【三二】受央（殃）。妭（啟），而不翻（聞）天之司馬豐留（隆）之昀（徇）於幾之昜（陽），剀（罰）百神、山【三三】川、濚（溪）浴（谷）、百屮（草）木之不周【三四】。[2]

宽式隶定释文：参不韦曰：启，乃监天罚。日月之懈，日日受殃。启，而不闻天之司马丰隆之徇于几之阳，罚百神、山川、溪谷、百草木之不周。

北大汉简《节》简17—18：子午刑德，丑未豐龍（隆），寅申風伯，卯酉大音，辰戌雷公，巳亥雨師。【十七】刑德，將軍也。酆龍（隆），司空也。風伯，侯公也。大音，令尉也。雷公，司馬也。雨師，倉主也。【十八】

宽式隶定释文：子午刑德，丑未丰隆，寅申风伯，卯

1 黄德宽主编，清华大学出土文献研究与保护中心编：《清华大学战国竹简 拾》，第129页。
2 黄德宽主编，清华大学出土文献研究与保护中心编：《清华大学藏战国竹简 拾贰》，上海：中西书局，2022年，第120页。

酉大音，辰戌雷公，巳亥雨师。刑德，将军也。丰隆，司空也。风伯，侯公也。大音，令尉也。雷公，司马也。雨师，仓主也。[1]

子弹库帛书《四时》先以创世入手，言及雹戏、女娲结合，而孕四神，轮代四时。雹戏之神出自震，且不仅具有呼风唤雨的能力，并在创世之时"是襄天践，是格参化法度。为禹为契，以司土壤，咎天步廷，乃上下腾转"，即开天辟地。雹戏是生命的创造之主和来源，这种呼风唤雨的超自然能力显示其对自然的掌握，虽来源于自然，但亦是主宰自然的神力。[2]《四时》带有浓厚的神话色彩，雹戏由来和所居之处皆是神话地名，如李学勤先生所言"古书中与包牺（雹戏）有关的地名有雷泽、仇夷山等，《帝王世纪》云包牺都陈，即今河南淮阳，但都与帛书地名似无关系"[3]。

清华简《四时》《参不韦》是目前最新公布的与司"雷"相关的战国文献。清华简拾《四时》记载因雷雨不时（"不雷，乃雨"）所以发"丰留（隆）之门"，可知雷、雨皆为丰留之司。清华简拾贰《参不韦》简33—34："启，而不闻天之司马丰留之徇于几之阳，罚百神、山川、溪谷、百草木之不周。"此"丰留"，即清华简拾《四时》之丰留（隆）。整理者认为"丰留，即丰隆，为雷神"。"昀"，可释为旬字，即《说文》"旬，目摇也"，可读为"徇"，表"巡行"之义。几，表发动之义，即机也。《庄子·至乐》"万物皆出于

---

1 北京大学出土文献研究所编：《北京大学藏西汉竹书 伍》，第41页。

2 院文清：《楚帛书与传世纪神话》，《楚文化研究论集》（第四集），郑州：河南人民出版社，1994年，第598页。

3 李学勤：《楚帛书中的古史与宇宙观》，张正明主编：《楚史论丛初集》，武汉：湖北人民出版社，1984年，第146页。蔡成鼎指出"居于雷泽的雷泽是神话地名而并非实际地名"，见于氏著：《〈帛书·四时篇〉读后》，《江汉考古》1988年第1期，第69—73页。

机"，成玄英疏云："机者，发动，所谓造化也。"[1]《庄子·应帝王》"是殆见吾杜德机也"，成玄英疏云："机，动也。"[2]《黄帝内经·素问·天元纪大论》"至数之机"，张志聪集注云："机者，先期为动也。""昜"即"阳"也，乃古阳字。"几之阳"则理解为发动之时，所以罚"百神、山川、溪谷、百草木之不周"，"几"强调时机应节。《汉书·五行志》引《洪范五行传》云："言之不从，是谓不艾，厥咎僭，厥罚恒阳，厥极忧。时则有诗妖，时则有介虫之孽，时则有犬祸，时则有口舌之疴，时则有白眚白祥。维木沴金。"整理者据此认为"罚百神、山川、溪谷、百草木之不周，似与'厥罚恒阳''维木沴金'有关"[3]。

马王堆帛书《刑德占》篇中"雷公"为"司马"职司，而另有神名曰"丰隆"为"司空"，两者掌管的时辰和职司似有不同。《参不韦》以"丰留"为"司马"，而非"司空"，两者官职似乎有别，但所掌管皆雷雨之事。如《四时》："十日，江津乃涌，不雷，乃雨，以发丰留（隆）之门。""留"为幽部字，"隆"为冬部字，两字读音相转，丰留、丰隆当是同一人。《左传》昭公五年："楚子以驲至于罗汭。吴子使其弟蹶由犒师，楚人执之，将以衅鼓。"《韩非子·说林下》："荆王伐吴，吴使沮卫、蹶融犒于荆师，荆将军曰：'缚之，杀以衅鼓。'"[4]"由"为幽部，"融"为冬部。扬雄《方言》云："脩，骏，融，绎，寻，延，长也。陈楚之间曰脩，海岱大野之间曰寻，宋卫荆吴之间曰融。自关而西秦晋梁益之间凡物长谓之寻。"[5]脩与修

1 郭庆藩撰：《庄子集释》，北京：中华书局，2012年，第629页。
2 同上书，第300页。
3 黄德宽主编，清华大学出土文献研究与保护中心编：《清华大学藏战国竹简 拾贰》，第120页。
4 王先慎撰，钟哲点校：《韩非子集解》，北京：中华书局，2013年，第206页。
5 周祖谟校笺：《方言校笺》，北京：中华书局，1993年，第6页。

通，皆为幽部字，因此子居盖以此推测泗水流域的冬部字在淮河中游地区读为幽部，因此"丰隆"转写为"丰留"盖是原始材料在新蔡地区易为楚音的缘故[1]，此说合宜。马王堆帛书《刑德占》"丰隆"与清华简《四时》《参不韦》之"丰留"相类，或为同类神祇。且不止马王堆帛书《刑德占》以"丰隆"对应"司空"，北大汉简《节》篇亦记载："子午刑德，丑未丰隆，寅申风伯，卯酉大音，辰戌雷公，巳亥雨师。刑德，将军也。丰隆，司空也。风伯，侯公也。大音，令尉也。雷公，司马也。雨师，仓主也。"同样以"丰隆"为"司空"，"雷公"为"司马"，至少说明两汉之时丰隆、雷公各有职司。

从战国帛书中的鼋戏从震而出，执掌天地，发展到战国竹简中丰留司雷，直至两汉帛书记载雷公司雷，似乎有关于雷的神话不断被阴阳五行等思想演绎、阐发，雷神形象也愈发明晰，人们将其与创世之神的形象和作为不断剥离，并形成了新的神祇。但无论如何演变，总归与"云"之形象密不可分，譬如传世文献所记载的

清华简拾贰《参不韦》
简32—33

1　子居：《清华简十二〈参不韦〉解析（三）》，中国先秦史网站，2023年2月4日，https://www.preqin.tk/2023/02/04/4538/。

丰隆来历，存有两种训释皆与司云相关。《楚辞·离骚》："吾令丰隆桀（乘）云兮，求宓妃之所在。"王逸注："丰隆，云师，一曰雷师。"[1]《广雅·释天》："风师谓之飞廉，雨师谓之荓（屏）翳，云师谓之丰隆。"[2]马王堆帛书《刑德占》与北大汉简《节》既然单独有"雷公"，那么二者当有可能以"丰隆"为云师。《穆天子传》："天子升于昆仑之丘，以观黄帝之宫而封丰隆之葬。"郭璞注云："丰隆筮御云，得大壮卦，遂为雷师。"[3]《淮南子·天文》："季春三月，丰隆乃出，以将其雨。"高诱注："丰隆，雷也。"[4]《文选·思玄赋》："丰隆轩其震霆兮，列缺晔其照夜。云师騊以交集兮，涷雨沛其洒涂。"李善注："丰隆，雷公也……诸家之说，丰隆皆曰云师，此赋别言云师，明丰隆为雷也，故留旧说以广异闻。"[5]亦有观点认为"云中君"并非司云之神，其职为掌雷矣。[6]从以上文献记载看，丰隆先有司云之责，兼有掌雷之责，其后二责逐渐分化，由不同神祇分掌。因战国、秦汉之际正值思想大变动，知识不断发展的阶段，同一神话人物相应记载无定亦是常事，所以云、雷分工无定或混于一神皆有可能。

清华简《参不韦》以"丰留"为"雷公""雷师"，而马王堆帛书《刑德占》和北大汉简《节》皆以"雷公"对应"司马"，这一说法或有其他文献来源，汉时人以"司马"对应"雷公"的依据还需讨

1　洪兴祖撰，白化文等点校：《楚辞补注》，北京：中华书局，1983年，第31页。
2　王念孙著，张其昀点校：《广雅疏证》，第674页。
3　郭璞注，王贻樑、陈建敏校释：《穆天子传汇校集释》，北京：中华书局，2019年，第87页。
4　刘安编，刘文典撰，冯逸、乔华点校：《淮南鸿烈集解》，第106页。
5　萧统编，李善注：《文选》（第二册），上海：上海古籍出版社，1986年，第671页。
6　李炳海：《东夷雷神话与〈九歌·云中君〉》，《中国文学研究》1992年第1期，第32—36、4页；张正明：《云中君为雷神说》，《华中师范大学学报（人文社会科学版）》2007年第5期，第54—55、88页。

元代张渥《九歌图》卷（局部及卷首）

论。随着汉时佛教的传入和本土民俗思想的结合，其神仙谱系中存在丰富的佛、菩萨等尊神形象，还包括伏羲、女娲、风伯、雨师、雷公、电神诸神的形象。在敦煌壁画中存在多种自然之神的具体形象，包括对雷公形态的刻画，此时的雷公已与雹戏之雷神形象几无瓜葛，形成了臂有羽毛，身形矫健，孔武有力的形象。[1]与王充《论衡·雷虚》"图画之工，图雷之状，累累如连鼓之形。又图一人，若力士之容，谓之雷公。使之左手引连鼓，右手推椎，若击之状。其意以为雷声隆隆者，连鼓相扣击之音也"描述形态相同，这也说明雷神形象的转变或本自汉时。汉时人对雷神的信仰及形象的想象都更为具体和丰富，通常将其想象为一大力士，他左手拿连鼓，右手敲鼓。甚至当时

1　敦煌研究院编，赵声良主编，杜鹃等著：《敦煌岁时节令》，南京：江苏凤凰美术出版社，2022年，第35页。

人以为自然雷击是天取龙，或龙升天。雷击时隆隆巨响，是其敲击连鼓所发出的。雷神之音若巨鼓皇皇，汉乐府诗曰："春雷阵阵夏雨雪"，可知其声洪亮而连绵不绝。

春雷成为惊蛰一节的自然之音，其隆隆之声，令万物振奋、复苏，继而生长、繁茂。在卦象思维中，震卦是东方之卦。此时斗柄向东，东方主青，利于草木，万物复苏。从现代科学的角度阐释雷电与物候的关系，可知《时训》"桃始华"其言不虚，雨水使得草木萌动，而惊蛰电闪雷鸣，空中的氧气与氮气随雨水落入地面，肥沃了土地，促进万物生长。正如子弹库帛书《四时》云："为禹为契，以司土壤，咎天步廷，乃上下腾传。"雹戏之神，从震而来，命令禹和契，以司土壤，使得上下相通。《礼记·月令》还有一言颇值得玩味，充分体现了儒家仁爱之心[1]，其云"是月也，安萌芽，养幼少，存诸孤。择元日，命民社"。意为惊蛰时，万物皆为萌芽状态，当小心呵护，特别是对处于幼小阶段的万物，包括幼芽、垂髫、孤儿等，都需要给予必要的关爱和抚慰，并需择良辰吉日，命民众祭祀土神。这种思想在秦汉简牍各类《田律》中亦属常见，比如春时要求"毋敢伐材木山林""毋杀其绳（胹）重者，毋毒鱼"等皆是对春生的保育、呵护。

唐人韦应物《观田家》诗云："微雨众卉新，一雷惊蛰始。田家几日闲，耕种从此起。"这两句若平地惊雷，有震聩之感，但末尾两句"仓廪无宿储，徭役犹未已。方惭不耕者，禄食出闾里"道尽了农人

---

1 依据王锷对《礼记》成书的研究看，《礼记》与其他五经一般都经过汉儒的整理，从古书的形成和流变看，今之古书大多是汉儒整理之后的面貌。《礼记·月令》的主体部分疑为战国文献，但亦有汉人色彩。王子今研究秦汉时期的社会生活史谈及对幼儿的保护和育儿的呵护存在一些值得注意的细节，比如"襁负而至"作为"襁褓""负子"形式，多见于汉代行政史的记录中，往往作为"德""泽"宣传。详见王锷：《礼记成书考》，北京：中华书局，2007年；王子今：《汉代"襁褓""负子"与"襁负"考》，《四川文物》2019年第6期，第62—68页。

的艰辛。《齐民要术》卷一篇题次序为"耕田第一""收种第二""种谷第三",耕田为农道之始,亦可知农人对耕田的重视。惊蛰之节因处卯月,也属于耕种之时,书案之上,阡陌之间亦是充盈希望的忙碌之象。《黄帝内经·素问》云:"春三月,谓发陈,天地俱生,万物以荣,夜卧早行,广步于庭,披发缓行,以便生志。"此时并不是一味闻惊雷而激动不已地忙碌,当是脉脉生发

2023年惊蛰前笔者摄书案凌波仙

养志以道。"夜卧早行""披发缓行"强调的是生发和缓柔之道。若应节,当"于无声处听惊雷",于惊雷处以心生。

"年华有时尽,风物不知休",自然生长的规律是恒变化而不停息的,固不能仅停留于目下。寄生天地,万代过客,万物齐观都脱离不了长远看待一日、一月、一年、一生。于一年安排和计划而言,位处春季的节气尤为重要。惊蛰时温度升高,热气、湿气随春雷初起频频而出。南方大部分地区,早可闻见雷鸣,北方地区因纬度较高,则可能要到清明以后方能听到春雷阵阵,所以《逸周书·时训》所记春分之时"雷乃发生",亦可能是纪历者所处地域不同,而导致同一物候现象产生的时间南北有别。无论雷声早晚,惊蛰时物候已呈仲春景象,刹那间姹紫嫣红。春天的消息如雷声乍作,晃眼之间,青眼舒芽,桃花灼然。

第四节　春分　芽萌动

一、春分与早期祭日关系

春分属一年中绝对"中庸"的节气，也是非常重要的节气，更是古老的节气。即在此时，太阳直射点到达赤道，日夜平分，而后白昼渐长，黑夜渐短。《礼记·祭义》："祭日于坛，祭月于坎，以别幽明，以制上下。"孔颖达疏曰："祭日于坛谓春分也。"[1]春分当有祭日仪式。清代潘荣陛《帝京岁时纪胜》记载："春分祭日，秋分祭月，乃国之大典，士民不得擅祀。"祭日、祭月当属"国之大事"，官方威仪和政治权威皆由此彰显。坐落在北京朝阳门外东南的日坛，是目前保存最完整的祭日之地，其又名朝日坛，是明、清两代皇帝春分祭日的神圣之地。朝日祭祀定在春分的卯刻，每逢甲、丙、戊、庚、壬年份，皇帝亲自祭祀，足见其重视。

从历法和观象的历史来看，先民对"春分"的掌握是非常早的。甚至，分、至的建立与系统的天象、历法观密切相关，所以其出现时间会更早，当与四时系统同时建立。河南濮阳西水坡45号墓的蚌塑星图是用整体葬墓的立体全貌显示的古代二十八宿天文图。

冯时先生认为这幅蚌塑星图显然再现了当时的实际星空，根据计算可得出前四千纪时星象的真实位置，是因为古人在当时已经对二分、二至的朝夕影长以及测量方式非常谙熟。[2]具体而言，春分和秋

1　郑玄注，孔颖达疏：《礼记正义》，第3460页。
2　冯时：《古代天文与古史传说——河南濮阳西水坡蚌塑遗迹的综合研究》，张满飚主编：《伏羲时代的社会画卷》，北京：中央文献出版社，2003年，第48—87页。

河南濮阳西水坡45号墓蚌塑星图（局部）

分来临的时候，太阳出没于正东和正西方向，朝夕之影重合，正午日影为冬至影长的一半。春分黄昏时斗杓东指，引导人们观测大火星的东升，秋分黄昏时斗杓西指，指示人们观测参星的东升。朝夕影长的测量和北斗指向所得结果是判断分日临至的重要依据。先民在前四千纪之时已经懂得以恒星授时和揆度测影相互结合的精确测量方法。这在古人类的授时活动中亦是普遍，比如，阿拉伯二十八宿体系中的斗宿称为A1-baldah[1]，意即"日短至"。山河异域，风雨同天，为了测量分、至，古人类在恒星观测与揆度日影上早已达成共识。

山东莒县陵阳河和大朱家村发现一种大约5000年前的刻画符号文字，可能与天文观测有关，而后又在诸城前寨遗址及尉迟寺遗址出

1　William Brennand, *Hindu Astronomy*, London: C. Straker, 1896.

土了相似图案。古文字和史前文明学界对此字众说纷纭[1]。这一符号常见于大汶口文化遗存的陶尊之上，并多覆以朱红色，相当特殊。此字上部结构非常清晰，为"日"无疑，下部结构尚需讨论，唐兰、李学勤先生皆认为下部像"火"之形。李学勤先生亦曾结合良渚文化类似符号对大汶口文化出现的8种刻画符号进行细致讨论。

无论"❖"和"❖"字究竟是族徽、天象记录还是日月神崇拜，都表达出大汶口文化时期黄河流域先民对"太阳""日"的崇拜。卜辞也存在类似祭祀日神的仪式。[2]无独有偶，广西左江花山岩画也记

广西左江花山岩画（局部）

1　于省吾：《关于古文字研究的若干问题》，《文物》1973年第2期，第32—35页；唐兰：《关于江西吴城文化遗址与文字的初步探索》，《文物》1975年第7期，第72—76页；《从大汶口文化的陶器文字看我国最早文化的年代》，山东大学历史系考古教研室编：《大汶口文化讨论文集》，济南：齐鲁书社，1979年，第79—84页；邵望平：《远古文明的火花——陶尊上的文字》，《文物》1978年第9期，第74—76页；王树明：《谈陵阳河与大朱家村出土的陶尊"文字"》，山东大学历史系考古教研室编：《山东史前文化论文集》，济南：齐鲁书社，1986年，第249—308页；李学勤：《论新出大汶口文化陶器符号》，《文物》1987年第12期，第75—80页；王震中：《从尉迟寺婴儿瓮棺上刻画"❖""❖"图像文字看火正世官的起源》，《南方文物》2014年第4期，第83—86页。

2　参见董作宾：《中国古代文化的认识》，《董作宾先生全集》乙编第3册，台北：艺文印书馆，1977年，第339页；胡厚宣：《殷代之天神崇拜》，《甲骨学商史论丛初集：外一种》，石家庄：河北教育出版社，2002年，第221—223页；陈梦家：《殷墟卜辞综述》，第523—574页。

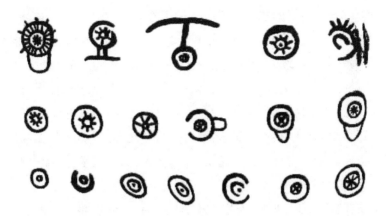

广西左江花山岩画各式圆形图案

录了左江流域先民们悠久的"祭日"历史，大量的壁画中出现了各式圆形图案，并有正身、侧身等不同形态的祭拜人形。花山壁画的绘制年代被测定为战国至东汉时期，是由骆越部族或部落联盟中居住在左江流域的氏族及部落所绘制的。[1]当部落发展成方国社会结构时，"祭日"就成为一种宗教式的仪式，并逐渐形成了"祭日"的习俗文化。为了确定"祭日"的时间，"祀日"的制度应运而生。[2]

二、"日夜分"与铭文"寺春今岁"

春分，古时又称为"日中""日夜分""仲春之月"。《春秋繁露·阴阳出入上下》云："阳在正东，阴在正西，谓之春分。春分者，阴阳相半也，故昼夜均而寒暑平。"[3]《宋史·天文志》："春秋二分，

1 广西壮族自治区文化厅、广西壮族自治区文物局编：《左江花山岩画研究报告集》（上册），南宁：广西科学技术出版社，2015年，第68—70页。
2 李远宁、黄春荣：《试论左江岩画中日芒星与祭日、祀日及"日"字的起源》，《学术论坛》2009年第3期，第69—78页。
3 董仲舒著，苏舆撰，钟哲点校：《春秋繁露义证》，第343页。

日在两交，春和秋凉，昼夜平分。"[1]《月令七十二候集解》："春分，二月中。分者，半也，此当九十日之半，故谓之分，秋同义。"[2]所以，春分本是一语双关，有两层含义：一指春分这一天白昼和黑夜完全平分，即清华简《四时》"日月分"本应指此时"日夜均分"，各为六辰，但根据推演《四时》"日月分"与二十四节气还存在时间偏差；二是古时以立春至立夏为春季，春分正当春季三个月之中绳，前有立春、雨水、惊蛰，后有清明、谷雨、立夏，彻底平分了整个春季，与分之"从八，从刀"字义相合。结合历法考察，春分这一日正好将春天分成前后两半，分字用得恰当。春字字形相对清晰，甲骨文从草，从日，从屯，本义是草木的种子生根发芽。小篆字形亦从草，从日，从屯。日表其义，字形部件一一对应，传承关系也相对清晰。金文的"春"以"艸""日"表意，以"屯"表音，属形声字，其字形也结体平衡，流畅非常，以吴王光钟残片铭文所见"𣈰"字为代表。《说文·艸部》："推也。从艸从日，艸春时生也；屯声。"[3]

20世纪50年代安徽寿县蔡侯墓出土的蔡侯申铜器群面世让吴王光钟、鉴重见于世。这一批具有春秋晚期制作风格的蔡、吴青铜器，是研究春秋末期蔡国与吴楚关系的重要资料。吴王光钟铭文可为典型代表，但其器出土时已破碎残泐，后经郭若愚先生联缀和考释，李学勤、

---

1 脱脱等撰：《宋史》卷四十八《天文志》，北京：中华书局，1985年，第952页。
2 郎瑛撰：《七修类稿》，第28页。
3 许慎撰：《说文解字》（点校本），第24页。

吴王光钟（《集成》00224.1）残片铭

曾宪通、刘雨等学者亦有相关文字、史实详考[1]。近来林焕泽根据清华简《系年》简文指出其所纪为吴伐楚的第一次战役，即前506年五月晋与吴"门方城"之役[2]。其铭文字形流畅，结体优美，参差错落，具有典型的吴越文字特点，弥足珍贵。其春字上字"🔹"的释读仍有分歧，但基本释隶为"寺"，读若"侍"，则其铭曰："舍（余）严天之命，入成不赓。寺（?）昚（春）念（今）岁，吉日初庚，吴王光穆曾

---

1 郭若愚：《从有关蔡侯的若干材料论寿县蔡墓蔡器的年代》，《上海博物馆集刊（建馆三十周年特辑）》，上海：上海古籍出版社，1983年，第77页；李学勤：《由蔡侯墓青铜器看"初吉"和"吉日"》，《中国社会科学院研究生院学报》1998年第5期，第85—89页；曾宪通：《吴王光编钟铭文的再探讨》，《华学（第五辑）》，广州：中山大学出版社，2001年，第117—119页；刘雨：《三论"初吉"》，《庆祝何炳棣九十华诞论文集》，西安：三秦出版社，2008年，第249—435页。

2 林焕泽：《吴王光编钟"入城不赓"新考》，《中国史研究》2021年第3期，第187—191页。

（赠）辟金，青吕専皇，台（以）乍（作）寺吁穌钟。"寺春今岁"点出了此器的制作时间为春季，其事意义重大，本于冬季完成战役，及至第二年春日择日作器。李学勤先生曾指出吴王光钟、吴王光鉴"同样有'吉日初庚''往巳，叔姬'等语，容易看出与鉴为同时所作"。而吴王光鉴铭文作器时间为："隹王五月，既字白期，吉日初庚。"依夏正五月早已非春季，此铭文当指周正五月。"既字白期"即"既生霸期"。"初庚"当指周正五月的第一个庚日，前506年周正五月为丙戌朔，吴王光钟、吴王光鉴二器皆作于此日。纪事择春吉日，是周之惯例，若以"春秋"称一年四季的变化，进一步指代国家历史。

三、"玄鸟春来"的商周传统

长沙子弹库帛书丙篇《月忌》有云：

曰：取（陬），云则至，不可以【1】□殺。壬子，（丙）子凶。乍（作）【2】□北征，（帥）又（有）咎，武□【3】□亓。■【4】取（陬）于下【5】

其中"云"字诸家释读略有分歧，有观点认为此"云则至"与"来降燕"相同。饶宗颐先生认为"云"即"霝"字，认为帛书言陬月而霝至，时间正与《礼记·月令》相差一月。[1]李零先生认为，从字形考虑，此字肥笔较长，为"霝"字可能性较大；指出帛书此处以正月"来燕"，与《夏小正》《月令》等时令书二月来燕之说不同，认为这是《四时令》的月名，其全年岁首要比《夏小正》《月令》等晚一个月的原因。[2]因为岁首不同，各地用历不同，对月名的称谓有

---

1 饶宗颐：《楚缯书疏证》，《历史语言研究所集刊》（第四十本 上），1968年，第1—32页。
2 李零：《子弹库帛书》，北京：文物出版社，2017年，第4页。

差异，物候现象时间早晚不同亦是可能的。春日燕来与玄鸟春来的传统明显还要早于战国时期。

《时训》记载春分若不应时则"玄鸟不至""妇人不□（娠）"。其中"不娠"即不怀身，虽是感应之说，但或与《夏小正》物候为"来降燕，乃睇"有关。《诗·商颂·玄鸟》"天命玄鸟"，毛传云："玄鸟，鳦也。"陆德明释文："玄鸟，燕也，一名鳦。"郑玄、高诱皆释"玄鸟"为"燕"。《月令》《吕纪》《时训》皆为"日夜分""玄鸟至""雷乃发声""蛰虫咸动""始电"的不同顺序的排列组合，内容一致。而《淮南子·时则》作"日夜分，雷始发声，蛰虫咸动"，根据前后各节物候描述，似乎有意而为之，与"獭祭鱼，候雁北，始雨水……桃始华，仓庚鸣，鹰化为鸠"句式相近，更为整饬。《左传》哀公元年"后缗方娠"，"娠"即怀身也，此处当指以玄鸟春来以推演妇人怀身的现象。"玄鸟春来"此与商人之受命观密切相关。金文中存见"玄鸟妇"铭文，有族徽说，有姓氏说，各说不一[1]，但与"玄鸟""鸟"的关系不容忽视。

商人以鸟为图腾之说，可从甲骨文中得到印证，王亥

亚夬玄婦罍铭拓（原藏清宫，后归端方，现器藏日本兵库县黑川古文化研究所，盖下落不明）

1 于省吾先生认为此为"玄鸟妇"三字之合文，见于氏著：《略论图腾崇拜与宗教起源和夏商图腾》，《历史研究》1959年第10期；邹衡：《关于夏商时期北方地区诸临境文化的初步探讨》，《夏商周考古学论文集》，北京：文物出版社，1980年，第270页；严文明：《中华文明史》，北京：北京大学出版社，2006年，第222页；严志斌：《商代金文的妇名问题》，《古文字研究（第二十六辑）》，北京：中华书局，2006年，第145—146页。

是甲骨卜辞记载商人先公先王中第一个被称为"王"的首领。"亥"之甲骨字形从隹从鸟，盖有以鸟为图腾简化的痕迹，正与《山海经》同，像"两手操鸟"。这个特点一直被商代后人作为信史传诵。王震中先生认为商族并不属于以鸟为图腾的东夷族系，王亥之所以被称为"王"，缘于"王"所具有的力量，继承了来自玄鸟崇拜的神性和神力。[1] 这种理解无疑揭示了商人早期的天命观与其自然观密不可分，所以说"王"以玄鸟强调神力主要表现的是宗教性。始见《诗·商颂·玄鸟》"天命玄鸟，降而生商"，及至《天问》《吕氏春秋》《史记》《列女传》等，简狄吞燕卵而生契的故事逐渐丰满，且至刘向撰《列女传》时，已与"女德"相联系。简狄之德已经成为刘向所提倡的"母仪"，其赞曰："契母简狄，敦仁励翼，吞卵产子，遂自修饰，教以事理，推恩有德，契为帝辅，盖母有力。"可见从"玄鸟降临""吞卵产子"到"盖母有力"，与《时训》"玄鸟不至，妇人不娠"内涵相近。"玄鸟至"已经不单纯是作为一种对物候现象的描述，而是一种对女性生育能力的象征。所以，后接"玄鸟不至"导致"妇人不娠"的逻辑与汉儒对女性美德——具有旺盛的生育能力的要求相近。

敦煌文献 S.1308《应机抄》记载"夫鸟巢不厌高，鱼潜不厌深，春气发而百草生，秋气发而万物成"，"夫阳春自和，生长者未必俱忻；阴秋自凄，凋落者未必尽恐"，"春气暖而玄鸟至，秋风扇而寒蝉吟，时使之然"。[2]《应机抄》属于敦煌类书，是对诸子名言的整理抄写，类似于今日的便贴，记载春时物候亦多强调与"玄鸟"的关

---

1 王震中：《王亥的历史地位——兼论原始王权的产生》，《中原文化研究》2023年第 2 期，第 13 页。
2 中国社会科学院历史研究所、中国敦煌吐鲁番学会敦煌古文献编辑委员会、英国国家图书馆、伦敦大学亚非学院合编：《英藏敦煌文献（汉文佛经以外部分）》（第二卷），成都：四川人民出版社，1992 年，第 280—286 页。

敦煌文献S.1308《应机抄》（10）

系，说明古人从未停止对这类现象的观察思考。除类书外，敦煌字书中还存在大量与时令相关的内容。依据周祖谟先生划分当有五类：童蒙诵习书、字样书、物名分类字书、俗字字书和杂字难字书。[1]有一部分已经归入蒙书类。而另一类物名分类字书，体例上与类书相近，也保存了一些时令知识，不过相较蒙书和类书，内容并不太多。主要见于P.3776《杂集时要用字（五）》中的"阴阳部"与"年载部"，S.610《杂集时要用字》，Дx.1131、Дx.1139B、Дx.1149V缀合《杂集时要用字（七）》等。[2]而类书和字书之中的节令文献，并不仅简单言及节令的物候，实则是一种知识秩序，还有一些会借时令言说哲理，如《新集文词九经抄》："谓夏必长，而草木枯焉。谓冬必凋，

1　周祖谟：《敦煌唐本字书叙录》，中国吐鲁番学会语言文学分会编：《敦煌语言文学研究》，北京：北京大学出版社，1988年，第41页。

2　余欣：《敦煌的博物学世界》，兰州：甘肃教育出版社，2013年，第229—232页。

而竹柏茂焉。"[1]

春分祭日，秋分祭月。万物荣衰，顺应时节。春分前后，正是天气适宜的好时候，白昼时间日渐长，北半球的气温也逐天升高。万紫千红开遍，当以赏心乐事佐良辰美景。此时，自然产生了一些民俗节日，如上巳节等。应时而动的妖童游女，春柳繁花的盛景，如云似荼，温炽繁盛，充盈着春分心绪。朱淑真《春日杂书》"写字弹琴无意绪，踏青挑菜没心情"一句，道尽心声。春之时放纸鸢、簪春花、喝春酒、挑野菜无疑皆可视作闲娱之选。春光正好，莫负春日好时光，懒困于室内，不如纵情于山水之间。小令圣手晏殊《蝶恋花》写尽了春分的风流："南园春半踏青时，风和闻马嘶，青梅如豆柳如眉，日长蝴蝶飞。"南北同春，从惊蛰的"桃始华，仓庚始鸣"，到春分的"玄鸟至，雷鸣电闪"，天地间彻底结束了寂寞无声，变得有声有色，尘嚣喧哗。

春分时节，草木萌芽皆以生发，经历雨水初降，春雷催动，绿意比立春之时更为浓郁。那抹绿，自由无拘，纵横天地，甚至引得编修《文苑英华》、校订《说文解字》的徐铉直夸"仲春初四日，春色正中分。绿野徘徊月，晴天断续云"。想来，没有人能够拒绝这样的芳春。

2019年3月21日笔者摄于杭州

1 《新集文词九经抄》存有多个卷号，详见郑阿财：《敦煌写本〈新集文词九经抄〉研究》，台北：文史哲出版社，1989年。

第五节　清明　青探头

北大汉简《雨书》简3："三月朔胃。三日毕，雨。不雨，是谓加光，日月死，民旅行。"其三月三日由推步可知正值二十四节气的清明时节，在清明刚过三日前后，见表2.6。此简后大致有二至三枚简残缺，整理者言："'日月死'，指某种天象。《灵台秘苑》卷七'日凶变'条曰：'日出三竿，亭□无光，日月病。'又曰：'日未入，亭无光，日月死。'具体含义不详。"[1] 引文有误，核查北周庾季才《灵台秘苑》原文为："日变异状：日出三竿，亭亭无光，曰日病，又曰，黄色无光。占侯王病，日未入，亭亭无光，曰日死，厥日色紫，为霜，为侯王死。"[2] 即以"日"指代侯王，"日"的状态直接对应着统治者的状态。《雨书》则以"日月"状态描述国家状态。又如《开元占经》引汉人郗萌

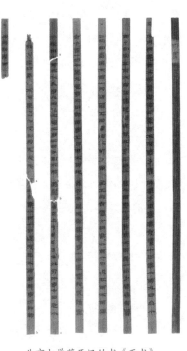

北京大学藏西汉竹书《雨书》

1　北京大学出土文献研究所编：《北京大学藏西汉竹书　伍》，第80页。
2　庾季才：《灵台秘苑》，东方文化学院京都研究所藏抄本，第5页b。

之说："毕星动摇，有谗臣。毕一星亡，为丧，一日为兵。毕中星出，国内乱，一日国无主。"[1]以星指代"国主"，"为丧"和"国无主"与《雨书》此处的"日月死"或相近。《李虚中命书》："子午乃阴阳之至，卯酉为日月之门。死败全逢，刑犹寿考。"[2]汉代建寅，则三月即卯月，此时当值"日月之门"，为生死关键，若不应时则有灾异，故《墨子·非攻下》："逮（逮）至乎夏王桀，天有辂（诰）命，日月不时，寒暑杂至，五谷焦死，鬼呼国，鹳（鹤）鸣十夕余。"[3]说明不雨、日月不时对国家以及农时的影响。"旅行"一词相对费解，整理者注："'旅'下一字残存右半，作'亍'，应为'行'字。"[4]但若与前文的"日月死"结合"民旅行"似指民众流离失所之乱。

战国、秦汉时期对清明的时、月、节令文献记载所提及的相关物候、忌宜、政令，胪列如下：

> 《管子·幼官》：春行冬政肃，行秋政雷，行夏政则阉……十二清明，发禁。

> 《逸周书·时训》：清明之日，桐始华，又五日，田鼠化为鴽（鴽）。又五日，虹始见。桐不华，岁有大寒。田鼠不化鴽（鴽），国多贪残。虹不见，妇人苞乱。

> 《吕纪》：（仲春）是月也，日夜分，雷乃发声，始电，蛰虫咸动，开户始出。先雷三日，奋铎以令于兆民曰："雷且发声，有不戒其容止者，生子不备，必有凶灾。"日夜分则同度量，钧衡石，角斗桶，正权概。是月也，耕者少舍，乃修阖扇，寝庙必备，无作大事，以妨农功。是月也，

---

1 瞿昙悉达著：《开元占经》（下），北京：九州出版社，2011年，第592页。
2 李虚中注：《李虚中命书》，北京：中华书局，1985年，第20页。
3 孙诒让：《墨子间诂》，北京：中华书局，2017年，第147—148页。
4 北京大学出土文献研究所编：《北京大学藏西汉竹书　伍》，第80页。

无竭川泽，无漉陂池，无焚山林。天子乃献羔开冰，先荐寝庙。上丁，命乐正入舞，舍采。天子乃率三公九卿诸侯亲往视之。中丁，又命乐正入学习乐。是月也，祀不用牺牲，用圭璧，更皮币。

《淮南子·天文》：何谓八风？距日冬至四十五日条风至，条风至四十五日明庶风至，明庶风至四十五日清明风至，清明风至四十五日景风至，景风至四十五日凉风至，凉风至四十五日阊阖风至，阊阖风至四十五日不周风至，不周风至四十五日广莫风至。条风至则出轻系，去稽留。明庶风至则正封疆，修田畴。清明风至则出币帛，使诸侯。景风至则爵有位，赏有功。凉风至则报地德，祀四郊。阊阖风至则收县垂，琴瑟不张。不周风至则修宫室，缮边城。广莫风至则闭关梁。决刑罚……加十五日指卯中绳，故曰春分则雷行，音比蕤宾；加十五日指乙则清明风至，音比仲吕。

《淮南子·时则》：是月也，日夜分，雷始发声，蛰虫咸动苏。先雷三日，振铎以令于兆民曰："雷且发声，有不戒其容止者，生子不备，必有凶灾。"令官市，同度量，钧衡石，角斗称，端权概。毋竭川泽，毋漉陂池，毋焚山林，毋作大事，以妨农功。祭不用牺牲，用圭璧，更皮币。

《管子·幼官》以三十时划分，以立春为岁首，十二日为一节，"十二清明，发禁"则是立春后四十八天前后，若按冬至为首，清明在冬至后八十四天左右。《吕纪》并不见清明时节，但与仲春之纪记述春之日月分（春分）前后的物候，"雷乃发声，始电，蛰虫咸动，开户始出"与惊蛰之状相近。《淮南子·天文》中有包括"清明风"

的"八风"系统,但此系统并不完全与《逸周书·时训》和《淮南子·天文》中的二十四节气相匹配,一则此系统以冬至为首,二则若都从冬至日算起,"清明风"的时间与夏至时间相合,与如今二十四节气的清明足有一月之差。清明时间节点如何确定,还需要依赖更多材料。根据《汉书·律历志》"中营室十四度,惊蛰",颜师古注"今曰雨水,于夏为正月,商为二月,周为三月";"初奎五度,雨水",颜注曰"今曰惊蛰";"大梁,初胃七度,谷雨",颜注曰"今曰清明";"中昴八度,清明",颜注曰"今曰谷雨,于夏为三月,商为四月,周为五月"。[1]可知,唐初"雨水"位于"惊蛰"前,"清明"位于"谷雨"之后。中古之世两者次序亦有调换,贾公彦疏云:"一年有二十四气,正月立春节,惊蛰中;二月雨水节,春分中;三月清明节,谷雨中。"[2]贾公彦与颜师古皆为初唐时人但说法不一,可知清明位于谷雨前,与汉以后情况相吻合,但贾疏以为惊蛰又在雨水前,则从《汉书·律历志》或之前古俗,具体情况尚需讨论。

一、战国秦汉社日与清明"慎终追远"——由楚简祷"社"说起

据《礼记·月令》"仲春之月……择元日,命民社"和《四民月令》"二月""八月"两条记载可知秦汉之时每年二月或二月、八月两月需择元日进行祭社仪式。虽皆称"社",但两次祭祀的物品、目的不同。《四民月令》"二月"条云:"二月祠太社之日,荐韭、卵于祖祢。""八月"条云:"祠日荐黍、豚于祖祢。"战国天星观1号墓

---

1 班固著,颜师古注:《汉书》卷二十一《律历志》,第1005页。
2 郑玄注,贾公彦疏:《周礼注疏》,第1764页。

简文记载:"冬夕至,尝于社,特牛……"战国之时或还有冬社,但是否是按月祭社,还需具体探讨其来源差异。《月令》"仲秋制月……乃命宰祝,循行牺牲,视全具"和《白虎通·社稷》引《援神契》"仲春祈谷,仲秋获禾,报社祭稷",皆说明二月祭社是为了祈求丰收,八月祭社则是为了报答和感谢神祇。春日祭社神是祭祀土地神,即"为民祈谷"。《艺文类聚》引蔡邕《祝社》"乃祀社灵,以祈福祥"则是在此基础上的引申,祈求赐福。

社日的主要活动是以行政社区组织乡、里为单位举行的。故郑玄根据汉时情况,司马贞依据唐代现实,皆用"里社"诠释汉唐之间的基层社会组织。《左传》哀公十五年"齐与卫地自济以西、糕媚以南书社五百",可知先秦时期又称为"书社",以"将社员之名籍书于社簿"的基层政治管理行为指代这种以最小基层行政单位进行管理的体制。所以,其发展至汉代民间,与表现出浓烈的家族社会交流色彩的正旦、腊日等节日相比,社日具有更加广泛而普遍的社会交流性质。《周礼·地官·媒氏》:"中春之月,令会男女。于是时也,奔者不禁。"[1] "会男女"之说当为民众仲春交游之况,是打破宗亲血缘关系的社会交往活动。

《荆楚岁时记》:"社日,四邻并结综会社,牲醪。为屋于树下,先祭神,然后飨其胙。去冬至节一百五日,即有疾风甚雨,谓之寒食。禁火三日,造饧大麦粥。春日榆荚雨。寒食,挑菜。斗鸡,镂鸡子,斗鸡子。"[2] 除社日之时有非常具体的祭祀仪式和要求外,社日的前一天还要进行一系列准备工作,"齐、馔、扫、涤,如正祀焉"。因为以社为地域的活动,会涉及一个乡或一个里的基层民众,参加社

---

1 郑玄注,贾公彦疏:《周礼注疏》,第1579页。
2 宗懔撰,杜公瞻注,姜彦稚辑校:《荆楚岁时记》,北京:中华书局,2018年,第28—32页。

祭的人数相当可观。战国竹简已能够反应社日祭祀、祝祷"社神"的情况，可以说社日是热闹的节日，不同宗族和血缘的人会聚一处，奏乐歌舞，宴饮祷社。

河南新蔡平夜君成墓简保存了战国中期楚声王至楚肃王时期祭祷"社神"的记录，据杨华先生统计，共计56条，且平夜君封地周围"社"的分布非常广泛，人口活动密集。[1]

葛陵楚简简甲三.349：……司城均之述（遂），刲于洛、鄻二社二羖，祷……[2]

包山楚简简210：举祷蚀太一全豢，举祷社一全猎，举祷官、行一白犬。[3]

望山1号墓简115：……□东宅公、社、北子、行、□□……[4]

天星观1号墓：冬夕至，尝于社，特牛。[5]

在战国楚系简文中还存有"社"的其他名称，如"地主"见于秦家咀M99墓简11"地主、司命、司祸各一殇"，或称为"侯土"（即后土），如望山简54、55、56"举祷太佩玉一环，侯土、司命各一小环"。还有称"宫侯土""野地主""野侯土"的情况。

及至秦汉，睡虎地秦简《日书》甲种简149背："田毫主以乙巳死，

1　河南省文物考古研究所、河南省驻马店市文化局、新蔡县文物保护管理所：《河南新蔡平夜君成墓的发掘》，《文物》2002第8期；河南省文物考古研究所编著：《新蔡葛陵楚墓》附录一，郑州：大象出版社，2003年，第187—231页；杨华：《古礼新研》，北京：商务印书馆，2012年，第350页。

2　《新蔡葛陵楚墓出土竹简释文》，河南省文物考古研究所编著：《新蔡葛陵楚墓》附录一，第199页。

3　湖北荆沙铁路考古队：《包山楚简》，北京：文物出版社，1991年，第33页。

4　湖北省文物考古研究所、北京大学中文系编：《望山楚简》，北京：中华书局，1995年，第78页。

5　滕壬生：《楚系简帛文字编》，武汉：湖北教育出版社，1995年，第28页。

杜主以乙酉死，雨师以辛未死，田大人以癸亥死。"整理者认为"杜主"是秦国雍地杜县的杜主祠。[1]但杨华先生考释田亳主、雨师、田大人皆为地域神灵，与人格神不类，此处"杜主"疑为"社主"之误[2]，此时已将社主与田亳主、田大人等神并列，恐怕与秦人将社神、稷神、先农神并列祭祀的文化礼俗有关。汉时则盛行厌胜之术与祠社结合。孔家坡汉简记载了与社神巫术有关的情况，其简2262"今日庚午为鸡血社，此毋无殃邪"；简3541"寅有疾，四日小间，五日大间。患北君<u>丛主</u>。丙寅日出有疾，赤色死"。"<u>丛主</u>"即"<u>丛社</u>"，社坛中树木<u>丛</u>立，得此名。《史记·陈涉世家》载吴广到"<u>丛祠</u>"中篝火狐鸣，则记其藏匿于社神所依之处。可以说，无论是祭祀农事还是祝祷、巫术，社神崇拜和社日活动构成了秦汉民间信仰的重要组成部分。

祭社、祠社时通常伴有祀冢活动，东汉崔寔《四民月令·二月》载：

> 二月祠太社之日，荐韭、卵于祖祢。前期齐、馔、扫、涤，如正祀焉。其夕又案冢簿，撰祠具。厥明，于冢上荐之。其非冢良日，若有君命他急，筮择冢祀日。[3]

此时祭社前一晚，需查看"冢簿"（冢簿记载了葬于家族墓地中的祖先之名），准备祭祀的用品，次日早晨上墓地进行祀冢。二月的祭品为韭、鸡蛋，八月的祭品为黍、豚或麦、鱼。祀冢之前，通常要进行卜占，日子不吉或事出有急不能上冢，则需要以筮"择冢祀日"。从《四民月令》所记社日冢祀内容看，已与后世清明扫墓活动相近。

1 睡虎地秦墓竹简整理小组编：《睡虎地秦墓竹简》，北京：文物出版社，1990年，第227页。
2 上古"社""杜""土"三字实皆一字，戴家祥：《"社"、"杜"、"土"古本一字考》，《古文字研究（第十五辑）》，北京：中华书局，1986年。
3 崔寔撰，石声汉校注：《四民月令》，北京：中华书局，2013年，第19页。

同为仲春二月之节，社日的祀冢时间与清明之节也大致接近。彭卫等学者认为后世清明节扫墓的风俗可能即滥觞于秦汉时期二月社的冢祀活动[1]。

社日祀冢是从社会活动和信仰行为层面对清明扫墓来源的解释，而思想层面则需要考察自先秦以降的"孝"观念。《论语·学而》"慎终追远，民德归厚矣"可与《论语·颜渊》"子曰：'出门如见大宾，使民如承大祭"对读，"慎终"，与"敬德修德"之"敬"颇有相类似之处，即慎重地对待丧礼与祭仪。丧礼、祭祀等制度礼仪，正可充当培养君子敬德修德的教纲。与"祭神如神在"不同，以"孝悌"为核心培养士人或世人人伦品格是一种儒家王教的宣扬教化，这将"孝"从仪礼方面"转化利用"更加世俗化，且在保留了祭祀的宗教属性神秘、玄妙的同时，还使得其与政治伦常、社会伦常紧密结合。

郭店简楚简《成之闻之》简31—32：

> 天坙（降）大棠（常），以理人伦，折（制）为君臣之
> 义，煮（图）为父子之新（亲），分【31】为夫妇之攴（辨）。
> 是故小人乱天棠（常）以逆大道，君子訇（治）人伦以顺天
> 德。【32】[2]

除《成之闻之》外，郭店简《尊德义》《唐虞之道》等篇都充分显示出战国楚地对家族人伦关系，特别是孝亲之道的重视。《唐虞之道》简4—7：

> 夫圣人上事天，效（教）民又（有）尊也；下事墜
> （地），效（教）民又（有）新（亲）也……【4】……新
> （亲）事且（祖）渲（庙），效（教）民孝也；大教之中，天

1　彭卫、杨振红著：《秦汉风俗》，第444页。
2　陈伟等：《楚地出土战国简册（十四种）·郭店1号墓简册》，北京：经济科学
　　出版社，2009年，第204页。本书楚简释文根据此书核校，不单独出注。

子亲齿，教民弟也；先圣【5】牙（与）后圣考，后而遏先，效（教）民大川（顺）之道也。

尧舜之行……恿（爱）亲故孝，尊贤故廛（禅）。孝之蛩（方），恿（爱）天下之民。廛（禅）之传，世亡忘（隐）德。孝，佘（仁）之冕也。【7】廛（禅），义之至也。六帝兴于古，皆采（由）此也……【8】[1]

为了阐述"禅"的地位和由来，《成之闻之》简文对以孝事亲的作用和意义进行了深入的阐述，即"孝，仁之冕"与"禅之传，世隐德"地位相匹。且于祖庙之中，天子教民"孝"，于太学之中，天子亲教民"悌"，两者都是"教民大顺之道"，天子必须亲躬以待。楚系简帛中还有大量与"孝""悌"有关的文献，上博简《内豊》（含《昔者君老》）中"孝道"思想占到该篇篇幅的一半，并详细阐述了君臣、父子、兄弟之间的关系。[2]其基础逻辑也由小及大，即从对父兄的"孝悌"出发，引申到君臣之义。"爱""礼"为君子"孝"之本，"孝悌"是处理家族关系的核心原则。

"慎终"以敬鬼神，"追远"则思先祖。"追远"之思并非晚起，商代周祭即是对商王对先公、先王、先妣等祖先神进行复杂、频繁的祭祀活动。商人在同一系统中对先王和先妣进行有联系的祭祀，并依即位次序进行祭祀排序。[3]以先公上甲微为例，因其为王亥之子，王亥促进了商人畜牧业的进一步发展，驯服了牛，发明了牛驾车的技术，上甲微亦以"假师于河伯以伐有易，灭之""能帅契者也，商人

1　原释文见荆门市博物馆编：《郭店楚墓竹简》，第157页，又据陈伟等释文校正，见于陈伟等：《楚地出土战国简册（十四种）·郭店1号墓简册》，第193页。

2　李朝远：《〈内豊〉释文考释》，马承源主编：《上海博物馆藏战国楚竹书（四）》，上海：上海古籍出版社，2004年，第220—224页。

3　常玉芝：《商代周祭制度》，北京：线装书局，2009年，第90—112页。

报焉",所以商人对上甲微的祭祀非常隆重,包括砍杀人牲,取其血进行祭祀,用各类牺牲较多,祭祀方法也非常繁多。祭祀目的包括将求雨、求年、求禾、告秋、告水等农业收成和水旱灾害,以及征战之事和天象异变等上报上甲微。[1] 及至西周,商周之际天命观念的转变,周人创造性地提出了"帅型祖考之德"的观念[2],史官对周初王世、族谱序列的记述也属发轫,但常称文、武。经过西周中期的礼制发展,已经逐渐发展出一些作为宗法社会中确认自身位置和教育贵族子弟的教材。比如,西周共王时期的史墙盘(《集成》10175)记述文武成康昭穆之功,并记述史墙对于微史家族的历史的追述以及对先祖之功的追思。写作方式上,明显是由大及小,从天子之功到微史家族之功。史墙盘铭下半篇的内容,裘锡圭先生《史墙盘铭解释》一文概括为:第一部分简述史墙家族的来历。盘铭下半篇第二部分称颂了乙祖、亚祖辛和文考乙公三位先人。亚祖辛即史墙之祖作册折,文考乙公即册折之子丰,乙祖即册折铜器中所称的父乙。盘铭的最后一部分是史墙的自赞和求福之辞。[3]

宣王时期的逨盘(《铭图》14543)也是类似的追述先人功绩之器。降至东周,湖北江陵望山楚简卜筮祭祷简记述了墓主人悼固多次祭祀其已故的五世先祖。而河南新蔡葛陵卜筮类简多记祷祠,而祷祠对象有楚文王、平王、昭王、惠王、简王、声王、坪夜文君、子西等。可见,这些文献都属于先秦文献中的"世系"类文献[4]。"世系"

---

1 常玉芝:《祖先神的崇拜与祭祀》,《商代宗教祭祀》,北京:中国社会科学出版社,2010年,第173—369页。

2 罗新慧:《"帅型祖考"和"内得于己":周代"德"观念的演化》,第4—20页。

3 裘锡圭:《史墙盘铭解释》,《文物》1978年第3期,第25—33页。

4 "世系"类材料由"世系"类文献、资料组成。祀谱、颂扬是"世系"类文献的流传主体。相关定义和范畴详见杨博:《从楚竹书看先秦"世系"类材料如何流传》,《文史哲》2023年第4期,第154—164页。

出土文献视野下的二十四节气探源
206

史墙盘铭文

类文献以血缘关系为纽带，记录了先祖名号、功业和宗族权力之间的代际传承。所以，甲骨卜辞、西周金文、周汉简牍等相关祭祷祖先、宣扬功业的档案文献都具有强烈的"追远"意识。

清明时节虽然从正式的节气命名看起源较晚，但至迟从秦汉以后清明就成为祭祀先祖的时节，其祭祀之仪从社日祀冢而来，其精神本于"慎终追远"之礼。《管子·四称》："若有事必图国家，遍其发挥，循其祖德，辩其顺逆。推育贤人，谗慝不作。事君有义，使下有礼，贵贱相亲，若兄若弟。忠于国家，上下得体。"[1]"慎终追远"充分体现出古人所强调的"宗主不坠"观，坚信"祖德"力量对子子孙孙的生命及社会活动、道德成就等方面具有表率作用和重要意义。"国之大事，在祀与戎"，对祖灵的信仰和追思必然产生持续性的常年供奉、祭祀的虔敬行为，祭祀、扫墓都属这一类。

二、禁火、改火与寒食——北大汉简《阴阳家言》与"秋燧"

清明一节还伴随着对"寒食"节俗的吸纳。清明为节气，寒食为节俗，裘锡圭先生认为寒食习俗在战国以前就已存在，东汉至南北朝时屡禁不止，宋代以后才逐渐自然地消歇。[2]清明、寒食时间相近，寒食大致在清明的前一两天，也有前三日的情况，说明寒食之节并非以清明之节定。这种习俗在古时太原郡盛行非常，但也分布流传到其他地区。时节分布不同，有"春中"即仲春一月、冬至后一百五日或一百六日、五月五日和"冬中"即仲冬十一月等差异。持续时间长短不一，有一月、五日、三日、一日等。

冬中一月说见《后汉书·周举传》："由是士民每冬中辄一月寒食，莫敢烟爨，老小不堪，岁多死者。"春中一月说见于隋时《玉烛宝典》："春中寒食一月，老小不堪，今则三日而已。"《后汉书》说被《太平御览》《玉烛宝典》等后世文献转述，可知冬中之说早出。《玉烛宝典》还转引陆翙《邺中记》"并州之俗，以冬至后百五日，

1　黎翔凤撰，梁运华整理：《管子校注》，第619页。
2　裘锡圭：《寒食与改火》，《中国文化》1990年第1期，第66—77页。

为介子推断火冷食三日"，即冬至后百五日断火之俗。《荆楚岁时记》亦云"去冬节一百五日，即有疾风甚雨，谓之寒食"，可知中古之时南北方皆以冬至后一百又五日定寒食时节。

前文已经讨论了清明时节的确定大致在两汉之时，且与冬至日、社日的节俗密不可分。从文献角度出发，寒食禁火习俗由来已久。裘锡圭先生以《寒食与改火》一文对介子推焚死传说的来源进行了梳理。《左传》僖公二十四年记载"介子推不言禄""遂隐而死，晋侯求之不活，以绵上为之田"，此说并无焚死之事。《吕氏春秋·介立》《史记·晋世家》也不见对"焚死"的记载，但《庄子·盗跖》篇提到了两个细节"自割其股以食文公"和"抱木而燔死"。王逸注《楚辞·九章·惜往日》"介子忠而立枯兮"之"立枯"，即为"子推抱树烧而死"，但"立枯"往往与"鲍焦抱木"之事相并提。可见介子推割肉奉主和焚死之说自战国以后才开始出现。至两汉，刘向《新序》、蔡邕《琴操》和王肃《丧服要记》均记载介子推焚死之说，但均不见介子推割肉奉主或"割肉以续军粮"之说，显然在文本的演变和传说的层累生成中，介子推之事成为附会寒食起源而创作的绝佳范本，甚至有观点认为这类文本就是为了解释寒食的起源而编造的[1]。裘锡圭先生认为寒食节真正的起源有他：其一，周代禁

1　前学辨析介子焚死事众多，如《邺中记》记载有的地方五月五日不举火食，"不为子推也"。说见洪迈《容斋三笔·介推寒食》，顾炎武《日知录》。清人梁玉绳《人表考》，杜台卿《玉烛宝典》亦明确说明《史记》《春秋传》记介子推事"并无割股被燔之事"。

火之制；其二，改火之制。[1]此说甚是，解决了由来已久的寒食起源问题。

禁火与改火制度相生成，因与农事相关，以下详细介绍。"改火"之制似与今日生活相去甚远，但其实在世界范围内有众多人类学、社会学的历史传统。古人的自然观象与农时关联紧密，对大火星的崇拜和观测以火历的建立及改火、禁火制度有关。根据考古发现，大汶口文化及仰韶文化庙底沟类型中的火形文样的彩陶表现了对大火星的观测祭祀和授时活动，当时的大火星已成为主要授时星象，大火星的周天变动（如昏见、昏升、昏没）指导农时，由火正负责掌管相关事务。[2]金景芳先生讨论自然崇拜和祖先崇拜时，认为与蜡祭等仪式相同的爟礼即是改火制度。《周礼》有司爟之官，专掌火之政令，是原始时代自然崇拜的遗迹，并且影响了改火、寒食的形成。[3]《金枝》一书中多有记载欧洲古希腊、罗马至近代欧洲的改火习俗。复活节前天主教国家灭旧火，以火石和钢或火镜起新火。德国也有类似改火的习俗，认为可以使上帝赐福，免受火灾、雷电

1　近代李宗侗认为古代中国的"改火"与古希腊、罗马"祀火"制度相近。李氏解释改火中间必须停顿一段时间（不超过一天，各家各邦不一定相同）。后又具体解释在四时改火需用不同的合乎礼制的木质。李宗侗于《中国古代社会史》中将改火作为寒食的起因。裘锡圭先生对此提出四点质疑：一、"四时改火"说与《淮南子·时则》《管子·幼官》一样，都是用较晚的观念附会的早期制度。二、若改火时间不能超过一天，但寒食却起超一天。三、据《说文》中"主，灯中火柱也"，李氏认为火代祖先，此说无依据。侯马盟书中"宝"字所从主，与火无关。四、认为各家改火时间不同值得质疑，只可能发生在各邦各地，而非各家，改火为重要之事，不可擅改。说见李宗侗：《中国古代社会史》，台北：华冈出版有限公司，1977年，第165—167页；裘锡圭：《寒食与改火》，第66—77页。
2　王震中：《试论陶文"🐛""☺"与"大火"星及火正》，《考古与文物》1997年第6期，第30—38页。
3　金景芳著，周粟、苏勇整理：《金景芳先秦思想史讲义》，天津：天津古籍出版社，2007年，第31—51页。

和冰雹等灾祸。苏格兰地区有五月朔的贝尔坦篝火，熄灭旧火，用木摩擦获得"圣火"点燃，祈求免除瘟疫。巴伐利亚持续到19世纪中叶的仲夏篝火，用于使牛免除瘟疫和灾害。仲冬有圣诞节烧圣诞木柴习俗，如胡祖尔人有类似德国的改火传统。普遍来讲，改火的方法是需要熄灭一切灯火，再用木和木摩擦取火；之后或取之放于炉灶，或使牲畜走过，或将象征树精或谷精的人放在篝火中烧死。人们普遍认为篝火，特别是用两木摩擦等比较原始的方法点燃起来的篝火和圣诞柴火，有利于"庄稼生长、人畜兴旺，或积极促进，或消除威胁他们的雷电、火灾、霉虫、减产、疾病，以及不可轻视的巫法等"[1]北美克里克印第安人、孟加拉孔德人都将改火与寒食联系起来。中国少数民族景颇族举行祭龙萨，祈求诸神保佑，五谷丰年。具体习俗与欧洲人相似，并烧旱地上已砍伐的林木。[2]可见世界改火习俗分布广，举行时间多在仲春、季春之交、仲夏、冬至之时，取火方式和去疾、防止自然灾害、促进作物生长[3]的作用都具极强的共通性。

　　介子推焚死传说可能是以改火相关的习俗编造而成的。介子推故事中的绵上和绵山可能是山西中部介休县境内的山脉。顾炎武在《日知录》中提出怀疑，通过分析由宋至晋的路线，又考《汉书·武

1　J·G·弗雷泽著，汪培基、徐育新、张泽石译：《金枝：巫术与宗教之研究》，北京：商务印书馆，2019年。

2　北美洲克里克印第安人的具体习俗为布斯克节（尝新节）：熄灭村中所有的火，严格戒食两夜一天，留在屋中不做坏事，最高祭司举行祀火仪式，将新火放在广场之外，妇女取新火置于炉灶内，认为这样的做法能够赎偿谋杀以外一切罪恶。孟加拉孔德人，为祈求风调雨顺，人寿年丰，进行杀人祭祀，要求三日内不许点火，因此必然寒食。

3　《明罚令》《荆楚岁时记》《癸辛杂识》中均有废寒食"乃致雹雪之灾"的记录，这说明古人认为遵循寒食之俗可以避免雨雹。与欧洲篝火节与圣诞木柴避免雷电、雹灾、冰雹、火灾、虫灾等自然灾害有相似之处。

帝纪》《地理志》与《扬雄传》《水经注》等发现，在"汉时已有二说"。介子推焚死最早可能产生于山西西南部的介山地区，而中部的介山介子推传说可能是由西南部介山传过去的。西南介山地区有稷山，相传为后稷教民稼穑之地。《御览》引《隋图经》，《水经注》均对此有考证。钱穆先生认为汾阴后土祠可能与后稷有关，认为介休的介山与厉山氏或烈山氏有关，此说源自《左传》昭公二十九年记载"有烈山氏之子曰柱，为稷，自夏以上祀之"。介子推焚死与古代活耕背景有关。在篝火中将人烧死的习俗可能在中国古代农业生产中也有相同的目的，例如烧死具有同样性质的人牲。《国语·鲁语》记载"稷勤百谷而山死"的传说，《风俗通义·祀典》"稷者，五谷之长"，后稷是农神或谷神。介子推焚死传说应以改火仪式中用新火烧死代表古神稷的人牺为背景。

《管子·禁藏》"当春三月……钻燧易火"，《周礼·秋官·司烜氏》《周礼·夏官·司爟》《礼记·郊特性》均有"季春出火"之文。《管子·轻重己》中有"冬尽而春始……教民樵室、钻燧"之例。均可证明春季已有禁火和改火之制，且大致在春季初期，季春为出火之时，与改火不同。

夏至改火，也有实行。居延汉简甲10.27+5.10存夏至改水、火之事：

> 御史大夫吉昧死言：……别火官先夏至一日，以除隧(燧)取火，授中二千石、二千石官。在长安之阳者，其民皆受，以日至易故火……[1]

劳干认为简文为《元康五年诏书册》条文，所言为汉代"改火"

1　此奏书由10.27、5.10（《居延汉简甲编》91、92）合成，见简牍整理小组编：《居延汉简（壹）》，"中研院"历史语言研究所专刊之一〇九，2014年，第17、36页。

之事，并指出此种改火礼仪与魏相思想有关。[1]邢义田从此说，且根据与传世月令文献对读，认为《元康五年诏书册》虽据月令思想而来，其具体行事与传世文献诸说差异较大，与魏相所上《易阴阳》《明堂月令》有关[2]。

《汉书·百官公卿表》中有关于别火三令丞的记载，归属"大鸿胪"管，又有"武帝太初元年……初置别火"之语。但此奏说明似乎夏至改火只限长安、云阳之地。且似本已不推行，是汉武帝时有所恢复，并未推广于全国。《后汉书·百官志》记载"别火令"（即"别火令丞"）亦一度废除。《后汉书·礼仪志》云："日冬至，钻燧改火"，此说同样见于《续汉书·礼仪志》，但因记载不详，具体时间和礼制仍需研究。且《礼仪志》"仲夏"条对二至礼仪进行概括，谓之："日夏至，禁举大火，止炭鼓铸，消石冶皆绝止。至立秋，如故事。是日浚井改水，日冬至，钻燧改火云。"[3]《元康五年诏册》夏至日兼行"改水"与"改火"，但东汉时已将两者分开，各在夏至、冬至二节。《淮南子·时则》春、夏、秋、冬四时每月皆有"服八风水，爨其燧火"之说，沿循惯例则因四时皆存改火制度之故，但有政治礼制理想化之嫌。

裘锡圭先生已经分析出早期中国三种明确的改火时间为：春季、夏至、冬至。但不讨论秋季改火的问题，这与裘先生理解《淮南子》等汉代文献对先秦制度的构建有关。所幸，北大汉简《阴阳家言》有对"易火"即"改火"的记述，虽有残缺，但存有秋"燧火"的相关

1　劳干：《居延汉简考证》"别火官"条，《居延汉简·考释之部》，中央研究院历史语言研究所，1960年，第12页。
2　邢义田：《月令与西汉政治——从尹湾集簿中的"以春令成户"说起》，第30—31页。
3　范晔撰，李贤等注：《后汉书》志第五《礼仪中》，第3122页。

记载，其文如下：

> ……之火，秋食金遂（燧）之火，□於□□十二室
> （室）十二竈而月佚（迭），鐫（鑽）［遂（燧）］易〈易〉
> 火……，而必食歲之所美，易＜易＞火而爨，發火正。人
> 君抏金炭，垂（埀）盧（爐）橐，鼓金石。達其神者，能制
> 其命；達其法者，……[1]

《阴阳家言》这一段残断较为严重，但明显属于"易木改火"的
说法，以金配秋，则以水配冬，木配夏，中央配土。裘先生虽然批
评此类说法为以阴阳五行附会早期禁火制度，但前文已经论述，阴
阳配五行的结合是与四时相配，但不能说明四时礼制不存，《阴阳家
言》对是否秋季也存在相应的改火制度提供了线索。《夏小正》："九
月……主夫出火。主夫也者，主以时纵火也。"胡厚宣认为烧荒畋猎
之风从殷商至周季都非常盛行[2]，此时有主管火之官职，类似火正之
官，以火烧荒，则与秋季"改火""燧火"有关。《论语·阳货》"旧
谷既没，新谷既生，钻燧改火，期可已矣"即说明新旧交替之时必有
改火之制，有观点认为这一次改火即在秋季[3]。改火之制是否随四时
而定，则需要结合农事生产之地的具体气候加以讨论。

改火与禁火的关系，周汉之际也有广泛讨论，《淮南子·时则》
"是月也。日夜分……毋竭川泽，毋漉陂池，毋焚山林，毋作大事，
以妨农功。祭不用牺牲，用圭璧，更皮币"，《吕纪》"（仲春）是月
也……无竭川泽，无漉陂池，无焚山林"，与农业生产息息相关的春
季，定属改火的季节，但同时也有禁火之令，禁火似与早期技术不发

---

1 北京大学出土文献研究所编：《北京大学藏西汉竹书　叁》，第232页。
2 胡厚宣：《殷代农作施肥说》，《历史研究》1955年第1期，第97—107页。
3 汪宁生：《古俗新研》，山东大学考古学系编：《刘敦愿先生纪念文集》，济南：
山东大学出版社，1998年，第508页。

出土文献视野下的二十四节气探源

214

达，改火的时令和范围不容易控制所致。譬如，景颇族改火，烧旱地上已砍伐的林木。裘锡圭先生认为"焚"之举与此类同，在二、三月用新火烧山焚田。而仲春禁火是为防止人们过早用旧火焚田，不应时则会影响农工。清明前正是北方播种的时节，可能与农事活动相结合，故《礼记·郊特牲》"季春出火，为焚也。然后简其车赋，而历其卒伍，而君亲誓社，以习军旅"。此当指仲春禁火、改火，季春出火，则有利农时。从时间上看，改火时间与寒食时间相应，说明存在密切关系，可作寒食起因。春季改火与"春中"或清明前寒食相应，冬至改火与"冬中"寒食相应。改火虽然停止，而寒食习俗延续，所以寒食不完全依照农耕日期进行。例如，夏至的寒食与五月五日，就可能是由于将其与相近的节日合并而产生的，故夏至寒食位处仲夏。秋季若存改火之时，应考虑仲秋之月。因改火本与农事生产有关，秋季仍需要护育新种、耕耘田地，唐人戴叔伦《汉南遇方评事》诗云："贳酒宜城近，烧田梦泽深。暮山逢鸟入，寒水见鱼沈。"可见无论南方、北方均有秋季收获后烧荒以备冬藏的农事传统，烧田或与秋季改火有关。

春季改火之时必有寒食，其起源与祭祀活动密切相关，其有哀悼被杀的牺牲者的意义，可能涉及宗教或巫术的因素。随着时间的推移，人们逐渐忘记了改火烧死人牺成为历史的事实，但对于寒食的起因和哀悼性质来源仍然感到好奇。介子推焚死的传说正满足了这一需求，因为它体现了改火、寒食，成为寒食文化广泛流传的原因之一。《后汉书·周举传》记载："举稍迁并州刺史。太原一郡，旧俗以介子推焚骸，有龙忌之禁。至其亡月，咸言神灵不乐举火，由是士民每冬中辄一月寒食，莫敢烟爨，老小不堪，岁多死者。"[1]《玉烛宝典》

1　范晔撰，李贤等注：《后汉书》卷六十一《左周黄列传》，第2024页。

《太平御览》引范晔《后汉书》言周举改寒食事，跟今本《后汉书》出入较大，在今本"举既到州"以下的文字作："举移书于子推庙，乃言春中寒食一月，老小不堪，今则三日而已。"可知汉时，寒食一节有"冬中""春中"两次，一次一月，其时甚长，晋地百姓其苦不堪，甚至"岁多死者"。其解决措施一为"使还温食"，一为缩短寒食期限为三日。曹操《明罚令》"且北方沍（冱）寒之地，老小羸弱，将有不堪之患。令书到，民一不得寒食。若有犯者，家长半岁刑，主吏百日刑，令长夺俸一月"，则直接废止且明以刑罚，由此可见最早寒食之苦。但无论政治统治者如何禁止，其效甚微。《晋书·石勒载记下》后赵石勒曾禁寒食，但因灾异又命并州恢复。北魏孝文帝也曾下令禁止，但其效不佳，可能改火之俗与中古之时的废禁复萌是共生关系。

三、唐人的"叛逆"——敦煌文献中的世俗节俗

自南北朝始，为适应这一时节的禁食要求，保证日常生活不受影响，新的饮食形态产生了。南北两方正值"食肉饮酪"和"饭稻羹鱼"的交流时期[1]，又恰逢黄河中下游地区饮食文化与其他地区的大融合，所以多民族、多地区融合的饮食观产生了应对"禁食""禁火"的食物形态。干粥（糗）、醴酪、醴煮粳米、醴煮大麦、酪捣杏子仁做粥之类的食物应时而生。这类食物被北魏贾思勰收入《齐民要术》之中："忌日为之断火，煮醴而食至，名曰'寒食'，盖清明节前一日是也。"[2]《北堂书钞》云："太原人，清明寒食。"疑指清明时禁

---

1 赵荣光主编：《中国饮食文化史 黄河下游卷》，北京：中国轻工业出版社，2013年，第3页。
2 贾思勰著，石声汉校释：《齐民要术今释》，北京：中华书局，2009年，第942页。

火，而吃冷食或禁食的习俗。唐人甚至开始关心因为寒食禁热食而引起的内伤，制造秋千以震荡身心，调节禁食、冷食之患。此时已经历了"食料生产、食品制造和食疗经验大总结"[1]阶段，医学的发达为药、膳养生提供了充足的条件。《遵生八笺》转引段成式《酉阳杂俎》"三月心星见辰，出火，禁烟插柳谓厌此耳。寒食有内伤之虞，故令人作秋千蹴鞠之戏以动荡之"[2]，亦言及作秋千、蹴鞠之事。此书《支诺皋下》还记述荆州百姓"寒食日与其徒游于郊外，蹴鞠、角力"等语。这些都可以说明寒食之俗在当时的流行，以养生方式和食物形态的创新来过节，是隋唐自由之风对禁火、禁食之令的一种"叛逆"和坦然。

对禁火、禁食的"叛逆"是隋唐统一后南北分裂、割据后的开放民族政策和自由国盛的社会相。

敦煌文献 S.2200《新集吉凶书仪》中有一《寒食相迎书》："时候花新，春阳满路，节冬寒食，冷饭三晨（辰）"[3]。可知唐时敦煌地区寒食的节期为"三日"，"冷饭三辰"要求寒食。隋唐五代的敦煌地区因其属边陲，世俗化程度非常高，不同文明交流下的社会生活众多，是这一阶段鲜活的"叛逆"之地。这一地区对传统寒食节俗，特别是禁火、禁食的要求有诸多变通做法。

其一，食物多样，一面多吃，以酒入节。隋唐之后寒食之俗依旧盛行，但已不复严苛。敦煌文献 P.2032V《后晋时代净土寺诸色入破历算会稿》"粟壹硕肆斗，卧酒，寒食祭拜及修园用……面一斗，支

1　林乃燊：《中国饮食文化》，上海：上海人民出版社，1989年，第100—106页。
2　高濂著，王大淳等整理：《遵生八笺》，北京：人民卫生出版社，2017年，第76页。
3　郝春文主编：《英藏敦煌社会历史文献释录》（第11卷），北京：社会科学文献出版社，2014年，第274—275页。

与恩子寒食节料用"[1]，此明确记载岁日、正月十五日、二月八日、寒食、七月十五日、冬至、十二月八日、大岁夜（岁除）及五月官斋和八月官斋等节日期间油、粟、麦、面、布等各类物品收支的情况，说明即使是寺院寒食节也可以用酒祭拜，修整墓园追思先祖也可以酒入礼。食物种类繁多，又拥有大量新形态的面食：胡饼、截饼、馎饦、蒸饼、灌肠面等。S.1366《使衙油面破历》："准旧，南沙园结莆桃赛神细供伍分、胡饼五十枚用。"[2]对各类形态面食的使用深入到寒食一节。祭祀用酒并非少见，《诗·周颂·丰年》："为酒为醴，烝畀祖妣。"孔颖达疏云："为神所佑，致丰积如此。故以之为酒，以之为醴，而进与先祖先妣。"[3]蔡邕《京兆樊惠渠颂》亦言："泯泯我人，既富且盈，为酒为酿，烝畀祖灵。"但寺院寒食用酒，一则因使用者非普通世俗民众，亦包括宗教人士；二则因时节特殊，以酒于寺院祭拜仍属借鉴民间习俗，故虽对僧众的管理与世俗有别，但唐宋之际佛教并不反对僧人寒食上墓的行为。《释氏要览·送终·寒食上墓》有详尽的规定，"许寒食上墓，同拜扫礼"，"不可习俗，贵免荤酒，男女参杂"，"或二亲墓须去者，必焚香，或咒土咒食，撒于墓所，或高声念尊胜等，俾幽魂蒙益"，"不可与骨肉同座，饮食欢笑"等。可以推知敦煌释门与当地民众的寒食祭扫的欢娱之风，宴饮之气须和而不同，但又不能二分对立，需要保持相对的和平共处。这与隋唐五代佛教兴盛和文化包容不无关系。

1　上海古籍出版社、法国国家图书馆编：《法藏敦煌西域文献》（第2册），上海：上海古籍出版社，1994年，第27—76页；唐耕耦、陆宏基编：《敦煌社会经济文献真迹释录（第三辑）》，北京：全国图书馆文献缩微复制中心，1990年，第369—389页。

2　中国社会科学院历史研究所、中国敦煌吐鲁番学会敦煌古文献编辑委员会、英国国家图书馆、伦敦大学亚非学院合编：《英藏敦煌文献（汉文佛经以外部分）》（第二卷），第277—279页。

3　毛亨传，郑玄笺，孔颖达疏：《毛诗正义》，第1281页。

敦煌莫高窟146窟　宴饮　五代

　　寒食、清明时逢芳春，寄情自然使自由之心生。莫高窟第146窟所见宴饮场景，让人对当时的酒肆宴饮有了更加直观的感受。酒肆宴饮反映了更加广泛的社会面相，不受礼仪和时间的约束。146窟壁画着色青绿，草木茂盛，且亭肆之外有芳花盛开，与清明时"桐始华"相合。左侧有一男性歌舞者[1]，身侧有一女侍双手端敬酒盘。舞者左手持酒杯，作舞蹈状，从衣帽穿着看与席间所坐者相同。其身份应与饮酒者相同，而非男伎。这种酒筵歌舞的画面大多出现在非婚礼或其他仪式的宴饮图中。王小盾先生认为唐代流行两种形式的酒筵歌舞。一种是艺术观赏性的；另一种是游戏性的，"在这种歌舞中饮酒者同

1　莫高窟中唐第360窟、莫高窟第98窟、莫高窟第108窟酒筵图中歌舞者均为一人，旁有一男侍（108窟）或女侍（98、146窟）侍奉。

时也是表演者，节目是临时确定的，其歌辞大都是即兴创作作品"。[1]
因此，这一幅壁画极有可能表现出的是一种"酒筵游戏性"的歌舞。[2]
舞者手中的酒杯并非表演性质的道具，而是以斟以酌的饮品。虽难以
确定此壁画反映的是寒食时节，但至少得窥晚唐五代时人在生发之季
的浪漫与自由。

歌咏以娱春，S.2200（4）《寒食相迎书》一来一往，也说尽了这
种风流：

> 时候花新，春阳满路。节名寒食，冷饭三晨。为古人
> 之绝烟，除盛夏之温气。空赍渌酒，野外散烦。伏惟同缭
> 先灵，状至，速垂降驾。谨状。

> 喜逢嘉节，得遇芳春。路听莺啼，花开似锦。林间百
> 鸟，啭弄新声。渌水游鱼，跃鳞腾爨（窜）。千般景媚，万
> 种芳菲。蕊绽红娇，百花竞发。欲拟游赏，独步恓之。忽
> 奉来书，喜当难述，更不推延。寻当面睹，不宣。谨状。[3]

来信以新花、春阳为约，回信以游赏应节。"空赍渌酒，野外
散烦""蕊绽红娇，百花竞发"，值此芳春，以酒以歌，天涯信步
一盏。

其二，编礼入典，连享休沐。《旧唐书·玄宗纪》载开元二十年
（732年）五月，"寒食上墓，宜编入五礼，永为恒式"[4]，玄宗将寒
食编入礼典一并制定了寒食期间给官员放假四天的休沐制度，但之后

1 王昆吾：《唐代酒令艺术》，上海：东方出版中心，1995年。
2 高启安：《唐五代敦煌饮食文化研究》，北京：民族出版社，2004年，第343—345页。
3 郝春文主编：《英藏敦煌社会历史文献释录》（第11卷），第274—275页。图
　版见：中国社会科学院历史研究所、中国敦煌吐鲁番学会敦煌古文献编辑委员
　会、英国国家图书馆、伦敦大学亚非学院合编：《英藏敦煌文献（汉文佛经以
　外部分）》（第四卷），成都：四川人民出版社，1992年，第38页。
4 刘昫等撰，中华书局编辑部点校：《旧唐书》，北京：中华书局，1987年，第198页。

社会生活对寒食节愈发重视，放假时间也从四天增加到了七天，敦煌地区的寺院放假当与此保持一致，见表3.6。

有观点认为"四立、两至和两分，是源于节气的八个节日；寒食、上巳、端午和重阳，是因民众崇尚而形成的节日"[1]。由《北堂书钞》《艺文类聚》《唐六典》《太平御览》等类书记载和表3.6统计可见，唐宋之间节气和民俗产生的时令节俗混合共存，形成了非常重要的节日系统。包括元正、人日、正月十五日、晦日、中和节、二月八日、寒食、清明、春社、三月三、四月八日、五月五、伏日、七月七、七月十五、秋社、八月十五日、九月九、十月一日、腊、冬至、岁除（小岁会）、立春、春分、立秋、秋分、立夏、夏至、立冬等[2]。《唐五代宋初敦煌寺院四时节俗》按照春、夏、秋、冬四季分别对元日、燃灯节、寒食、清明、佛诞日、僧寺结制、端午节、盂兰盆节、中秋节、重阳节、冬至、腊日等节日活动进行了研究，分析了唐宋之际敦煌寺院节日具有世俗性、庆祝内容重复以及与中原节日具有一致性的特征。[3]清明、冬至作为节气已经与民俗深入结合。

---

1 赵玉平：《敦煌写本〈寒食篇〉新论——论唐代的八节、寒食节上墓、芳菲节和寒食节假日》，《出土文献研究（第19辑）》，2020年，第447页。

2 朱国立认为对这类节日汇总需要特别注意：祖、蜡臈、腰在唐宋节日体系中均由春秋二社和腊所统合。四时八节中除"冬至"为重要节日外，其余七节更多地扮演着区隔时间、确定时序的作用，同时也是官员休假和接受赏赐的重要时节，是唐代节日体系的重要组成。《太平御览》中所载"中和节"是唐德宗朝敕诏所设，一定程度上可以反映唐代节日设立的"娱乐"初衷。见于氏著：《晚唐五代宋初节日研究》，第52页。

3 王维莉：《唐五代宋初敦煌寺院四时节俗》，西北师范大学，硕士学位论文，2011年。

表3.6 唐宋类书中的时令节俗

	《北堂书钞·岁时部》	《艺文类聚·岁时部》	《唐六典·尚书·吏部》	《太平御览·时序部》
节令	岁、元正、祖、蜡腊、伏、腊、小岁会、三月三日、五月五日、七月七日、九月九日、春分、秋分、夏至、冬至[1]	元正、人日、正月十五日、月晦、寒食、三月三、五月五、七月七、七月十五、九月九、社、伏、腊[2]	元正、冬至、寒食、清明、八月十五日、夏至、腊、正月十五日、晦日、春社、秋社、二月八日、三月三日、四月八日、五月五日、三伏日、七月七日、七月十五日、九月九日、十月一日、立春、春分、立秋、秋分、立夏、立冬[3]	岁、岁除、立春、春分、夏至、秋分、冬至、元日、人日、正月十五日、晦日、中和节、社、寒食、三月三、五月五日、伏日、七月七日、七月十五、九月九日、腊、小岁、腊[4]

　　总体上来看敦煌地区仍以"四时八节"和传统岁时节日为主，尤其是"张敖书仪"更是仅存岁日、社日、寒食、端午、重阳、冬至六节日，足见民俗节日的重要程度已远超传统节气了。有寒食而无清明则说明唐时敦煌已经将"禁食""禁火"的烦恼分解，形成了新的寒食节俗。圆仁所书《入唐求法巡礼行记》记录开成四年（839年）"二月十四、十五、十六，此三日是寒食之日。此三日天下不出烟，总吃寒食"。[5]尽管此时寒食节假期较长，但此节期寒食的时间往往仅有三日。唐人于寒食、清明之时比前代更加惬意、自得，免受一月冷食之苦。

1　虞世南：《北堂书钞》孔氏三十三万卷堂影印本，天津：天津古籍出版社，1988年，第695、705、712页。
2　欧阳询撰，汪绍楹校：《艺文类聚》，上海：上海古籍出版社，2007年，第58、85页。
3　李林甫等撰，陈仲夫点校：《唐六典》，北京：中华书局，2014年，第35页。
4　李昉等撰：《太平御览》，第85、97、109、117、130、134、140、146、152、155页。
5　圆仁撰，白化文等校注：《入唐求法巡礼行记校注》，北京：中华书局，2019年，第110页。

寒食节期间官员因律典规定而有休沐假期制度，寺院也需要休憩停业，其下属民休沐时间相同。不过，从具体执行来看，寒食节亦有只放假三天的情况，在 S.1156《光启三年（887年）沙州进奏院上本使状》中就记载："四日驾入。五日遇□（寒）食，至八日假开，遣参宰相长官军容。"[1]可知，在这一时期寒食节共有五日、六日、七日三天假期。

敦煌文献 P.2504《天宝令式表残卷》[2]，其第四格第二栏亦记录了节假内容，迻录如下：

> 开元廿八年三月九日：

> 元日、冬至并给七日，节前三日，节后三日。寒食通清明，给假四日。夏至、腊各三日，节前一日，节后一日。正月七日、十五日，晦日，春秋二社，二月八日，三月三日，五月五日，三伏，七月七日、十五日，九月九日，十月一日及每月旬，休假一日。外官五月、九月给假，田假、授衣假分为两番，各十五日。[3]

其文存《天宝假宁令》内容，且规定了不同节日的放假标准。S.6537V《大唐新定吉凶书仪》第四部分即《祠部新式第四》（简称《祠部新式》）记载了唐代的国忌日和官员休假的假宁令，其中也包括寒食、清明连休的制度，并补充了其节日的历史渊源："寒食通清明，休假七日，寒食禁火，为介子推投绵上山，怨晋文帝，帝乃焚山，子推抱树而烧死，文公乃于太原禁火七日，天下禁火一日。"

---

1 唐耕耦、陆宏基编：《敦煌社会经济文献真迹释录（第四辑）》，北京：全国图书馆文献缩微复制中心，1990年，第370—371页。
2 该表首略残、尾全，格式式抄写，字迹工整，内容用墨笔抄写、标题用朱笔，另有朱笔勾点。刘俊文对该写卷进行了释文、考证、校补、笺释，参见刘俊文：《敦煌吐鲁番唐代法制文书考释》，北京：中华书局，1989年，第355—403页。
3 刘俊文：《敦煌吐鲁番唐代法制文书考释》，第359页。

敦煌文献S.1156《光启三年沙州进奏院上本使状》

假宁令并非对敦煌民众的规约，而是官员休假的相关条文，能在敦煌发现，在一定程度上说明，唐代中央政府所制定的法律制度在边塞之地的敦煌得到了施行。[1]《祠部新式》则属于唐代的法制文献，其关于节假日的规定与《天宝令式表残卷》比照可知，节日虽名称相近，但内容存在一定差异。《天宝令式表残卷》行文规定非常简洁，属于法令文献。《祠部新式》因为具备书仪范本的性质，除节日休假的"法律书写"之外，还记载了大量关于节日渊源的内容，不过此时仍旧以纪念介子推进行附会阐释，前后逻辑甚至存在矛盾，并不具备

1　朱国立：《晚唐五代宋初节日研究》，第25页。

较强的说服力。[1]但不可否认，这类文献不仅传达中央关于节假日的法律规定，同时也呈现出唐宋政治制度下时间政治的区域治理。

其三，节俗烟火与"事死如生"共存。杜甫一首五言绝句"寒食少天气，东风多柳花。小桃知客意，春尽始开花"说尽寒食物候，东风、柳飘絮、桃始绽放。此诗清新飘逸，小巧精致以说寒食之美，不见"禁食"之苦。隋、唐诗人亦不乏对"清明""寒食"连咏之作，可见其时间相近，且有先后之分。张悦诗云"今岁随宜过寒食，明年陪宴作清明""寒食春过半，花秾鸟复娇。从来禁火日，会接清明朝"；白居易诗云"去岁清明日，南巴古郡楼。今年寒食夜，西省凤池头"。"墓边哭""冢傍泣""同飨先灵"的扫墓、祀冢虽然仍旧是寒食节的首要活动，"在相关节俗中，上墓拜扫，是唐代寒食的节日习俗中最具特色的部分"[2]，但此时节休沐时间较长，社会自由、包容之风孕育出大量从社日活动中而来且具有交游性质的活动，包括宴饮、秋千、蹴鞠、游春等极富世俗烟火之乐的活动。

"事死如生"由儒家对"孝"的推崇得来，其思想来源于先民"慎终追远"的文化意识，从先秦延绵唐宋，寒食奠园扫墓、修葺陵园、酒食祭墓皆体现了传统礼教、孝道对民俗节令的直接影响。"隋大业中，洛阳有人姓王……寒食日，持酒食祭墓"[3]呈现了隋时面貌，而盛唐将其入礼则已属官方对节俗的认定和规范，见《唐会要·寒食拜扫》记载：

1　丸山裕丸子著，倪晨辉、陈用鑫译：《〈假宁令〉与节日——古代社会的习俗与文化》（原题《仮寧令と節日——古代の習俗と文化》，载池田温编：《中国禮法と日本律令制》，东京：东方书店，1992年），霍存福主编：《法律文化论丛（第7辑）》，北京：知识产权出版社，2017年，第102—113页。
2　朱红：《唐代节日民俗与文学研究》，博士学位论文，复旦大学，2002年，第23页。
3　释道世著，周叔迦、苏晋仁校注：《法苑珠林校注》卷五十七《债负篇第六十五》，北京：中华书局，2003年，第1723页。

开元二十年四月二十四日敕：寒食上墓，礼经无文，近世相传，浸以成俗，士庶有不合庙享，何以用展孝思？宜许上墓，用拜扫礼，于茔南门外奠祭撤馔讫，泣辞食余于他所，不得作乐，仍编入礼典，永为常式。[1]

唐玄宗敕许以"寒食上墓"入礼典时，着重强调其"用展孝思"和"永为常式"的教化功能，《寒食拜扫》还记载了唐文宗大和八年（834年）诏敕群臣厘革因私请假制度时强调"惟寒食拜扫，着在令式，衔恩乘驿，以表哀荣，遽逢圣旨，重颁新命"[2]。以孝为先，成为因私请假的特例，充分表达了古人"慎终追远"的精神内核和因礼改制的政治观念。这种官方对节日的认定和要求，本质上亦是一种时间政治的管理方式。

自周汉以降，仁、孝是道德根本。无论是周汉简牍所见人伦之道的"慎终追远"，还是君臣之道"移孝为忠"的转向，无不体现出一种渴望秩序有常、人伦有序、政治稳定的社会需求。寒食、清明之际的扫墓、祀冢是以"孝"为先，从礼制上肯定民间祭扫，延长休沐，热闹节俗，甚至应对禁火有了更加多样的饮食形态和过节方式，这是不容忽视的一种政治革新，也是开放包容时代中唐人气象的"叛逆"。

---

1 王溥撰：《唐会要》卷二十三《寒食拜扫》，上海：上海古籍出版社，2006年，第512页。
2 同上书，第513页。

第六节 谷雨 雨初晴

一、从卜辞占雨到北大汉简《雨书》观雨

　　雨，本属自然现象，久旱不雨或暴雨连绵都会造成自然灾害。在殷商之时，先民已乞求上帝天神命令下雨适当、适时[1]。甲骨文中有大量"雨正""雨正年""有正雨""雨不正辰"的文例，譬如《合集》14141"帝令其雨正"，另有《合集》10139、《合集》10137、《英》818、《英》820、《合集》10136正、《合集》13001、《合集》24933等皆记载了相关文例。《诗·小雅·雨无正》篇名中"雨无正"历来缺乏合理的解释，刘钊先生以甲骨卜辞的"雨正"等解释方揭示其真面目。"正"为章纽耕部字，"当"为端纽阳部字，且两字声皆为舌音，韵即旁转。从其义看"正"有"中"义，"当"也有"中"义。《广韵·劲韵》："正，正当也。"所以"正""当"音义皆通[2]。若释"正"为"当"，则"雨无

《合集》14141

1　刘钊:《卜辞"雨不正"——兼〈诗雨不正〉篇题新证》,《殷都学刊》2001年第4期，第1—3页，后收入裘锡圭编:《出土文献与古典学重建论集》,上海:中西书局，2018年，第199—204页。
2　李学勤:《续论西周甲骨》,《人文杂志》1986年第1期，第68—72页。

正"则理解为卜辞"雨不正辰"中的"雨不正",即"雨下得不合适"之意,并非如《毛诗序》所强释"雨无正,大夫刺幽王也。雨,自上而下也。众多如雨,而非所以为政也"的雨下得过多的意思。[1]

不仅从卜辞记载可见这种对雨的观测,雨下得过多或不下雨都是不"当"的,并不足以表示"当""正"之义。如《周易》小过卦六五爻辞和小畜卦卦辞"密云不雨,自我西郊"一句,皆表示"不雨"的状态。《象传》曰:"'密云不雨',尚往也;'自我西郊',施未行也。""密云不雨"则指浓云密布而不下雨,此为蓄止之象。马王堆帛书《衷》篇也说:"《小畜》之'密云'……阴之失也,静而不能动者也。"唐人崔憬云:"云如'不雨',积我西邑之郊,施泽未通,以明'小畜'之义。"[2]小畜卦卦辞和小过卦六五爻辞皆似是比喻王公于民口惠而实不至[3],即"阴之失"导致的"不能动"。对卜辞中大量卜雨卜辞的研究能够说明对雨监测主要包括其次数和强弱,常玉芝先生为研究殷商历法的岁首问题曾对气象卜辞中的"雨"做过详细的考证和统计[4],包括卜"雨"、卜"多雨"、卜"大雨"等情况,总结其记有月名的卜辞,统计如下,见表3.7。

由统计可知殷历一月到五月为雨量最多的季节,若殷历岁首建丑,则殷历一月为夏历十二月,十二月为季冬月。十二月、一月、二月、三月、四月卜雨频繁,且有多雨、大雨的问卜,说明这几个月下雨频繁且与农事、畋猎等社会活动息息相关。值得一提的是,常玉芝先生认为根据气候分布,夏季的雨量最大,而冬春雨量不若夏季,参证其他天象和殷墟地处黄河中游地区和殷商的气候特征,认为不应该

---

1 刘钊:《卜辞"雨不正"——兼〈诗雨不正〉篇题新证》,第203页。
2 李道平:《周易集解纂疏》,第148页。
3 廖名春:《〈周易〉真精神》,第459页。
4 常玉芝:《殷商历法研究》,第385—392页。

表3.7　殷墟卜辞中"雨""多雨""大雨"卜辞统计

殷历月	一月	二月	三月	四月	五月	六月	七月	八月	九月	十月	十一月	十二月	十三月	总计
雨	27	51	39	45	39	24	23	14	13	24	18	15	12	344
多雨	3	1	2	0	1	0	0	1	0	0	1	0	0	9
大雨	0	1	0	0	1	0	2	0	1	0	0	0	0	5
合计	30	53	41	45	41	24	25	15	14	24	19	15	12	358

岁首建丑，而应为建午，亦有其他学者对殷历建首提出不同观点。卜辞对占雨的重视毋庸置疑，对占雨的重视也是长期性的，比如有些卜辞占卜一整月是否下雨，《合集》12487正反记载："癸巳伯，争贞，今一月雨。王曰：[隹]丙雨。癸巳卜，争贞：今一月不其雨。旬壬寅雨。甲辰亦雨。（正）己酉雨。辛亥亦雨。（反）"其验辞记录第十天壬寅、第十二天甲辰、第十七天己酉、第十九天辛亥均有下雨，可见一月从壬寅到辛亥这十天之内四天有雨，这个月的雨水是相对频繁的。并且有一些情况会直接导致灾祸，比如商王至某地问有雨无雨，会不会导致灾祸等，见《合集》12500、《合集》94正反等。

　　《左传》中多次出现"时""不时"或"时失"的评判及"天气异常"等情况，也对不应时的风雨现象加以记载。《春秋》隐公九年："三月癸酉，大雨震电。庚辰，大雨雪。"[1]又说："书，时失也。"杜预认为"时失"的原因在于："夏之正月，微阳始出，未可震电；既震电，又不当大雨雪，故皆为时失。"[2]因鲁三月是夏历正月，此

1　杜预注，孔颖达疏：《春秋左传正义》，第3765页。
2　同上。

时不该出现大雨雪和电闪雷鸣的天气，所以失时。这种天象观是将大雨雪和电闪雷鸣同时考虑的。《左传》记载另一例托雨而兴征之事："于是卫大旱，卜有事于山川，不吉，甯庄子曰：'昔周饥克殷而年丰，今邢方无道，诸侯无伯，天其或者欲使卫讨邢乎。'从之，师兴而雨。"[1] 此例完全不是以雨应时而协农事，更近庄周所言"周饥克殷而年丰"之义。卫国大旱本与邢国无道无关，但卫国出师讨伐邢国，结果下雨。说明春秋时，甚至更早已经开始以雨象论政。

战国以后，民间产生和流行大量的占雨文献，甚至依托历史贤臣、名人以加强其说服力。《史记·齐太公世家》："武王将伐纣，卜，龟兆不吉，风雨暴至。群公尽惧，唯太公强之劝武王，武王于是遂行。"[2] 记载周武王伐纣前卜兆不吉之事，而太公仅"强之劝"，"武王于是遂行"。银雀山汉简《六韬》亦对此事有载，此篇题阙。[3] 根据刘钊先生新编联结果，整理其释文如下：

> ……之币（师）以东伐受（纣），至于河上。雨□□疾，武王之乘黄振（震）而死，旗折□□【727】……□正而后伐，故功可得而立也。意者我□□【728】……可，孰为有天？夫天先□之，[□□□□]□之。道先非之，而后天下仮（叛）之。今夫受（纣）外失天下，内失【732】百生（姓），我方秉（秉）明悳（德）而受之，亓（其）不可何也？夫以百生（姓）而攻天子，可华（譁）而舍乎？去必死，进必取□【733】……百生（姓）。君方（秉）明（明）悳（德）

---

1 杜预注，孔颖达疏：《春秋左传正义》，第3929页。

2 司马迁撰，裴骃集解，司马贞索隐，张守节正义：《史记》卷三十二《齐太公世家》，第1479—1480页。

3 拟为《伐纣》或《葆启》，说见张帆：《〈六韬〉研究》，博士学位论文，清华大学，2022年，第443—444页。据简背划痕，简727至简726简没有缺简，需补文字较少，而简728残缺周公"天不佑周"之语较长，可参见其他引文。

而诛之，杀一夫而利天【726】……□今日行之。"大（太）
公【734】……□□罪人而□【735】……先涉，以造于殷。
甲子之日，至牧之野，□【736】……禽（擒）受（纣），
（繫）亓（其）首于白□【737】……[1]

此节部分文字见于《北堂书钞》《太平御览》引文，其文本中腹
口吻似为太公之言，劝周武王伐纣，与《史记》之说相近。《太平御
览》卷三二九引文作：

　　纣为无道，武王于是东伐纣，至于河上，雨甚雷疾，
王之乘黄振而死，旗旌折，阳侯波。周公进曰："天不佑周
矣，意者君德行未尽，而百姓疾怨，故天降吾祸。"于是
太公援罪人而戮之于河，三鼓之，率众而先，以造于殷，
天下从之。甲子之日，至于牧野，举师而讨之。纣城傄设
而不守，亲擒纣，县其首于白旗。[2]

太公仅以罪人献祭，鼓励伐纣，并未对雷雨之象进行解释，并化
凶为吉。但周文王占卜问征商和周武王伐纣遇到灾异之事，文献中常
见，后世已多将此事与"散宜生卜"等记载相混，都源自汉儒的加
工。刘向《说苑·权谋》则作：

　　武王伐纣，过隧斩岸，过水折舟，过谷发梁，过山焚
莱，示民无返志也。至于有戎之隧，大风折斾，散宜生谏
曰："此其妖欤？"武王曰："非也，天落兵也。"风霁而乘
以大雨，水平地而啬，散宜生又谏曰："此其妖欤？"武王

1　乐游（刘钊）：《银雀山汉简〈六韬〉篇一〇文本复原新探（初稿）》，中国文字
　学会第十届学术年会，郑州，2019年，第556—557页。原简号见银雀山汉墓竹
　简整理小组编：《银雀山汉墓竹简（壹）》，北京：文物出版社，1985年，第120
　—121页。
2　李昉等撰：《太平御览》，第1512页。

曰:"非也,天洒兵也。"卜而龟燔,散宜生又谏曰:"此其妖欤?"武王曰:"不利以祷祠,利以击众,是燔之已。"故武王顺天地,犯三妖,而禽纣于牧野,其所独见者精也。[1]

《说苑·权谋》以散宜生为主角,并不见太公事,与银雀山汉简此篇已有不同,并非出自同一篇章,但后世由此而"意引"或据此阐绎,进行了加工和组合,形成了太公对散宜生卜雨结果的诠释,维护伐商的正当性。这种加工也本于《史记》,并融合了对银雀山汉简等其他文献中太公和散宜生等周初功臣之事。《论衡·卜筮》明显在《史记》的说法上进行加工:"《传》或言:'武王伐纣,卜之而龟燋。'占者曰:'凶。'太公曰:'龟燋,以祭则凶,以战则胜。'武王从之,卒克纣焉。"太公已对占卜结果进行了解释,否定卜伐之事,化凶为吉,可能与此篇有关。故《北堂书钞》卷一一四,《艺文类聚》卷二,《太平御览》卷一〇、卷三二八、卷七二六,《事类赋注》卷三有多处引文以太公对卜雨结果的阐述,胪列如下:

《北堂书钞》卷一一四:《六韬》云:武王伐殷,将行之日而雨,辎重车至轸。太公曰:"是洗濯甲兵之象。"兵行之日,帜折为三。太公曰:"此军分为三,如此,斩讨[纣]首之象。"

《艺文类聚》卷二:文王问散宜生:"卜伐殷吉乎?"曰:"不吉。"钻龟,龟不兆,数蓍,蓍不交而如折。将行之日,雨,辎重车至轸。行之日,帜折为三。散宜生曰:"此凶,四不祥,不可举事。"太公进曰:"是非子之所知也。祖行之日,雨,辎重车至轸,是洗濯甲兵也。"

《太平御览》卷一〇:《六韬》曰:文王问散宜生:"卜

1　刘向撰,向宗鲁校证:《说苑校证》,北京:中华书局,1987年,第329页。

伐纣吉乎?"曰:"不吉。"钻龟龟不兆,数蓍交加[如]而折。将行之日,雨,辎车至轸。行之日,帜折为三。散宜生曰:"此卜四不祥,不可举事。"太公进曰:"是非子之所知也。祖行之日,辎车至轸,是洗濯甲兵也。"

《太平御览》卷三二八:武王使散宜生卜伐殷,钻龟龟不兆,下占于地数蓍,蓍交而折。祖行之日,雨,辎车至轸。至行之日,帜折为三。宜王(生)曰:"二(上)四凶不祥,不可举事。"太公进曰:"退,非子之所及也。圣人生天地之间,承衰乱而起,龟者枯骨,蓍者折草,何足以辨吉凶?祖行之日,雨,辎车至轸,是洗濯甲兵也。行之日,帜旗为三,是军分为三,如此,斩纣之首,吉也。"

《太平御览》卷七二六:文王问散宜生:"卜代(伐)殷吉乎?"钻龟龟不兆。祖行之日,雨,辖(辎)至轸。行之日,帜折为三。散宜生曰:"此凶,四不祥,不可举事。"太公进曰:"非子之所知也。龟不兆,圣人生天地之间,承衰乱而起。龟者枯骨,蓍者朽草,不足以辨吉凶。祖行之日,雨,辖(辎)至轸,是洗濯甲兵也。行之日,帜折为三,此军分为三,如此,斩纣首之象。"

《事类赋注》卷三:《六韬》曰:文王问散宜生:"卜伐纣吉乎?"曰:"不吉。"钻龟,龟不兆;数蓍,不交而折。将行之日,雨,辎车至轸;行之日,帜折为三。散宜生曰:"此卜四不祥,不可举事。"太公进曰:"是非子之所知也。祖行之日,雨,辎重车,是洗濯甲兵也。"

散宜生认为"雨重至轮"为不吉,劝周文王不行伐纣。而太公新释"雨重至轮"的占候意义,化凶为吉,敦促翦商。这也是利用雨象论政、韬谋的反映。这种对雨象等天象的重视是因为对时干政治、社会灾异的占筮在汉代比较流行。例如，以月色占雨水的《师旷占》是汉儒托名师旷而杂成的。出土文献还有一些占雨的文献，以北大汉简《雨书》为代表。

《雨书》篇收录于《北京大学藏西汉竹书 伍》[1]，其前半部分十二章章题和"·"号俱全，格式规范，是正文的主体部分。整篇是典型的以二十八宿纪日的雨象观测附带对每一时段或相关时段灾祥的占测，与其他《日书》系统中的占雨内容相近，但更加丰富。整理者指出"学界普遍承认，《日书》用二十八宿纪日应无问题，因而称之为'二十八宿纪（记、配）日法'。《雨书》篇则为这一看法提供了更为完整、确凿的证据"。[2] 此篇记录方法为每月自朔日起，每日一宿，依二十八宿排列次序，朔日无论有雨无雨，皆记其日及宿，月中其余日子，则记录有雨之日及当日天象，以及若雨不应时带来的灾异影响。因简文有残断，根据每月大致分为7段的规律看，客观上将全年分成了86段，这与七十二物候历的划分程度更近，但七十二物候历系统包含的信息更全面，而《雨书》则仅记录以风雨为主的天象。根据对简文原文的理解，其每月文本的结构大致为：

1. 月首：某月+朔+宿+雨否+不雨的物候反常和灾异

　　正月朔营（营）室，雨。不雨，菅（春）肅（肃）。

2. 月中：某日+宿+雨否+不雨的物候反常和灾异

　　（二月）二旬二日斗，雨。不雨，至奎乃風（风），雨

土。唯疾（饥）恙（祥）、天夭竝（并）行。

如应时无雨，则会产生相应的物候和反常灾异，如"不雨，春肅""不雨，电乃重作，春乃多寒，夏有雹""不雨，倍备见，国有舌妖""二旬二日斗，雨。不雨，至奎乃风，雨土，唯蒗祥、天夭并行"等，足见风雨应时的重要性。并且对雨象的描述也从卜辞的雨、多雨、大雨等对雨象的单一形容，演变成小雨、雨、大雨、淫雨、小

1　北京大学出土文献研究所编：《北京大学藏西汉竹书 伍》，第47—88页。
2　陈苏镇：《北大汉简中的〈雨书〉》，《文物》2011年第6期，第84—85页。

雨雪、雨雪、大雨雪、风、大风、厉风雨、风雨皆作、风且雨等种类多样的天象描述，并且强调不应时所招致的各种反常现象，说明这一阶段的占雨观和关于雨的物候记录更加精细，见表3.8。

表3.8　北大汉简《雨书》雨象统计

夏历月	一月	二月	三月	四月	五月	六月	七月	八月	九月	十月	十一月	十二月	总计
小雨	3	[2]	[1]	[3]	[1]	[0]	[3]	1	2	[0]	2	0	[18]
雨	4	4	[2]	[4]	[9]	[4]	[1]	3	3	[4]	1	1	[40]
大雨	0	0	[0]	[2]	[1]	[1]	[1]	1	2	[0]	0	0	[8]
淫雨	0	0	[0]	[0]	[0]	[0]	[1]	0	0	[0]	0	0	[1]
小雨雪	0	0	[0]	[0]	[0]	[0]	[0]	[0]	[0]	[0]	0	1	[1]
雨雪	0	0	[0]	[0]	[0]	[0]	[0]	0	0	[0]	0	1	[1]
大雨雪	0	0	[0]	[0]	[0]	[0]	[0]	0	0	[0]	1	0	[1]
风	0	0	[0]	[0]	[0]	[0]	[0]	1	0	[0]	0	0	[3]
大风	0	1	[0]	[0]	[0]	[0]	[0]	0	0	[0]	0	0	[1]
厉风雨	0	0	[0]	[0]	[0]	[0]	[1]	0	0	[0]	0	0	[1]
风雨皆作/风且雨	0	0	[0]	[0]	[0]	[0]	[0]	1	0	[1]	0	1	[3]
合计	7	[7]	[3]	[9]	[11]	[7]	[7]	[5]	7	[5]	4	4	[78]

　　针对《雨书》以二十八宿纪日法，历来有不同看法。一种观点认为，二十八宿纪日法是连续循环不间断的。另一种观点认为，二十八宿纪日法只能在日序纪日法的基础上使用，月有大小之别，则二十八宿纪日法无法与日序纪日法换算，所以秦汉《日书》类文献基本将每月朔日固定于某一宿。以星象纪历，首先要解决的是日躔[1]问题，为便于分析和理解日躔的作用，梳理常见的传世和出土文献中的日躔情

1　日躔，指太阳视运动的位置。躔即行迹。《汉书·律历志》"日月初躔，星之纪也"指日、月的运行从十二次的星纪起算。根据"步日躔术"可推算任一太阳位置及定朔时的太阳改正。

况，见表3.9、表3.10。

传世文献和出土文献的常见日躔基本固定，北大汉简《雨书》的日躔和战国楚简、秦简日躔几乎相同，说明以二十八宿纪日、占测的

表3.9 传世文献常见日躔统计

	正月	二月	三月	四月	五月	六月	七月	八月	九月	十月	十一月	十二月
《吕纪》	营室	奎	胃	毕	东井	柳	翼	角	房	尾	斗	婺女
《礼记·月令》	营室	奎	胃	毕	东井	柳	翼	角	房	尾	斗	婺女
《淮南子·天文》	营室	奎	胃	毕	东井	张	翼	亢	房	尾	牵牛	虚
《汉书·律历志》	危8°	奎5°	胃7°	毕12°	井16°	柳9°	张18°	轸12°	氐5°	箕7°	斗12°	婺女8°
《后汉书·律历·历法》	危10°	壁8°	胃1°	毕6°	井10°	柳3°	张12°	轸6°	亢8°	尾4°	斗6°	女2°

表3.10 出土文献常见日躔统计

	正月	二月	三月	四月	五月	六月	七月	八月	九月	十月	十一月	十二月
九店楚简《日书》	营室	奎	胃	毕	东井	遉	[张]	角	房	心	[斗]	[女]
放马滩秦简《星分度》	营宫	奎	胃	毕	东井	[柳]	张	角	氐	心	斗	[女]
睡虎地秦简《日甲·除》	营	奎	胃	毕	东	柳	张	角	氐	心	斗	须
睡虎地秦简《玄戈》	营室	奎	胃	毕	东井	柳	张	角	氐	心	斗	须女
北大汉简《雨书》	营室	奎	胃	毕	东井	柳	张	角	[氐]	心	斗	婺女
北大汉简《堪舆》	营室	奎	胃	觜觿	东井	酉	翼	角	氐	尾	斗	婺女
汝阴侯墓式盘	营室	奎	胃	毕	东井	柳	张	角	氐	心	斗	女

运用在这一阶段相对普遍。但因二十八宿依次循环十三次仅有三百六十四日，其与回归年尚存1.2422日的日差。在不考虑闰日的情况下，若二十八宿中每个星宿皆只对应一日，则纪日最后一日为危宿，且当对应两日。《雨书》篇虽然残损严重，但因整体框架保存较好，每月的星宿纪日保存一多半以上。遗憾的是十二月仅记录到"二旬七日斗"，则月末第三十一日当为危宿，与后世的连续循环纪历方式一致。

表3.11为根据每月出现的雨日纪日和星宿对应，还原《雨书》纪日循环。此为根据释文及二十八宿纪日的循环规律，还原的全年星宿纪日表[1]，标红星宿为释文原文中出现的星宿。在确定每月朔日星宿的情况下，找到相邻两个月共同的星宿，例如五月八日出现了角宿，可先假设五月为三十天，那么下一次角宿应该出现在六月六日，而角宿确实出现在六月六日，则证明该假设成立；再举一例，七月四日与八月一日也共同出现了角宿，如果七月是三十天，那么角宿的下一次出没应在八月二日，但对应《雨书》原文为八月一日，即说明七月应多出一天，七月总日数应为三十一天。根据上述推演方法，在不计闰月的情况下可推断出小月（三十日）有：正月、二月、三月、五月、六月、八月、九月、十一月；大月（三十一日）有：四月、七月、十月、十二月。

由此可知，北大汉简《雨书》以雨为纪，是对全年吉凶、自然物候、社会政治的判断，类似性质的文本亦见秦汉简《日书》的附录。《淮南子·天文》中"八风"一节以"风"为观测对象，并将全年划分为八段、每段四十五天的三百六十日推步系统，是理想化的推演，

1　二十八星宿表参考冯时先生研究成果，见于氏著：《中国古代物质文化史：天文历法》，第84页。

表3.11 北大汉简《雨书》二十八宿纪日

	正月	二月	三月	四月	五月	六月	七月	八月	九月	十月	十一月	十二月
1	室	奎	胃	毕	井	柳	张	角	氐	心	斗	女
2	壁	娄	昴	觜	鬼	星	翼	亢	房	尾	牛	虚
3	奎	胃	毕	参	柳	张	轸	氐	心	箕	女	危
4	娄	昴	觜	井	星	翼	角	房	尾	斗	虚	室
5	胃	毕	参	鬼	张	轸	亢	心	箕	牛	危	壁
6	昴	觜	井	柳	翼	角	氐	尾	斗	女	室	奎
7	毕	参	鬼	星	轸	亢	房	箕	牛	虚	壁	娄
8	觜	井	柳	张	角	氐	心	斗	女	危	奎	胃
9	参	鬼	星	翼	亢	房	尾	牛	虚	室	娄	昴
10	井	柳	张	轸	氐	心	箕	女	危	壁	胃	毕
11	鬼	星	翼	角	房	尾	斗	虚	室	奎	昴	觜
12	柳	张	轸	亢	心	箕	牛	危	壁	娄	毕	参
13	星	翼	角	氐	尾	斗	女	室	奎	胃	觜	井
14	张	轸	亢	房	箕	牛	虚	壁	娄	昴	参	鬼
15	翼	角	氐	心	斗	女	危	奎	胃	毕	井	柳
16	轸	亢	房	尾	牛	虚	室	娄	昴	觜	鬼	星
17	角	氐	心	箕	女	危	壁	胃	毕	参	柳	张
18	亢	房	尾	斗	虚	室	奎	昴	觜	井	星	翼
19	氐	心	箕	牛	危	壁	娄	毕	参	鬼	张	轸
20	房	尾	斗	女	室	奎	胃	觜	井	柳	翼	角
21	心	箕	牛	虚	壁	娄	昴	参	鬼	星	轸	亢
22	尾	斗	女	危	奎	胃	毕	井	柳	张	角	氐
23	箕	牛	虚	室	娄	昴	觜	鬼	星	翼	亢	房
24	斗	女	危	壁	胃	毕	参	柳	张	轸	氐	心
25	牛	虚	室	奎	昴	觜	井	星	翼	角	房	尾
26	女	危	壁	娄	毕	参	鬼	张	轸	亢	心	箕
27	虚	室	奎	胃	觜	井	柳	翼	角	氐	尾	斗
28	危	壁	娄	昴	参	鬼	星	轸	亢	房	箕	牛
29	室	奎	胃	毕	井	柳	张	角	氐	心	斗	女
30	壁	娄	昴	觜	鬼	星	翼	亢	房	尾	牛	虚
31			参				轸			箕		危

未必能与实际纪历相吻合，其性质与《雨书》看似相近，但也不完全相同。

二、《逸周书·商誓》与后稷"克播百谷"的农时传统

"雨"是农时最为重要的一环，时至而甘霖不降，则"浩浩昊天，不骏其德。降丧饥馑，斩伐四国"[1]。谷雨作为二十四节气系统中的第六节气，也是春季的最后一节气，其名称相对晚出。一方面，是谷雨在改历之前应位于月首节气，而非中气；另一方面，从文献证据看，将风雨应时和农事联系并依托古史传说，其名称不见于早期文献，当出汉儒之手。

依《汉书·律历志》"大梁，初胃七度，谷雨，中昴八度，清明"，谷雨为月首节气，清明为三月中气，而《逸周书·周月》《时训》《淮南子·时则》《四民月令》皆以谷雨为三月中气，因改历和后世校书已成定数。本书第二章第二节有讨论中气相对早出的问题，三月中气当比三月节气早出，当先定清明后分谷雨之说。

"谷雨"命名见于《尸子》："神农氏治天下，欲雨则雨。五日为行雨，旬为谷雨，旬五日为时雨。正四时之制，万物咸利，故谓之神。"[2]《尸子》的作者和成书虽有争议但大致被认为其主体部分为战国内容，成书于周汉之间。[3]《尸子》以为"行雨""谷雨""时

---

1 毛亨传，郑玄笺，孔颖达疏：《毛诗正义》，第959页。
2 尸佼著，汪继培辑，朱海雷撰：《尸子译注》，上海：上海古籍出版社，2006年，第54页。
3 张西堂：《尸子考证》，罗根泽编著：《古史辨》，上海：上海古籍出版社，1982年，第648页。

雨"为神农氏布雨时间不同而产生的，但因《尸子》原文多为辑录，难窥细节。若托名神农之功，当与农事有关。

这种传统与周人重农的观念密不可分。《逸周书·商誓》是主体属于西周时期的篇章，记述周武王伐商后对商遗民的宣言，其中有一段强调讨伐商纣的正当性和合法性，却首先提及祖先后稷的"播谷"之功：

> 在昔后稷，惟上帝之言，克播百谷，登禹之绩。凡在天下之庶民，罔不维后稷之元谷用蒸享。在商先誓王，明祀上帝，□□□□，亦维我后稷之元谷用告和，用胥饮食。肆商先誓王维厥故，斯用显我西土。今在商纣，昏忧天下，弗显上帝，昏虐百姓，奉天之命。上帝弗显，乃命朕文考曰："殪商之多罪纣。"肆予小子发，弗敢忘天命。朕考胥翕稷政，肆上帝曰："必伐之。"予惟甲子，剋（克）致天之大罚。□帝之来，革纣之□，予亦无敢违天命。

整段开篇即追述后稷遵上帝之命播百谷，使得天下百姓皆能以"后稷之元谷"祭祀的重要性。也强调对殷商制度的继承，商先哲王敬祀也用"后稷之元谷"，因此封周于西土。因商纣不敬"奉天之命"当为"弃天之命"，所以上帝授天命于周文王，武王继承了文王未完成的使命，"致天之罚"于商纣。追述之时，"后稷之元谷"成为敬祀上帝的媒介。后稷"克播百谷"与大禹之功当并提，是非常显要的农业发明。[1]周人的农业神，或者说周之"神农氏"后稷是周天子与上天、上帝之间的重要联结。

周人将后稷配天以祭，因其"克播百谷"之功，故非常重视后稷

---

1 刘光胜、王德成：《从"殷质"到"周文"：商周籍田礼再考察》，《江西社会科学》2018年第2期，第140页。

与上天、上帝的关系，也反映出周民族的重农特点。《诗·周颂·思
文》："思文后稷，克配彼天，立我烝民，莫匪尔极。贻我来牟，帝
命率育。无此疆尔界，陈常于时夏。"《毛诗序》云："《思文》，后
稷。"孔颖达正义详细阐述后稷之功：

> 周公自言我思先祖之有文德者，后稷也。此后稷有大
> 功德，堪能配彼上天。昔尧遭洪水，后稷播殖百谷，存立
> 我天下众民之命，使众民无不于尔后稷得其中正。言民赖
> 后稷复其常性，是后稷有大功矣。由后稷有谷养民之故，
> 天乃遗我武王以所来之牟麦。正以牟麦遗我者，帝意所命，
> 用此后稷养天下之物，表记后稷之功，欲广其子孙之国，
> 使无疆境于汝今之经界。言于此今之经界，其内不立封疆，
> 是命大有天下，牢笼九服也。[1]

孔氏以为能够与天祀共享是因后稷"播殖百谷"而"有谷养民"
之故，可以养天下，可见这种解释是有来源的，也突显了后稷与帝天
的关系。《孝经》："昔者周公郊祀后稷以配天，宗祀文王于明堂，以
配上帝。"[2]《礼记·祭法》记载："周人禘喾而郊稷，祖文王而宗武
王。"[3]后稷在周代的祭祀制度中占据突出的地位，周天子的所有重
大祭祀活动无不凸现后稷的祖先神性质。[4]所以，上博简《孔子诗论》
简24："后稷之见贵也，则以文武之德也。"[5]孔子认为，后稷之所以
被尊崇，其实是凭借周文王和武王的功德，实际上也反映了周人对农

1 毛亨传，郑玄笺，孔颖达疏：《毛诗正义》，第1271页。
2 唐玄宗注，邢昺疏：《孝经注疏》，阮元校刻：《十三经注疏》，北京：中华书
   局，2009年，第2553页。
3 郑玄注，孔颖达疏：《礼记正义》，第3444页。
4 曹书杰：《后稷传说与稷祀文化》，北京：社会科学文献出版社，2006年，第
   308页。
5 马承源主编：《上海博物馆藏战国楚竹书（一）》，上海：上海古籍出版社，2001
   年，第153页。

事的重视和农神的尊崇。

"谷雨"节气得名当不能早至周代，但一方面汉时休养生息和重农风气与周初情况相近，另一方面汉儒对周礼和周公之礼的推崇且其顺理成章地敬授农事，产生了对百谷播种、应时而雨的政治期待，反映在历法节气之中甚是合理。故汉儒《七纬》云："清明后十五日，斗指辰，为谷雨，三月中，言雨生百谷，清净明洁也。"[1]直接点出了"雨生百谷"的节气含义。这种"因雨授时，而助农耕"的说法也见于清人马啸《绎史》引《周书》佚文："神农之时，天雨栗，神农遂耕而种之，作陶冶斤斧，为耒耜锄耨，以垦草莽，然后五谷兴助，百果藏实。"

三、风雨应时与秦汉镜铭的民时期待

秦汉时人亦多以"风雨时节"表达对适宜农耕生产正常气候的庆幸和祝愿。汉代铜镜铭文多见"多贺国家人民息，风雨时节五谷孰"文句。清华大学藏东汉"四夷服"铭图像铜镜，其直径23.5厘米。大圆钮型，外环一圈小乳钉纹。镜面以4个乳钉为界，将镜面图像分为4组。榜题"周公""成王""侍郎""宋王""皇后"以提示镜面图像信息。画像外存一圈铭文："田氏作竟（镜）四夷服，多贺国家人民息，胡虏殄灭天下复，风雨时节五谷孰（熟），长保二亲得天力，传告后世乐无亟（极）。大吉兮，富贵。"

"风雨时节五谷孰（熟）"，可见汉人对风调雨顺和农事收获的美好期盼，以及理解二者关系的社会视角。除此镜铭外，还有大量反映"四夷服"的七言镜铭都存在对风雨时节应时的期待和风调雨顺的

1　赵在翰辑，钟肇鹏、萧文郁点校：《七纬》，北京：中华书局，2012年，第688页。

东汉"四夷服"铭画像铜镜（局部）

盼望：

> 杜氏作竟（镜）四夷服，多贺新家人民息，胡虏殄灭天下复，风雨时节五谷孰（熟），长保二亲受大福，传告后世子孙力，官位高。子丑寅卯辰巳午未申酉戌亥。

> 王氏昭竟（镜）四夷服，多贺新家人民息，胡虏殄灭天下复，风雨时节五谷孰（熟），百姓宽喜得佳（嘉）德，长保二亲受大福，传告后世子孙力，千秋万年乐毋（无）极。子丑寅卯辰巳午未申酉戌亥。

> 王氏昭镜四夷服，多贺新家人民息，胡虏殄灭天下复，风雨时节五谷孰（熟），长保二亲子孙力，传告后世乐无极，日月光大富贵昌兮。子丑寅卯辰巳午未申酉戌亥。[1]

1　李迎春，程帆娟：《汉代"四夷服"镜铭研究》，《四川文物》2019年第6期，第54—61页。

这类镜铭的句式、内容基本一致。其开篇皆为纪氏，句式以七言为主，偶间杂三言、四言。主要内容是时人期盼四夷归服、国家太平、双亲多福、子孙昌乐、长乐无极、位高官显的俗世幸福。从内容结构看，"四夷服"镜铭层次清晰，从大国及小家，从小家到个人，逐渐具体，并非是一般意义上祝愿词的堆砌，而是一种共同的社会理想。

从百姓的社会生活理想表达考察，希望"雨正"属于一种宏观的对天象、历史的民时书写。与镜铭不同，那些反映风雨应时的碑铭则大多留在原地，并少有移动，所以"具备了作为一个整体而获得宏观历史的象征意义"[1]。《曹全碑》《三公山碑》等碑石皆记"风雨时节"，或是期盼"岁获丰年"，或是冀望"皇灵"之佑。以碑铭的

2019年季春笔者摄于灵隐山

1　巫鸿著，肖铁译：《废墟的故事：中国美术和视觉文化中的"在场"与"缺席"》，上海：上海人民出版社，2012年，第41页。

方式镌刻时人对"风雨"应时的期盼，似乎也完成了一种政治寄托。《汉书·晁错传》："此谓配天地，治国大体之功。"[1]此治国之功包括天子明德的具体作为，强调对自然、生态的保护，所以"德上及飞鸟，下至水虫草木诸产，皆被其泽"[2]，能够"阴阳调，四时节，日月光，风雨时，膏露降，五谷孰（熟）"[3]。《史记·乐书》云："天地之道，寒暑不时则疾，风雨不节则饥。"[4]《龟策列传》亦云："正昼无见，风雨晦冥。"[5]《周易参同契·二至改度》也说："风雨不节，水旱相伐。蝗虫涌沸，群异旁出。天见其怪，山崩地裂。"[6]大量的文献记载说明了异常气候下的物候情况和灾异的危害。"风雨"应节，或企盼雨得其时，不仅成为汉代人对时节本身的物候观察，更是一种政治理想的寄托。

晚唐敦煌文献P.2624（2—1）《卢相公咏廿四节气诗·谷雨三月中》云："谷雨春光晓，山川黛色青。叶间鸣戴胜，泽水长浮萍。暖屋生蚕蚁，喧风引麦葶。鸣鸠徒拂羽，信矣不堪听。"[7]此时，春光已到尽头，春和景明，新田已绿，苔生幽意，泽长浮萍，从春之生一路走向夏之温暖、光明。

1　班固著，颜师古注：《汉书》卷四十九《袁盎晁错传》，第2293页。
2　同上。
3　同上。
4　司马迁撰，裴骃集解，司马贞索隐，张守节正义：《史记》卷二十四《乐书》，第1199页。
5　司马迁撰，裴骃集解，司马贞索隐，张守节正义：《史记》卷一百二十八《龟策列传》，第3230页。
6　章伟文译注：《周易参同契》，北京：中华书局，2014年，第175页。
7　P.2624原文见上海古籍出版社。法国国家图书馆编：《法藏敦煌西域文献》（第16册），第372页。

第四章 小结

第一节　时间系统与政治大一统关系

　　时间秩序的建立，其本质是对从古至今的各类观测现象的记录、校正、合历的综合统筹，并达成社会共识。节气、历法等时间系统的建立是多重、层累的人为观测、计算和总结的结果。这种人对自然的考察、观测借由政治权力而发生，不断地改变着时间的秩序，从而形成了"时间的历史"，并影响着时下的"政治时间"。因为所处地域、区域文化的差异，早期中国存在着不同体系的历法，并流行着不同结构的节气系统。这些节气系统共同组成了先民社会生活、政治活动、文化传承所依赖的时间系统。

　　过往研究中，已有学者关注时空观念与古代政治秩序的关系。对早期文字中的天象观测和纪时辨方的季节性考察，伴随着中国宇宙观从四方到五行思想的转变，是在商周青铜时代向秦汉铁器时代的历史转折中完成的。研究简帛中的纪时概念、方式和社会生产、政治制度间的关系，以及月令系统对时间秩序构建的作用，系统性梳理古代的时间观都属于这一范畴。[1]

　　节气类传世文献和出土文献对时间信息的描述方式非常丰富。古代纪时方式具有多样性，且存在大量的同位语。有时又由于上下文不

1　许进雄：《中国古代社会：文字与人类学的透视》；于成龙：《楚礼新证——楚简中的纪时、卜筮与祭祷》，博士学位论文，北京大学，2004年；孔庆典：《10世纪前中国纪历文化源流：以简为中心》；臧克和：《简帛与学术：中西学者视野中的出土文献与文化资源》，郑州：大象出版社，2010年；王爱和著，金蕾译，徐峰译、校：《中国古代宇宙观与政治文化》，上海：上海古籍出版社，2011年；张帆：《秦汉纪时研究》，硕士学位论文，西北师范大学，2016年；张衍田：《中国古代纪时考》，上海：上海古籍出版社，2019年；薛梦潇：《早期中国的月令与"政治时间"》。

清、古语简略，需要结合上下文所述物候或相关历史背景，来确定具体节气的划分时间。再者，由于节气名称经过演变，与现在的节气名称、顺序不完全相同。在这样的背景下，对节气系统的梳理，特别是对我国已沿用至少两千年的二十四节气的来源和形成过程的研究，具有重要的意义。

时间应被视为健全的个体和社会生活不可或缺的一部分，因为它最具有情境性、可量化性、客观性和公正性，并且能够同时展现情境和表达平均主义。节气系统的确立首先与人本身的时间观念相关，是源于自然但不局限于对自然的探索。因为它们的形成和定型本质上属于对时间的测量和实际运用，所以无论指导群体或个体的日常生活，历史上产生并使用的时间系统皆强调"应时"。《左传》中多次出现"时""不时"或"时失"的评判，包括"人事不合礼制""天气异常""人事不合时节"等十数条，足见春秋战国之际的时令观念与政治人事的关联，时间系统中的政治性也由此可见。除二十四时外，三十时、三十七时等不同的时令系统所包含的节气信息，体现出秦汉以前不同地域、文化背景下的不同特点。不同的节气系统又会产生不同形式的农事、政令、礼制以指导人们的生产、生活。

国家的时间政治，特别是官方修历、改历都需要与实际民生相匹配，方能达成平衡和共生。所以在先秦、秦汉的各类节气文献中既存在纯粹的政治历，又有具备实际指导民生的各种推步历。对节气、时令类文献系统的探索，虽然仅存在于对历史时间的不断推演和复原，但也提供了相对明确的时间节点。故梳理其形成过程，具有无可争议的可观察性和客观性。

节气与传统《月令》类文献的政治社会作用接近，在一定程度上反映了官方对时间的分配与安排，是一种对"秩序"的强调。制定稳定而又长期适用的节气系统，是国家层面对时间的管理，也是对社会秩序的管理。

"大家步伐一致，各地时间一致，才会觉得像一个'民族'，一个'家'。"[1]时间、节气直接指导社会生产、生活的一致性运行，这种"一致性"体现着"大一统"的思想。从中国先秦文化的多样性与统一性的辩证关系出发，到后世中国的统一强盛，"大一统"思想是贯穿中国历史政治格局和思想文化的一条主线，是维系中华民族共同的文化基因，更是造就超大规模文明型国家的内在动力。

"大一统"思想是由"大一统"政治而产生的，"大一统"政治主要体现于"大一统"的国家形态结构，包括尧舜禹时代"族邦联盟"机制的"联盟一体"，夏商西周"复合制王朝国家"，秦汉以后郡县制下的中央集权的帝制国家形态。[2]时间系统的形成、使用与国家形态、政治治理密不可分。二十四节气的形成正处于从"复合制王朝国家"向秦汉以后郡县制机制下的"大一统"形态的转变阶段，毫无疑问会反映出这一阶段的意识特征。特别是二十四节气作为"大一统"文明的时间形态，有别于律令的刚建，更加柔和而质朴，不仅与政治进程密切相关，还真正为社会生产、生活各个领域的发展做出了积极的贡献。

时间观念、时令观念的统一，无疑对加强民族文化的自信心提供了良好的思想基础。二十四节气在战国、秦汉之间逐渐形成和完善，经历了从"四时""八节""十二节"到"二十四节（气）"的发展过程。作为反映时令、节气观的时间系统在"大一统"的历史进程中及以后的每一历史阶段都产生了重要影响。

---

1 葛兆光：《严昏晓之节——古代中国关于白天与夜晚观念的思想史分析》，《台大历史学报》2003年第32期，第33—55页。

2 王震中：《"大一统"思想的由来与演进》，《海南大学学报（人文社会科学版）》2022年第5期，第8页。

第二节　二十四节气的历史意义和未来价值

节气与社会生活关系密切。先民在物候历、政治历、推步历等层面综合认知，并在重分定节的实践基础上所进行的创造，对社会进步，特别是农事生产和节令生活的促进显而易见。二十四节气的使用往往配合四时十二月和七十二物候，对传统中国的社会生活和国家治理有重要的历史贡献。

作为与国家意志相结合的时间系统和传统社会的共同规范，节气配合历法、月令等时间系统重塑了国家意志的表达形式，成为一种更加接近民众生活的社会性时间系统。其中月令的推行和持续发展在这一过程中起到了关键作用。自周建邦制礼以来，因时行政成为政治统治的常识，秦汉时期这种传统得到了充分的重视，汉宣帝朝后，月令、时令、节令等更加流行，并在王莽时达到巅峰。东汉时期，经光武帝恢复旧典，尊崇月令，到明、章二帝时更是达到了新的高度。月令、时令、节令的影响逐渐深入，涉及的领域也越来越广泛，农事、礼制、司法等领域都受到了这类时间系统的影响，节气由此发挥了作用。

"春生夏长，秋收冬藏"是二十四节气系统的基础准则，《太史公自序》云："夫阴阳四时、八位、十二度、二十四节各有教令，顺之者昌，逆之者不死则亡。未必然也，故曰'使人拘而多畏'。夫春生夏长，秋收冬藏，此天道之大经也，弗顺则无以为天下纲纪，故曰'四时之大顺，不可失也'。"[1]据司马氏所言，以"二十四节各有教令"，顺则昌盛，违背则遭受灾殃，是因为这符合"春生夏长，秋收冬藏"的基本逻辑。在"四时之大顺"的教令意义下，二十四节气等

1　司马迁撰，裴骃集解，司马贞索隐，张守节正义：《史记》卷一百三十《太史公自序》，第3290页。

早期节气系统的主要贡献可概括为以下三个方面。

其一，不违农时，应节而动。《左传》襄公七年："孟献子曰："吾乃今而后知有卜筮。夫郊，祀后稷以祈农事也。是故启蛰而郊，郊而后耕。今既耕而卜郊，宜其不从也。'"杜预注云："启蛰，夏正建寅之月，耕谓春分。"[1]依夏正，夏历建寅，春分之时应以春耕。"一年之计"即春之日，农时应时是传统农耕民族和农业大国的时令自觉。《夏小正》中保存了各种春耕前的准备，比如"正月，农纬厥耒"，是整理农具；"初岁祭耒"则检查农具，为铲除杂草准备春耕；"农率均田"要求农人按时整理田亩；"农及雪泽，初服于公田"，即降下雨雪之时，先至于公田耕种；"采芸，为庙采也"，当采摘芸蒿，为奉于宗庙，用于祭祀。可见，春日耕作需要筹谋规划，应时而动已经成为人们对春种的共识。《四民月令》："凡种大、小麦，得白露节，可种薄田；秋分，种中田；后十日，种美田。"[2]亦足见其他节气与农事的直接关系。

西汉平帝元始五年（5年），由王莽上呈，以太皇太后名义颁布的《诏书四时月令五十条》很有可能选辑自《月令》文本，其选择了与基层生活直接相关的农事等内容作要求并颁布。这部分内容亦见于《吕纪》《淮南子·时则》等篇，足见在当时这类文献的流行与广泛运用。因与地方行政和民众生活关联不大，故《诏书四时月令五十条》并未收录《月令》中对天子各月职事的记述[3]，说明汉时时间政治对普通民众生活指导的灵活性。其第22行："·日夜分，雷乃发声，始电，执（蛰）虫咸动，开［户］始□。［先雷］三日，奋铎以

---

1 杜预注，孔颖达疏：《春秋左传正义》，第4207页。
2 崔寔撰，石声汉校注：《四民月令》，第62页。
3 余欣、周金泰：《从王化到民时汉唐间敦煌地区的皇家〈月令〉与本土时令》，《史林》2014年第4期，第58—69页。

令兆民曰：雷□怀任（妊），尽其日。"[1]第27行："·毋焚山林。·谓烧山林田猎，伤害禽兽□虫草木·……[正]月尽……"[2]第32行："·毋弹射蜇鸟，及张罗、为它巧以捕取之。"[3]可见"日夜分"即春分之时，物候为雷、电、蜇虫惊，此时应时则"毋焚山林""毋弹射蜇鸟，及张罗、为它巧以捕取之"，这都是朴素自然的可持续保育观念。《逸周书·大聚》"禹之禁，春三月山林不登斧，以成草木之长；夏三月川泽不入网罟，以成鱼鳖之长。且以并农力执，成男女之功"；《文传》"山林非时不升斤斧，以成草木之长，川泽非时不入网罟，以成鱼鳖之长。不麛不卵，以成鸟兽之长，畋渔以时，童不夭胎，马不驰骛，土不失宜"，也已经包含了时人对当时生存环境和自然生态的全面关怀。除了存在按四时、十二月、二十四节气进行直接的约束政令外，还产生了根据四时划分以保障农事生产的其他条款。[4]从此时的理政经验看，"应节而动"，善待自然，才有可能授民以时。

其二，动静以时，避灾迎嘉。商人已将风、雨、雷、雹、虹等天象与吉凶占测联系，周人认为农事、祭祀、军事等社会活动的灾祥都与天象、气候直接相关。战国秦汉之间因阴阳五行学说发展盛行，动静须应时的思想对人类活动有了更多层面的指导。譬如，睡虎地秦简和张家山汉简的《田律》中有些规定已经不单纯属于"不违农时"的范畴，而延伸到对其他活动"改水（抒井）""改火"的要求。银雀山汉简《不时之应》直接强调，若不依四时而动，则会导致"丧""见血兵""乱""多妖言""多戮死""疾"等与农事、自然无关，而近人祸的灾异现象产生。早期政令只用于禁止不应时行为，但先民创造

1　中国文物研究所、甘肃省文物考古研究所编：《敦煌悬泉月令诏条》，第5页。

2　同上。

3　同上。

4　刘鸣：《月令与秦汉时间秩序》，第91—95页。

性地以礼乐配合时令、月令、节令进行约束,以达到"避灾迎嘉"的目的。银雀山汉简《三十时》将全年四时分成"三十时",虽有兵阴阳家思想的影响,但表明齐系节气系统中四时令和五行令等系统同时存在。以邹衍为代表的阴阳五行家们还对四时令进行了改造和宣传,适应了政治大一统形势下的需求,创造出如银雀山汉简《迎四时》这类集诗、乐、舞为一体的政治乐歌[1],以此礼乐与四时之令(如银雀山汉简《四时令》)相合。《汉书·礼乐志》中所记《青阳》《朱明》《西颢》《玄冥》四首乐歌班固注为"邹子乐",即与此相关。汉武帝之时,《迎四时》乐歌还被用于天子郊祭礼,作为国家礼乐的一部分,以表示应时的嘉祥之乐。

"避灾迎嘉"是先民们对岁时生活的美好期待,这与认识节气、总结时间秩序几乎是同步产生的。早期节日与祭祀、庆祝活动相关,某些时间节点的固定通常依赖于相对明显的自然标志,因而岁时节日的形成与自然界的变化、人的生产活动相伴而生。由此,节气系统为精确地认知时间和服务生产、生活提供了可能。由新出文献的日常记录可知,"腊""社""寒食"等岁时节日,与立春、清明等节气时间相近,节俗相关。这些古已有之的传统节俗与二十四节气共同构成了真正意义上的中国传统岁时文化,在古代中国的历史时期已经存在并发挥了根本的作用。官方历法、月令政令更接近一种规范而整饬的硬性时间管理方式,与天子起居、政治作为、司刑刑德、灾异嘉祥有关。节气系统,特别是二十四节气对时间的渗透和岁时社会生活的指导、调剂则更加怀柔。

其三,四时分明,赏罚有时。"赏以春夏,刑以秋冬"是四时节

1　刘爱敏:《银雀山汉简〈迎四时〉与周秦之际的历法整合》,《孔子研究》2018年第6期,第72—79页。

令的大原则。王充《论衡·寒温》云："春温夏暑，秋凉冬寒，人君无事，四时自然。夫四时非政所为，而谓寒温独应政治？正月之始，正月之后，立春之际，百刑皆断，囹圄空虚，然而一寒一温。当其寒也，何刑所断？当其温也，何赏所施？由此言之，寒温，天地节气，非人所为，明矣。"[1]春不当刑罚，人君应顺应四时自然，而非更改节气寒温，逆行赏罚。《管子·七臣七主》："秋毋赦过释罪缓刑。"[2]《月令》《吕氏春秋·孟春纪》《淮南子·时则》则强调："是月也，命有司修法制，缮囹圄，具桎梏，禁止奸，慎罪邪，务搏执。命理瞻伤，察创，视折，审断。决狱讼，必端平。戮有罪，严断刑。天地始肃，不可以赢。"[3]三者论述基本一致。且《吕氏春秋·仲秋纪》复有"命有司申严百刑，斩杀必当"[4]，《季秋纪》又有"乃趣狱刑，无留有罪"[5]等说法，可知秋季本为"刑罚""讼狱"决断之时。

汉章帝建初元年（76年），春正月丙寅诏书有"罪非殊死！须立秋案验"[6]。秦汉简牍中亦有必须要等到"立秋"之后决断的情况，以长沙五一广场简为例，其中绝大多数为长沙郡及临湘县的官方文书，其中有大量内容与司法相关，涉及刑事、民事、诉讼等。五一广场东汉简牍编号为69的木两行CWJ1③：325-5-6言"如待自言辞，即少、鱼证。吴出，实核。立秋复处言。唯廷谒言府，骄职事惶恐，叩头死罪死罪敢言之。"[7]编号88的木两行CWJ1③：325-1-7言"南

1　王充著，黄晖撰：《论衡校释》，第629页。
2　黎翔凤撰，梁运华整理：《管子校注》，第995页。
3　郑玄注，孔颖达疏：《礼记正义》，第2972页。
4　吕不韦编，许维遹集释，梁运华整理：《吕氏春秋集释》，第176页。
5　同上书，第198页。
6　范晔撰，李贤等注：《后汉书》卷三《肃宗孝章帝纪》，第132—133页。
7　长沙市文物考古研究所、清华大学出土文献研究与修护中心、中国文化遗产研究院，湖南大学岳麓书院编：《长沙五一广场东汉简牍选释》，上海：中西书局，2015年，第172页。

乡女子周复自言，须立秋书"；[1]编号89的木两行CWJ1③：325-1-8言"立秋考实处言"之讼"非水泉"事[2]。可知应时决狱、刑讼的时间当在秋季，并以立秋为重要节点。春秋有别，四时分明，赏罚应节，方利于国事。

若将中国传统的时间系统置于"东亚岁时文化圈"中考察，二十四节气作为经典的中国时间范式，所反映的节气和岁时文化的历史发展及背后蕴藏的古人的思想世界、宇宙图式都对东亚文化圈产生了显著的影响。[3]在中国虽已佚失、但传入日本被辑录保存的古代岁时著作《十节记》中保存了许多隋唐以前重要的古代岁时传说。[4]日本节俗至今仍保留着中国传统的文化元素，譬如其冬至节俗的礼祭体现着中国传统的天命观念。中国的节气观及岁时节令系统影响着东亚、东南亚文化圈的文明交流，甚至将人与自然和谐相处、社会活动应时而动的思维方式和生活智慧于无形中传遍世界各地。以"丝绸之路"上的各国历法为例，其管理和生产计划的制定与太阳视运动位置和季节性的生产条件密不可分，其农业管理和历法制定与二十四节气系统有相似之处。[5]可见，随着文化的传播，不同地区之间的历法和农业生产技术产生了交流。

随着现代中国快速的城市化进程和现代化农业的发展，在科学技术巨大进步的趋势下，人与自然的联结愈发难能可贵。"绝地天通"

---

1 长沙市文物考古研究所、清华大学出土文献研究与保护中心、中国文化遗产研究院、湖南大学岳麓书院编：《长沙五一广场东汉简牍选释》，第185页。

2 同上。

3 刘晓峰：《时间与东亚古代世界》，北京：社会科学文献出版社，2020年。

4 刘晓峰：《东亚的时间：岁时文化的比较研究》，北京：中华书局，2007年，第75—95页。

5 穆斯塔法·巴伊拉姆：《二十四节气及相关当地太阳历：联合国教科文组织丝绸之路研究的重要作用》，《二十四节气国际学术研讨会论文集》，2020年，第488—490、497页。

是古已有之的自然思想和信仰传统，构建了中华文明独特的感知和思维方式，成为神—人之间的沟通途径。"观天察地"则是认知和探究自然、社会的主要方式，成为人与万物之间和谐共存的基本原则。

2006年，国发〔2006〕18号文正式公布，"农历二十四节气"被列入国务院颁布的《第一批国家级非物质文化遗产名录》。2016年"二十四节气——中国人通过观察太阳周年运动而形成的时间知识体系及其实践"被联合国教科文组织列入人类非物质文化遗产代表作名录。[1]"中国人通过观察太阳周年运动而形成的时间知识体系及其实践"，一方面强调太阳视运动和变化是节气系统划分的核心，另一方面据新出文献和传世文献的探源，说明二十四节气相关知识体系的建立是长期积淀的过程。

"宜将风物放眼量"，世界格局日新月异，二十四节气所提供的生活、生存智慧作为久经检验的时间运行标准，面向未来的方式尚有可期。毕竟，时间系统作为文化自信的一种表达，除了是政治意识的体现，还是异国他乡游子的窗前皎然月，四海相约的春社酒，耄耋耆耉和稚子孩童们共同期盼的风雨应时，年丰人安。

1　2016年11月30日，联合国教科文组织保护非物质文化遗产政府间委员会第十一届常会将中国申报的"二十四节气——中国人通过观察太阳周年运动而形成的时间知识体系及其实践"（The Twenty-four Solar Terms, knowledge in China of time and practices developed through observation of the sun's annual motion）列入人类非物质文化遗产代表作名录（UNESCO Intangible Cultural Heritage Lists），参见https://ich.unesco.org/en/RL/the-twenty-four-solar-terms-knowledge in-china-of-time-and-practices-developed-through-observation-of-the-sun-s-annual-motion-00647。

附

录

二十四节气	《夏小正》	《吕纪》	《淮南子·时则》	《礼记·月令》	《逸周书·时训》
立春	正月：启蛰。雁北乡。雉震呴。鱼陟负冰。农纬厥耒。初岁祭耒，始用畼。囿有见韭。时有俊风。寒日涤冻涂。田鼠出。农率均田。獭献鱼。鹰则为鸠。农及雪泽。初服于公田。采芸。柳稊。梅杏杝桃则华。缇缟。鸡桴粥。	东风解冻，蛰虫始振，鱼上冰，獭祭鱼，候雁北。是月也，以立春。	立春，东风解冻，蛰虫始振苏，鱼上冰，负冰。	东风解冻，蛰虫始振，鱼上冰，獭祭鱼，鸿雁来。是月也，以立春。	立春之日，东风解冻，又五日，蛰虫始振，又五日，鱼上冰。
雨水 / 惊蛰		天气下降，地气上腾，天地和同，草木繁动。	獭祭鱼，候雁北。	天气下降，地气上腾，天地和同，草木萌动。	雨水之日，獭祭鱼，又五日，鸿雁来，又五日，草木萌动。
惊蛰 / 雨水	二月：往耰黍，禅。初俊羔，助厥母粥。绥多女士。丁亥，万用入学。昆小虫，抵蚳。来降燕，乃睇。剥鱓。有鸣仓庚。荣芸。时有见稊，始收。	始雨水，桃李始华，苍庚鸣，鹰化为鸠。	始雨水，桃李始华，苍庚鸣，鹰化为鸠。	始雨水，桃始华，仓庚鸣，鹰化为鸠。	惊蛰之日，桃始华，又五日，仓庚鸣，又五日，鹰化为鸠。
春分	三月：参则伏。摄桑。委杨。䎷羊。颁冰。采识。妾子始蚕。执养宫事。越有小旱。田鼠化为鴽。拂桐芭。鸣鸠。	玄鸟至。是月也，日夜分，雷乃发声，始电，蛰虫，开户始出。	日夜分，雷始发声，蛰虫咸动苏。	玄鸟至。是月也，日夜分，雷乃发声，始电，蛰虫咸动，启户始出。	春分之日，玄鸟至，又五日，雷乃发声，又五日，始电。
清明 / 谷雨		桐始华，田鼠化为鴽（鴽），虹始见，萍始生。	桐始华，田鼠化为鴽，虹始见，萍始生。	桐始华，田鼠化为鴽，虹始见，萍始生。	清明之日，桐始华，又五日，田鼠化为鴽，又五日，虹始见。
谷雨 / 清明	鸣鸠。	生气方盛，阳气发泄，生者毕出，萌者尽达，鸣鸠拂其羽，戴任衔木。	生气方盛，阳气发泄，句者毕出，萌者尽达，鸣鸠奋其羽，戴鵀降于桑。	生气方盛，阳气发泄，句者毕出，萌者尽达，不可以内。鸣鸠拂其羽，戴胜降于桑。	谷雨之日，萍始生，又五日，鸣鸠拂其羽，又五日，戴胜降于桑。
立夏	四月：昴则见。初昏，南门正。鸣札。囿有见杏。王萯秀。取荼。秀幽。越有大旱。执陟攻驹。	蝼蝈鸣，丘蚓出，王菩生，苦菜秀。是月也，以立夏。	蝼蝈鸣，丘蚓出，王瓜生，苦菜秀。以立夏。	蝼蝈鸣，蚯蚓出，王瓜生，苦菜秀。是月也，以立夏。	立夏之日，蝼蝈鸣，又五日，蚯蚓出，又五日，王瓜生。
小满		靡草死，麦秋至。	聚蓄百药，靡草死，麦秋至。	靡草死，麦秋至。	小满之日，苦菜秀，又五日，靡草死，又五日，小暑至。
芒种	五月：参则见。浮游有殷。鸠为鹰。唐蜩鸣。初昏，大火中。煮梅。蓄兰。菽糜。时有养日。乃瓜。良蜩鸣。匽之兴五日翕，望乃伏。启灌蓝蓼。鹿为鹰。颂马。	小暑至，螳螂（螗螂）生，鵙始鸣，反舌无声。	小暑至，螳螂生，鵙始鸣，反舌无声。	小暑至，螳螂生，鵙始鸣，反舌无声。	芒种之日，螳螂生，又五日，鵙始鸣，又五日，反舌无声。
夏至		日长至，阴阳争，死生分。鹿角解，蝉始鸣，半夏生，木堇荣。	日长至，阴阳争，死生分。鹿角解，蝉始鸣，半夏生，木堇荣。	日长至，阴阳争，死生分。鹿角解，蜩始鸣，半夏生，木堇荣。	夏至之日，鹿角解，又五日，蜩始鸣，又五日，半夏生。
小暑	六月：初昏，斗柄正在上。煮桃。鹰始挚。	凉风始至，蟋蟀居壁，鹰乃学习，腐草化为萤。	凉风至，蟋蟀居奥，鹰乃学习，腐草为蚈。	温风始至，蟋蟀居壁，鹰乃学习，腐草为萤。	小暑之日，温风至，又五日，蟋蟀居壁，又五日，鹰乃学习。

二十四节气	《夏小正》	《吕纪》	《淮南子·时则》	《礼记·月令》	《逸周书·时训》
大暑	七月：秀雚苇，狸子肇肆，湟潦生苹，爽死，荓秀，汉案户，则寒蝉鸣。	树木方盛，水潦盛昌，土润溽暑，大雨时行。	树木方盛，土润溽暑，大雨时行。	树木方盛，水潦盛昌，土润溽暑，大雨时行。	大暑之日，腐草化为萤，又五日，土润溽暑，又五日，大雨时行。
立秋	初昏，织女正东乡，时有霖雨，斗柄县（悬）在下，则旦，灌荼。	凉风至，白露降，寒蝉鸣，鹰乃祭鸟，以立秋。	凉风至，白露降，寒蝉鸣，鹰乃祭鸟。	凉风至，白露降，寒蝉鸣，鹰乃祭鸟，以立秋。	立秋之日，凉风至，又五日，白露降，又五日，寒蝉鸣。
处暑	八月：剥瓜，畜瓜之时也，玄校，剥枣，栗零，丹鸟羞白鸟。	天地始肃，农乃升谷。	天地始肃，农乃升谷。	天地始肃。	处暑之日，鹰乃祭鸟，又五日，天地始肃，又五日，禾乃登。
白露		凉风至，候雁来，玄鸟归，群鸟养羞。	凉风至，候雁来，玄鸟归，群鸟翔。	凉风至，鸿雁来，玄鸟归，群鸟养羞。	白露之日，鸿雁来，又五日，玄鸟归，又五日，群鸟养羞。
秋分	辰则伏，鴽（蜃）人（入）为鼠，参中则旦。	日夜分，雷乃始收声，蛰虫俯户，杀气浸盛，阳气日衰，水始涸。	雷乃始收，蛰虫俯户，气乃渐寒，水始涸，日夜分。	日夜分，雷始收声，杀气浸盛，气乃渐寒，水始涸。	秋分之日，雷始收声，又五日，蛰虫培户，又五日，水始涸。
寒露	九月：内火，遭鸿雁，主夫出火，陟玄鸟蛰，熊、罴、貙、貉，鼷鼬则穴，若蛰而，荣鞠（菊），树麦。	候雁来宾，爵入大水，为蛤，菊有黄华，豺则祭兽戮禽。	候雁来宾，爵入大水为蛤，菊有黄华，豺乃祭兽戮禽。	鸿雁来宾，爵入大水为蛤，鞠（菊）有黄华，豺乃祭兽戮禽。	寒露之日，鸿雁来宾，又五日，爵入大水化为蛤，又五日，菊有黄华。
霜降	辰系于日，雀人于海为蛤。	霜始降，草木黄落，蛰虫咸俯在穴，皆墐其户。	霜始降，草木黄落，蛰虫咸俯。	霜始降，草木黄落，蛰虫咸俯在内，皆墐其户。	霜降之日，豺乃祭兽，又五日，草木黄落，又五日，蛰虫咸俯。
立冬	十月：豺祭兽，南门见，黑鸟浴，时有养夜，玄雉人于淮为蜃。	水始冰，地始冻，雉人大水为蜃，虹藏不见，是月也，以立冬。	水始冰，地始冻。	水始冰，地始冻，大水为蜃，虹藏不见，是月也，以立冬。	立冬之日，水始冰，又五日，地始冻，又五日，雉人大水为蜃。
小雪	织女正北乡，则旦。	天气上腾，地气下降，天地不通，闭而成冬。	（雄人大水不见。）	天气上腾，地气下降，天地不通，闭塞而成冬。	（小）雪之日，虹藏不见，又五日，天气上腾，地气下降，又五日，闭塞而成冬。
大雪	十一月：王狩，陈筋革，啬人不从，于时月也，万物不通。	冰益壮，地始坼，鹖旦不鸣，日短至，阴阳争，诸生荡，芸始生，荔挺出，蚯蚓结，麋角解，水泉动。	冰益壮，地始坼，鹖旦不鸣，日短至，阴阳争，诸生荡，芸始生，荔挺出，蚯蚓结，麋角解，鸡始雊。	虹	大雪之日，鹖旦不鸣，又五日，虎始交，又五日，荔挺生。
冬至			鹊加巢	鹖旦	冬至之日，蚯蚓结，又五日，麋角解，又五日，水泉动。
小寒	陨麇角。	雁北乡，鹊始巢，征鸟厉疾，水泽复。	雁北乡，鹊始巢，征鸟厉疾，水泽腹坚。	日短至，阴阳争，诸生荡，芸始生，荔挺出，蚯蚓结，麋角解，鸡始雊。	小寒之日，雁北向，又五日，雉始雊，又五日，鸡始乳。
大寒	十二月：鸣弋，玄驹贲，纳卵蒜。虞人入梁，陨麇角。	冰方盛，水泽腹坚，日穷于次，月穷于纪，星回于天。	日穷于次，月穷于纪，周于天。	冰方盛，水泽腹坚。	大寒之日，鸡始乳，又五日，鸷鸟厉疾，又五日，水泽腹坚。

	《夏小正》	《管子·幼官》	《吕纪》	《淮南子·时则》	《礼记·月令》
孟春	农纬厥耒。初岁祭耒，始用畅也。农率均田。初服于公田。采芸。	十二，地气发，戒春事。十二，小卯，出耕。十二，天气下，赐与。十二，义气至，修门闾。十二，清明，发禁。十二，始卯，合男女。十二，中卯。十二，下卯。三卯同事。八举时节，君服青色，味酸味，听角声，治燥气，用八数，饮于青后之井，以羽兽之火爨。藏不忍，行驱养，坐钟磬，视居图，起居之理，合内空周外，强国为圈，弱国为属，动而无不从，静而无不同。以听于天，举春祭，塞久祷，以太牢祀于高禖。天子之行以时而事必至。	天子居青阳左个，乘鸾辂，驾苍龙，载青旗，衣青衣，服青玉，食麦与羊，其器疏以达。是月也，以立春。先立春三日，太史谒之天子曰："某日立春，盛德在木。"天子乃斋。立春之日，天子亲率三公九卿诸侯大夫以迎春于东郊。还，乃赏公卿诸侯大夫于朝。命相布德和令，行庆施惠，下及兆民。庆赐遂行，无有不当。乃命太史守典奉法，司天日月星辰之行，宿离不忒，无失经纪，以初为常。是月也，天子乃以元日祈谷于上帝。乃择元辰，天子亲载耒耜，措之参于保介之御间，率三公九卿诸侯大夫躬耕帝籍田。天子三推，三公五推，卿诸侯大夫九推。反，执爵于太寝，三公九卿诸侯大夫皆御，命曰劳酒。是月也，天气下降，地气上腾，天地和同，草木繁动。王布农事，命田舍东郊，皆修封疆，审端径术。善相丘陵阪险原隰，土地所宜，五谷所殖，以教道民，必躬亲之。田事既饬，先定准直，农乃不惑。是月也，命乐正入学习舞。乃修祭典，命祀山林川泽，牺牲无用牝。禁止伐木，无覆巢，无杀孩虫、胎夭、飞鸟，无麛无卵。无聚大众，无置城郭，掩骼霾髊。是月也，不可以称兵，称兵必有天殃。兵戎不起，不可从我始。无变天之道，无绝地之理，无乱人之纪。	天子衣青衣，乘苍龙，服苍玉，建青旗，衣青采，鼓琴瑟。其兵矛，其畜羊。朝于青阳左个，以出春令。布德施惠，行庆赏，省徭赋。立春之日，天子亲率三公九卿大夫以迎岁于东郊。修除祠位，币祷鬼神，牺牲用牡。禁伐木，毋覆巢杀胎夭，毋麛毋卵，毋聚众置城郭，掩骼埋胔。	天子居青阳左个，乘鸾路，驾仓龙，载青旗，衣青衣，服仓玉，食麦与羊，其器疏以达。是月也，以立春。先立春三日，太史谒之天子曰："某日立春，盛德在木。"天子乃斋。立春之日，天子亲帅三公九卿诸侯大夫以迎春于东郊。还反，赏公卿诸侯大夫于朝。命相布德和令，行庆施惠，下及兆民。庆赐遂行，毋有不当。乃命太史守典奉法，司天日月星辰之行，宿离不贷，毋失经纪，以初为常。是月也，天子乃以元日祈谷于上帝。乃择元辰，天子亲载耒耜，措之于参保介之御间，帅三公九卿诸侯大夫躬耕帝藉。天子三推，三公五推，卿诸侯九推。反，执爵于太寝，三公九卿诸侯大夫皆御，命曰劳酒。是月也，天气下降，地气上腾，天地和同，草木萌动。王命布农事，命田舍东郊，皆修封疆，审端经术。善相丘陵阪险原隰土地所宜，五谷所殖，以教道民，必躬亲之。田事既饬，先定准直，农乃不惑。是月也，命乐正入学习舞。乃修祭典。命祀山林川泽，牺牲毋用牝。禁止伐木，毋覆巢，毋杀孩虫、胎夭、飞鸟，毋麛毋卵。毋聚大众，毋置城郭，掩骼埋胔。是月也，不可以称兵，称兵必天殃。兵戎不起，不可从我始。毋变天之道，毋绝地之理，毋乱人之纪。
仲春	往耰黍，禅。初俊羔，助厥母粥。绥多女士。丁亥，万用入学。祭鲔。剥鳝。妾，子始蚕。时有见稀，始收。		天子居青阳大庙，乘鸾辂，驾苍龙，载青旗，衣青衣，服青玉，食麦与羊，其器疏以达。是月也，安萌芽，养幼少，存诸孤。择元日，命人社。命有司，省囹圄，去桎梏，无肆掠，止狱讼。是月也，玄鸟至。至之日，以太牢祀于高禖。天子亲往，后妃率九嫔御，乃礼天子所御，带以弓韣，授以弓矢，于高禖之前。是月也，日夜分，雷乃发声，始电。蛰虫咸动苏，开户始出。先雷三日，奋铎以令于兆民曰："雷且发声，有不戒其容止者，生子不备，必有凶灾。"日夜分，则同度量，钧衡石，角斗甬，正权概。是月也，耕者少舍，乃修阖扇。寝庙必备。无作大事，以妨农功。是月也，无竭川泽，无漉陂池，无焚山林。天子乃鲜羔开冰，先荐寝庙。上丁，命乐正入舞，舍采。天子乃率三公九卿诸侯，亲往视之。仲丁，又命乐正入学习舞。	天子衣青衣，乘苍龙，服苍玉，建青旗，衣青采，鼓琴瑟。其兵矛，其畜羊。朝于青阳大庙，以出春令。养幼少，存诸孤。择元日，命人社。命有司，省囹圄，去桎梏，无肆掠，止狱讼。	天子居青阳大庙，乘鸾路，驾仓龙，载青旗，衣青衣，服仓玉，食麦与羊，其器疏以达。是月也，安萌芽，养幼少，存诸孤。择元日，命民社。命有司省囹圄，去桎梏，毋肆掠，止狱讼。是月也，玄鸟至。至之日，以太牢祠于高禖。天子亲往，后妃帅九嫔御。乃礼天子所御，带以弓韣，授以弓矢，于高禖之前。是月也，日夜分，雷乃发声，始电。蛰虫咸动，启户始出。先雷三日，奋木铎以令兆民曰："雷将发声，有不戒其容止者，生子不备，必有凶灾。"日夜分，则同度量，钧衡石，角斗甬，正权概。是月也，耕者少舍，乃修阖扇。寝庙毕备。毋作大事，以妨农之事。是月也，毋竭川泽，毋漉陂池，毋焚山林。天子乃鲜羔开冰，先荐寝庙。上丁，命乐正习舞，释菜。天子乃帅三公九卿诸侯大夫亲往视之。仲丁，又命乐正入学习舞。

	《夏小正》	《管子·幼官》	《吕纪》	《淮南子·时则》	《礼记·月令》
季春	摄桑。委杨。羜羔。颁冰。采识。妾、子始蚕。执养宫事。祈麦实。		天子居青阳右个，乘鸾辂，驾苍龙，载青旗，衣青衣，服青玉，食麦与羊，其器疏以达。是月也，天子乃荐鞠衣于先帝。命舟牧覆舟，五覆五反，乃告舟备具于天子焉，天子始乘舟。荐鲔于寝庙，乃为麦祈实。是月也，天子布德行惠，命有司发仓窌，赐贫穷，振乏绝。开府库，出币帛，周天下。勉诸侯，聘名士，礼贤者。是月也，命司空曰："时雨将降，下水上腾，循行国邑，周视原野，修利堤防，导达沟渎，开通道路，无有障塞。田猎罝罘罗网餧兽之药，无出九门。"是月也，命野虞无伐桑柘。鸣鸠拂其羽，戴任降于桑，具栚曲筥筐。后妃斋戒，亲东乡躬桑，禁妇女毋观，省妇使，以劝蚕事。蚕事既登，分茧称丝效功，以共郊庙之服，无或敢惰。是月也，命工师令百工审五库之量，金铁皮革筋角齿羽箭干脂胶丹漆，无或不良。百工咸理，监工日号，无悖于时，无或作为淫巧，以荡上心。是月之末，择吉日，大合乐，天子乃率三公九卿诸侯大夫亲往视之。是月也，乃合累牛腾马，游牝于牧。牺牲驹犊，举书其数。命国人难，九门磔禳，以毕春气。	天子衣青衣，乘苍龙，服苍玉，建青旗，食麦与羊，服八风水，爨萁燧火，东宫御女青色，衣青采，敔琴瑟。其兵矛，其畜羊。朝于青阳右个。命舟牧覆舟，五覆五反，乃告舟具于天子焉，天子乃始乘舟。荐鲔于寝庙，乃为麦祈实。天子布德行惠，命有司发囷仓，助贫穷，振困乏。开府库，出币帛，使诸侯，聘名士，礼贤者。是月也，命司空曰："时雨将降，下水上腾，循行国邑，周视原野，修利堤防，导通沟渎，达路除道，从国始，至境止。田猎毕弋，罝罘罗网，餧兽之药，毋出九门。"乃禁野虞，毋伐桑柘。鸣鸠奋其羽，戴胜降于桑，具扑曲筥筐。后妃斋戒，东乡亲桑，省妇使，劝蚕事。蚕事既登，分茧称丝效功，以为郊庙之服。令百工审五库之量，金铁皮革筋，丹漆不良，致攻不欤，令国人傩，九门磔攘，以毕春气。行是令，甘雨至三旬。	天子居青阳右个，乘鸾路，驾仓龙，载青旂，衣青衣，服仓玉，食麦与羊，其器疏以达。是月也，天子乃荐鞠衣于先帝。命舟牧覆舟，五覆五反，乃告舟备具于天子焉，天子始乘舟。荐鲔于寝庙，乃为麦祈实。是月也，天子布德行惠，命有司发仓廪，赐贫穷，振乏绝。开府库，出币帛，周天下。勉诸侯，聘名士，礼贤者。是月也，命司空曰："时雨将降，下水上腾，循行国邑，周视原野，修利堤防，道达沟渎，开通道路，毋有障塞。田猎罝罘罗网毕翳餧兽之药，毋出九门。"是月也，命野虞无伐桑柘。鸣鸠拂其羽，戴胜降于桑，具曲植籧筐。后妃齐戒，亲东乡躬桑。禁妇女毋观，省妇使，以劝蚕事。蚕事既登，分茧称丝效功，以共郊庙之服，无或敢惰。是月也，命工师令百工审五库之量，金铁皮革筋角齿羽箭干脂胶丹漆，毋或不良。百工咸理，监工日号："毋悖于时，毋或作为淫巧，以荡上心。"是月之末，择吉日，大合乐，天子乃率三公九卿诸侯大夫亲往视之。是月也，乃合累牛腾马，游牝于牧。牺牲驹犊，举书其数。命国难，九门磔攘，以毕春气。

《不时之应》	北大汉简《雨书》	《管子·幼官》	《吕纪》	《淮南子·时则》	《礼记·月令》	《逸周书·时训》
春 孟种不熟	曹（春）雨作，春乃雨，重雪（雹），夏有覆，夏皮斋。古天七日，至春有风乃（雪）。	春行冬政肃，行秋政雷，行夏政阉。	孟春行夏令则风雨不时，草木早槁，国乃有恐。行秋令则其民大疫，疾风暴雨数至，藜莠蓬蒿并兴。行冬令则水潦为败，霜雪大挚，首种不入。	孟春行夏令，则风雨不时，草木早落，国乃有恐。行秋令则其民大疫，飘风暴雨总至，藜莠蓬蒿并兴。行冬令则水潦为败，霜雪大挚，首稼不入。	孟春行夏令，则雨水不时，草木蚤（早）落，国时有恐。行秋令则其民大疫，猋（飙）风暴雨总至，藜莠蓬蒿并兴。行冬令则水潦为败，雪霜大挚，首种不入。	风不解冻，号令不行。阳（奸），阴（冰），鱼不三水，甲胄私藏。
二种不熟						獭不祭鱼，国多盗贼。鸿雁不来，远人不服。草木不萌动，果蔬不熟。
三种不熟	七月雨霜，至五月有覆，羊牛迟，民有几（饥）。至奎乃风，麻不为儿，土事乃起，唯天泣（并行）。		仲春行秋令则其国大水，寒气总至，寇戎来征；行冬令则阳气不胜，麦乃不熟，民多相掠；行夏令则国乃大旱，暖气早来，虫螟为害。	仲春行秋令，则其国大水，寒气总至，寇戎来征。行冬令则阳气不胜，麦乃不熟，民多相掠。行夏令则国乃大旱，暖气早来，虫螟为害。	仲春行秋令，则其国大水，寒气来至，寇戎乃来征。行冬令则阳气不胜，麦乃不熟，民多相掠。行夏令则国乃大旱，暖气早来，虫螟为害。	仓始不（实），鸠（鸤）不鸣，臣不口口（口），寇戎数起。桃始不华，庚不化（从），鹰不化鸠，寇戎数起。
四种不熟	蛰乃萧，蛰牛（牝），雨为几，志（择）并行。					玄鸟不至，妇人不妊。雷不发声，诸侯民不化（奸）。不始电，君无威震。
五种不熟	是胃（谓）加光，民旅行，国薛（孽）。		季春行冬令则寒气时发，草木皆肃，国有大恐；行夏令则民多疾疫，时雨不降，山陵不收；行秋令则天多沉阴，淫雨早降，兵革并起。	行冬令则寒气时发，草木皆肃，国有大恐。行夏令则国多疾疫，时雨不降，山林不登。行秋令则天多沉阴，淫雨早降，兵革并起。	季春行冬令，则寒气时发，草木皆肃，国有大恐。行夏令则民多疾疫，时雨不降，山陵不收。行秋令则天多沉阴，淫雨早降，兵革并起。	萍不生，阴气愤盈。桐不华，国无此羽，国多伏兵。虹不见，妇人冶乱。胖不降于桑，妇人冶乱。
不出三岁降如青	是胃（谓）死，月乃死，国薛（孽）。					

后记

似在无限的宇宙，每一点都可以认为是中心。

研究的意义就是在无限的知识中考虑有限的情况，否则将是一场漫无目的的书写。书写的意义在于表达和交流，若作者的文字和读者的理解达成一致，无疑是最理想的状态。

我虽不知道已经完成的"作品"是否能够趋近这种理想状态，但在本书的书写过程中已被节气本身的历史特质和文化属性所吸引，就像完成了一场与自己的对话，甚至有过几次沉浸其间而心领神会的瞬间。

本书的重点是在出土文献视野下对二十四节气的探源，而节气的来源是"多元的"，其形成是"层累的"，这要求在写作中考据文献的同时厘清这些材料的来源，在此基础上分析某一阶段的节气系统，无疑是极具挑战性的。

最初写作的灵感源于对博士论文的重新审视，若没有博士论文的阶段性探索，我很难从《逸周书》文本、成篇、成书的相关研究，转向对二十四节气起源问题的思考，也不会更多地关注到战国秦汉时期各类节气文献的演变、生成过程。节气系统的探源和文献梳理并不是纯历史文献学的梳理、考证，所涉学科众多，其中天文学、历法学更是精奥艰深的学问，《逸周书·周月》《时训》两篇呈现了二十四节气系统非常完善的历史面貌，为本书的写作和深入研究提供了直接的支持，让我踏足这一领域平添了底气。

在此，向我的博士导师廖名春先生致以诚挚的敬意，感谢廖先生在我求学道路上的指导和帮助，博士论文的选题、切入和完成都受到先生的诸多教诲和指导。从我有限的研究成果看来，研究《逸周书》是"虚""实"相结合的，正是当时感觉艰涩难明的部分为我提供了今日挖掘不尽的灵感和写作来源。

此外，跟随博士阶段的第二导师侯旭东先生对秦汉简牍，特别是文书简的学习经历令我至今难忘。侯先生亲授的"中国古代史文献"是一门非常考验阅读能力、史料辨析能力的历史学基础课程，上课时充满挑战，课后深感"酣畅淋漓"。侯先生还带领学生组织两周一次的简牍研读班，我有幸参与其中，收获颇丰，甚至有较长一段时间对文书简的制作和运行产生了极其浓厚的兴趣，譬如完成了对J1（8）—157号木牍的文书笔迹、格式、制作、运行等问题的研究与写作训练。这对至今仍持续关注秦汉简牍材料及本书的研究产生非常重要的影响。

还要郑重地感谢我的博士后合作导师王震中先生，先生在本书的书写过程中多次真诚地鼓励我表达自己的学术观点，并在理论性和思维性上对我的学术写作提出了更高的要求，当于日后的研究道路上常铭此鞭策。

康有为《大同书》云："其理之精奥伟大者其名高，其事之切实益人者其实厚。"它要求我们写作要兼顾解析义理和有益大众，本书努力追求这种学术性与应用性的融合，日后我也将向这个方向继续探索。

雅克·勒高夫所言"真正的历史学关注人的全部"，显然这种博大的共情能力要求历史学家在博学外，还要将目光投向研究对象与人的实际关系。节气属于时间系统的重要组成部分，也是了解某一地域、某一时段人类活动的重要参照。二十四节气更是具有独特性的人类非物质文化遗产，它所产生的影响与人们潜移默化的生活习惯和文化传统直接相关，并指导着重要的农事活动和岁时节令生活。这促使我更好地思考时间系统和人本身的关系，对这种关系的探索是纯粹而自由的，甚至还能置身于文献之外思考人与时空的关系。

曾在本科阶段选修过"天文学导论"公选课，当时已经深刻地意识到自己的物理、数学知识储备匮乏也无甚天赋，学习起来并非一件容易的事情。但似乎我对天文学、天人关系、时空关系的探索有着一种与生俱来的热忱，感谢外祖父、祖母、母亲的爱与呵护，让我在孩提之时就愿究"天人之际"，甚至还曾有过不切实际的"宇航员梦想"。若非摘星之人，倘若能伏书案而览文献，遨游时空之间，也是幸事。

我是才疏学浅的初学者，时常因为自己对真正问题的思考缺乏深度和学术积累薄弱而感到羞愧难当。研究《逸周书》是艰难的，若追求洞彻的研究结果，学术史梳理就须花费大量的时间，从经文、传文的分剖到单篇研究，皆须投身于较长阶段的基础文献研究。本书的研究是以《逸周书》节令文献研究为方向的突破，这是令我振奋并愿持续耕耘的新动力。但囿于学力，此次研究是对出土文献所涉节气类文献的初步探索，部分考证尚未全面展开，以后若有机会再继续完成时令、节气类文献的汇编、集释工作，为有关问题的进一步深入研究提供助益，实吾所愿。

很庆幸自己能够在研究和写作过程中向研究室刘源、孙亚冰、王泽文、张翀、杨博、赵孝龙等先生请教，又幸逢张怀通先生等《逸周书》研究专家和石小力先生等学者的鼓励和帮助，他们为我的研究提供了非常重要的学术支持。2023年7月25日，在中国历史研究院举办的"顾颉刚与中华文明传承发展：顾颉刚先生诞辰130周年座谈会"结束后，偶遇了研究室前辈常玉芝先生，先生得知我当时的研究方向后，再三叮嘱和鼓励我活用甲骨、金文材料，并当即赠送《殷商历法研究》等四本专著，虽是陌上相逢，但先生于我亦有桃李春风，提掖之泽。

同时，感谢治学道路上的同行者们，一直以来与我保持良好的学术联系及真诚的相互鼓励。UIC的葛觉智先生与我时常探讨对《时训》等篇的文本、结构问题的思考，他的最新研究也注意到了《时训》与《月令》等节气文献相关的问题，并尝试从天文学和文本生成、环境变迁等角度加以分析。章宁先生曾无私地倾囊相授其治"书"经验，对本研究具有非常重要的启发意义。黄甜甜、张帆、朱学斌、黄一村、张靖等学友们都曾给予我非常宝贵的建议和难得的帮助。

非常感谢北京出版集团以及"古文字与中华文明发展工程"协同创新平台的支持，以及本书责编老师的辛勤付出。本书的排版和审校工作离不开编辑部诸位老师的通力协作。我的学生和小友谢祁捷同学为本书的校对等工作也付出了许多心血。还有许多在写作过程中真诚、无私地支持、帮助我的家人和朋友们，在此一并感谢！

夏虞南

癸卯年桂月于北京海淀成书斋